ART&DESIGN

U0331984

高等院校艺术设计教育『十三五』规划教材

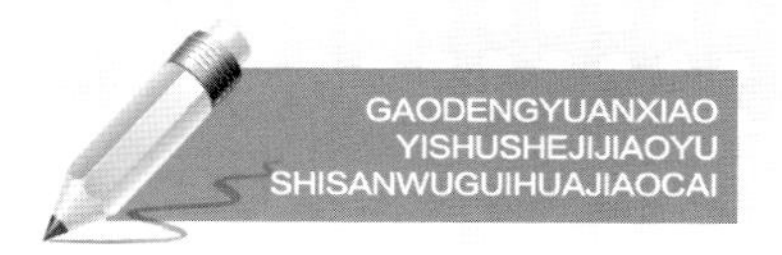

高等院校艺术设计教育『十三五』规划教材

Photoshop CS6视觉艺术设计案例宝典

刘 浪 周碧浩 宗意伟 刘英艳 编 著

Photoshop CS6
Shijue Yishu Sheji Anli Baodian

GAODENGYUANXIAO
YISHUSHEJIJIAOYU
SHISANWUGUIHUAJIAOCAI

图书在版编目(CIP)数据

Photoshop CS6 视觉艺术设计案例宝典/刘浪等编著.
—长沙:中南大学出版社,2016.12
ISBN 978-7-5487-2494-0

Ⅰ.P... Ⅱ.①刘... Ⅲ.图像处理软件
Ⅳ.TP391.413

中国版本图书馆 CIP 数据核字(2016)第 221083 号

Photoshop CS6 视觉艺术设计案例宝典

刘 浪 周碧浩 宗意伟 刘英艳 编著

□**责任编辑** 陈应征
□**责任印制** 易建国
□**出版发行** 中南大学出版社
社址:长沙市麓山南路 邮编:410083
发行科电话:0731-88876770 传真:0731-88710482
□**印 装** 湖南鑫成印刷有限公司

□**开 本** 889×1194 1/16 □**印张** 11.5 □**字数** 340 千字
□**版 次** 2016 年 12 月第 1 版 □**印次** 2016 年 12 月第 1 次印刷
□**书 号** ISBN 978-7-5487-2494-0
□**定 价** 58.00 元

总 序

人类的设计行为是人的本质力量的体现，它随着人的自身的发展而发展，并显示为人的一种智慧和能力。这种力量是能动的，变化的，而且是在变化中不断发展，在发展中不断变化的。人们的这种创造性行为是自觉的，有意味的，是一种机智的、积极的努力。它可以用任何语言进行阐释，用任何方法进行实践，同时，它又可以不断地进行修正和改良，以臻至真、至善、至美之境界，这就是我们所说的"设计艺术"——人类物质文明和精神文明的结晶。

设计是一种文化，饱含着人为的、主观的因素和人文思想意识。人类的文化，说到底就是设计的过程和积淀，因此，人类的文明就是设计的体现。同时，人类的文化孕育了新的设计，因而，设计也必须为人类文化服务，反映当代人类的观念和意志，反映人文情怀和人本主义精神。

作为人类为了实现某种特定的目的而进行的一项创造性活动，作为人类赖以生存和发展的最基本的行为，设计从它诞生之日起，即有反映社会的物质文明和精神文化的多方面内涵的功能，并随着时代的进程和社会的演变，其内涵不断地扩展和丰富。设计渗透于人们的生活，显示着时代的物质生产和科学技术的水准，并在社会意识形态领域发生影响。它与社会的政治、经济、文化、艺术等有着千丝万缕的联系，从而成为一种文化现象，反映着文明的进程和状况。可以认为：从一个特定时代的设计发展状况，就能够看出这一时代的文明程度。

今日之设计，是人类生活方式和生存观念的设计，而不是一种简单的造物活动。设计不仅是为了当下的人类生活，更重要的是为了人类的未来，为了人类更合理的生活和为此而拥有更和谐的环境……时代赋予设计以更为丰富的内涵和更加深刻的意义，从根本上来说，设计的终极目标就是让我们的世界更合情合理，让人类和所有的生灵，以及自然环境之间的关系进一步和谐，不断促进人类生活方式的改良，优化人们的生活环境，进而将人们的生活状态带入极度合理与完善的境界。因此，设计作为创造人类新生活、推进社会时尚文化发展的重要手段，愈来愈显现出其强势的而且是无以替代的价值。

随着全球经济一体化的进程，我国经济也步入了一个高速发展时期。当下，在我们这个世界上，还没有哪一个国家和地区，在设计和设计教育上有如此迅猛的发展速度和这般宏大的发展规模，中国设计事业进入了空前繁盛的阶段。对于一个人口众多的国家，对于一个具有五千年辉煌文明史的国度，现代设计事业的大力发展，无疑将产生不可估量的效应。

然而，方兴未艾的中国现代设计，在大力发展的同时也出现了诸多问题和不良倾向。不尽如人意的设计，甚至是劣质的设计时有面世。背弃优秀的本土传统文化精神，盲目地追捧西方设计风格；拒绝简约、平实和功能明确的设计，追求极度豪华、奢侈的装饰之风；忽视广大民众和弱势群体的需求，强调精英主义的设计；缺乏绿色设计理念和环境保护意识，破坏生态平衡，不利于可持续性发展的设计；丧失设计伦理和社会责任，极端商业主义的设计大行其道。在此情形下，我们的设计实践、设计教育和设计研究如何解决这些现实问题，如何摆正设计的发展方向，如何设计中国的设计未来，当是我们每一个设计教育和理论工作者关注和思考的问题，也是我们进行设计教育和研究的重要课题。

目前，在我国提倡构建和谐社会的背景之下，设计将发挥其独特的作用。"和谐"，作为一个重要的哲学范畴，反映的是事物在其发展过程中所表现出来的协调、完整和合乎规律的存在状态。这种和谐的状态是时代进步和社会发展的重要标志。我们必须面对现实、面向未来，对我们和所有生灵存在的环

总 序

境和生活方式，以及人、物、境之间的关系，进行全方位的、立体的、综合性的设计，以期真正实现中国现代设计的人文化、伦理化、和谐化。

本套大型高等院校艺术设计教育“十一五”规划教材的隆重推出，反映了全国高校设计教育及其理论研究的面貌和水准，同时也折射出中国现代设计在研究和教育上积极探索的精神及其特质。我想，这是中南大学出版社为全国设计教育和研究界做出的积极努力和重大贡献，必将得到全国学界的认同和赞许。

本系列教材的作者，皆为我国高等院校中坚守在艺术设计教育、教学第一线的骨干教师、专家和知名学者，既有丰富的艺术设计教育、教学经验，又有较深的理论功底，更重要的是，他们对目前我国艺术设计教育、教学中存在的问题和弊端有切实的体会和深入的思考，这使得本系列教材具有强势的可应用性和实在性。

本系列教材在编写和编排上，力求体现这样一些特色：一是具有创新性，反映高等艺术设计类专业人才的特点和知识经济时代对创新人才的要求，注意创新思维能力和动手实践能力的培养。二是具有相当的针对性，反映高等院校艺术设计类专业教学计划和课程教学大纲的基本要求，教材内容贴近艺术设计教育、教学实际，有的放矢。三是具有较强的前瞻性，反映高等艺术设计教育、教材建设和世界科学技术的发展动态，反映这一领域的最新研究成果，汲取国内外同类教材的优点，做到兼收并蓄，自成体系。四是具有一定的启发性。较充分地反映了高等院校艺术设计类专业教学特点和基本规律，构架新颖，逻辑严密，符合学生学习和接受的思维规律，注重教材内容的思辨性和启发式、开放式的教学特色。五是具有相当的可读性，能够反映读者阅读的视觉生理及心理特点，注重教材编排的科学性和合理性，图文并茂，可视感强。

总之，本系列教材具有鲜明的专业性和时代性，是高校艺术设计专业十分理想的教材。对于广大设计专业人士和设计爱好者来说，亦不失为一套实用的参考读物。相信本系列教材的问世，对促进我国设计教育的发展和推进高等艺术设计教学的改革，对构建文明而和谐的社会将发挥其积极而重要的作用。

是为序。

张夫也

2006年圣诞前夕于清华园

张夫也 博士 清华大学美术学院史论学部主任、教授、博士研究生导师
中国美术家协会理论委员会委员

前 言

Photoshop CS6是Adobe公司推出的一款专业的图形图像处理软件，其功能强大、操作便捷，为设计工作提供了一个广阔的表现空间，使许多不可能实现的效果变成现实。Photoshop被广泛的应用于平面设计、动漫设计、网络媒体、数码摄影、环境艺术设计、工业设计等诸多领域。

本书涵盖视觉传达设计、室内设计、工业设计等多个专业门类绘图表现，具有很强的实用性，案例全面精彩，描述详细清晰，书中所有的实例都精选于实际设计工作中，不但画面考究具有代表性，而且包含高水平的软件应用技巧，最常见的设计工作内容都囊括其中。在深入剖析案例制作技法的同时，作者还在具体案例应用中体现软件的功能和知识点。

整体来看，本书具有内容详尽广泛、操作实用、易于学习的三大优点。根据Photoshop CS6的使用习惯，作者由简到繁精心设计了多个实例，结构清晰、语言简练、布局合理，循序渐进地讲解了使用Photoshop CS6制作和设计专业（平面设计、数字媒体、环境艺术设计、工业设计等）所需要的知识。通过对本书的学习，读者可以在最短的时间内上手工作，即便是对软件一无所知的初学者也可以做到这一点。因为书中在讲述软件功能时，全部是通过实例操作的形式进行讲述的。将软件的功能全部融入到案例操作过程中，读者只要跟随书中的操作进行演练，即可直观地理解和掌握软件的所有功能，对本章所讲述的知识进行练习巩固，并得以灵活应用。

全书共分八章，各章主要内容如下：

第1章： Adobe Photoshop CS6界面介绍，主要讲述Photoshop CS6新功能介绍、软件工作环境、工具菜单和界面内容、操作指南，使读者快速进入到Photoshop CS6图像处理的精彩世界。

第2章：图像设计篇，案例分析图像的创建与管理，图像“润色”和“修饰”。色彩调整图像风景花卉的方法，以及选区编辑知识。

第3章：海报设计篇，案例分析海报制作和软件操作功能，由浅入深地剖析了软件功能命令和平面设计技巧。结合“图层”编辑功能，实现丰富的视觉效果。

第4章：包装设计篇，案例分析平面设计的原理，纸盒包装和造型设计等实际工作中的案例。每个案例都有详解制作流程，图文并茂、一目了然。

第5章：版式设计篇，案例分析字体排版与艺术素材运用、通过软件应用图片文字组合排列方式、包括书籍装帧、封面设计、插页排版、插画作品等，实现图文和谐美感。

第6章：特效设计篇，案例分析 “滤镜”效果，运用滤镜创建出各种各样的图像特效，例如，模拟艺术画的笔触效果、模拟真实的爆炸效果、火焰等，详细展示了应用各种滤镜制作的效果。

第7章：工业设计篇，案例分析强大的路径、渐变绘图功能。这些功能可以模拟真实的产品结构造型，而且可以绘制出带有艺术效果的工艺品，使作品更加逼真完美。

第8章：环艺设计篇，案例分析不同室内风格及效果图后期处理流程，运用实例逐步介绍软件应用的各种技巧，室内空间色彩搭配，景观快速表现方法，以及分享个人创作的经验。

本书结合艺术类院校各专业教学需要，按照最新操作工具设计案例，案例步骤连贯，有良好的拓展性，适合从事艺术设计读者学习使用，适用于普通高校、职业院校相关专业的教材用书。

目 录

第1章 Adobe Photoshop CS6界面介绍 / 1

1.1 初识Photoshop CS6 / 2
1.2 Photoshop CS6新功能介绍 / 9
1.3 Photoshop CS6备份功能 / 11
1.4 Photoshop CS6 图层功能 / 11
1.5 Photoshop CS6插值功能 / 13
1.6 Photoshop CS6基本操作 / 14

第2章 图像设计篇 / 19

2.1 花卉图片美化 / 19
2.2 江南水景逼真呈现 / 21
2.3 小黄花后期制作 / 26
2.4 水粉花卉 / 30
2.5 套色木刻 / 35

第3章 海报设计篇 / 40

3.1 影视明星展 / 40
3.2 让世界无烟 / 46
3.3 北京奥运会 / 53
3.4 玫瑰花园 / 57
3.5 猪年吉祥 / 61

第4章 包装设计篇 / 65

4.1 绿深林蜂蜜 / 65
4.2 流行音乐DVD / 70
4.3 安安儿童护肤霜 / 75
4.4 化妆品包装 / 79

第5章 版式设计篇 / 83

5.1 杂志版式设计 / 83
5.2 小说封面设计 / 88
5.3 古书排版设计 / 92
5.4 生活类书籍设计 / 97

第6章 特效设计篇 / 102

6.1 火焰文字 / 102
6.2 爆炸特效 / 106
6.3 炫酷的特效场景合成 / 109
6.4 运动员腾飞合成 / 118
6.5 旋转炫彩表现 / 126

第7章 工业设计篇 / 130

7.1 白色小音响 / 130
7.2 机器人（EVA） / 139
7.3 红色极速跑车 / 143
7.4 摄像头 / 148

第8章 环艺设计篇/ 152

8.1 简约风格 / 152
8.2 地中海风格 / 155
8.3 黄昏古代建筑群 / 158
8.4 园林景观彩绘 / 163

附：Photoshop CS6 常用快捷键表 / 169

第1章 Adobe Photoshop CS6 界面介绍

本章将着重介绍Photoshop CS6中文版的界面和基本操作，引导初学者认识Photoshop软件，巩固提高者的基本知识点，了解Photoshop CS6在制作上的优势，为后续学习和掌握应用该软件处理照片的各种技能打下坚实的基础。

随着数码相机的普及，人们对照片质量的要求也不断提升，即使是高级数码相机拍出的照片也需要一定的调整。如果是有主题的摄影，那么就更需要调整及后期制作了。进行数码照片的处理时，应用软件的最佳选择就是Adobe公司推出并不断完善的Photoshop图像处理软件。

1.1 初识Photoshop CS6

Adobe Photoshop是在Macintosh（简称MAC苹果机）和装有Windows操作系统的计算机上运行的最流行的图像编辑应用程序。其创新的功能帮助您更加快速地设计，提高图像质量，高效管理文件。

在Windows环境下运行Photoshop CS6，建议计算机具有以下配置。

CPU：Intel Pentium Ⅲ 800 MHz（推荐使用：Intel Pentium 4）

内存：256 MB（推荐使用：512 MB）

硬盘安装空间：280 MB

显卡：24 bits真彩，16 MB显存（推荐使用：32 bits真彩，64 MB显存）

光驱：CD-ROM

安装Photoshop CS6完成后，可在Windows的“开始”菜单“程序”子菜单中单击Adobe Photoshop CS6程序图标，或者双击桌面上的Adobe Photoshop CS6快捷方式图标，如图1-1-1所示，即可启动软件。

图1-1-1 启动Adobe Photoshop CS6

Photoshop CS6的操作界面与Photoshop CS5的操作界面变化不大，工具箱界面更加精美，按钮会随着鼠标的指点而呈现出色彩，立体直观，Photoshop CS6界面如图1-1-2所示。

1. 菜单栏

（1）文件菜单

文件菜单中的命令是最基本的命令，该菜单下的命令主要用于图像文件的打开、新建、保存、置入、导入、导出、打印等相关的文件管理操作。

图1-1-2 Photoshop CS6界面组成

A.菜单栏 B.工具栏 C.图像窗口的标题栏 D.图像窗口 E.水平、垂直标尺 F.水平、垂直滚动条 G.工具箱 H.色彩设置 I.蒙版模式 J.窗口显示模式 K. 浮动面板 L.画面比例显示栏 M.文件状态栏

（2）编辑菜单

编辑菜单主要用于在处理图像时复制、粘贴、撤销、恢复、变形及定义图案等操作。

（3）图像菜单

图像菜单中的命令用于设置有关图像的各项属性，如图像的颜色模式、颜色调整、图像尺寸等各项图像的设置。

（4）选择菜单

选择菜单选项允许用户修改、取消选区、重新设置选区和反选，还可以将已经设置好的选区保存或调出保存在通道中的选区。

（5）滤镜菜单

滤镜菜单中的滤镜是Photoshop中引人注目的功能，用户可以通过各种滤镜制作出绚烂夺目的特效和各种图案。

2. 工具箱

工具箱上有22组工具，加上其他弹出式的工具，所有工具有50多个，工具箱如图1-1-3所示。鼠标单击选取工具箱中的工具图标即可使用工具，还会显示工具名称及快捷键提示，如图1-1-4所示。工具按钮下方有一个直角三角形符号，代表该工具还有弹出式的工具，按住工具则会出现工具组，便可选取需要的工具使用了。

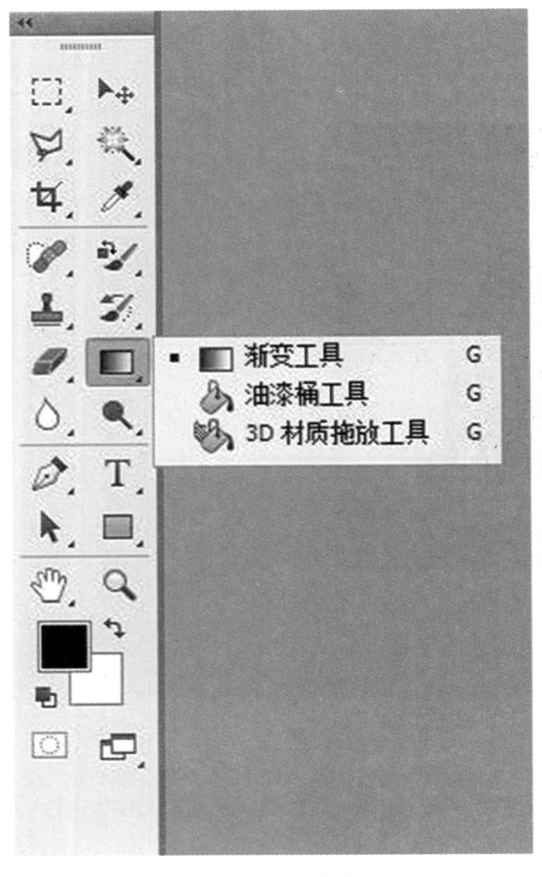

图1-1-3 工具箱

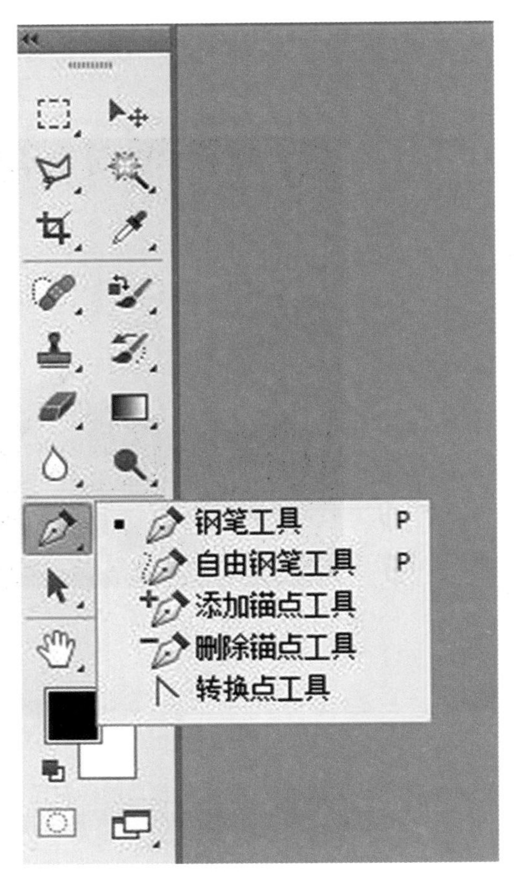

图1-1-4 工具名称及快捷键提示

在工具箱顶端按住鼠标左键能移动工具箱的位置，按Tab键可关闭工具箱和所有面板的显示，再按Tab键，还可重新显示。

工具箱底部有三组面板，填色控制支持用户设置前景色和背景色；工作模式控制用来选择以标准工作模式或快速蒙版工作模式进行图像编辑；画面显示模式控制支持用户决定窗口的显示模式。

工具箱中的工具依照工具功能与用途分为7类，分别为：选取和编辑类工具、绘图类工具、修图类工具、路径类工具、文字类工具、填色类工具以及预览类工具。

3. 面板

浮动面板（简称面板）多达13块，能够控制各种工具的参数设置，比如颜色、图像编辑、移动图像、显示信息等等操作。面板全部浮动在工作窗口中，用户可以根据需要决定显示或隐藏面板，也可以将其放在屏幕的任意位置，拖动面板的标题栏便可移动面板的位置，而拖动浮动面板中的索引标签也可分割与组合面板。

（1）“导航器”面板帮助我们快速预览图像，显示图像缩图，用来缩放显示比例，迅速移动图像。执行“窗口”|“导航器”命令，即可打开“导航器”面板，如图1-1-5所示。

（2）“信息”面板是用于显示鼠标所在位置的坐标值及当前位置的像素值，即RGB和CMYK的相关色彩系数信息。若用工具进行选取或旋转时，可在“信息”面板中查看选取物体的大小和旋转角度等

信息。执行“窗口”|“信息”命令，即可打开，如图1-1-6所示。

图1-1-5 “导航器”面板

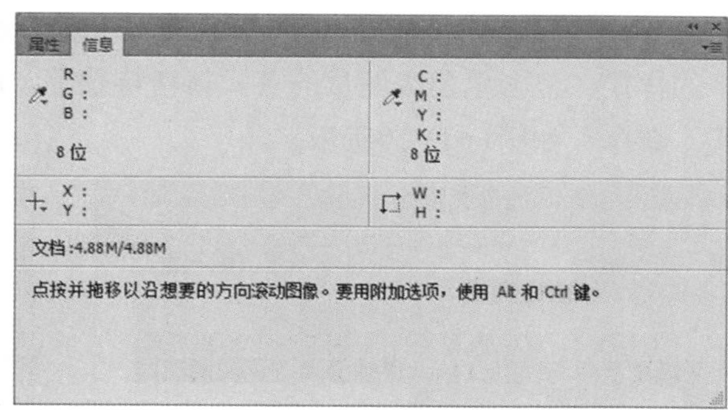

图1-1-6 “信息”面板

（3）“直方图”面板是提供查看与图像有关的色彩信息的选项，在默认情况下，直方图显示整个图像的色调范围，如果想显示图像某部分的直方图数据，采用选区工具设定范围。执行“窗口”|“直方图”命令，如图1-1-7所示。

（4）“颜色”面板用来选择或设置所需的颜色，便于工具绘图和填充等操作。执行“窗口”|“颜色”命令，如图1-1-8所示。

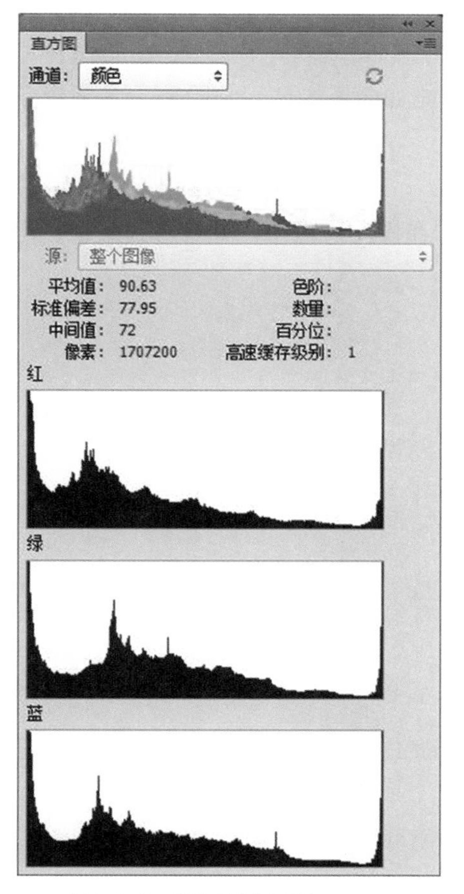

图1-1-7 “直方图”面板

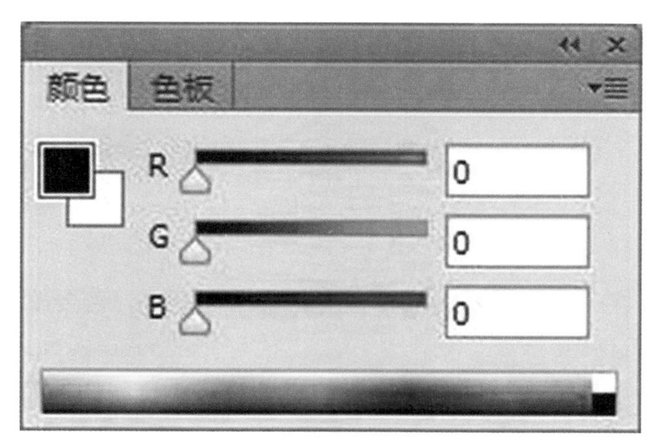

图1-1-8 “颜色”面板

（5）“色板”面板可以快速地选取、设定前景色和背景色，可将常用的颜色存到色板中便于日后使用。执行“窗口”|“色板”命令，即可打开“色板”面板，如图1−1−9所示。

（6）“样式”面板是用来快速定义图形的各种属性，将预设效果应用到图像中，它的功能酷似文字的样式，包含填色或图层的各式新增特效等，而且相当适合网页元素的设计场合。执行“窗口”|“样式”命令，如图1−1−10所示。

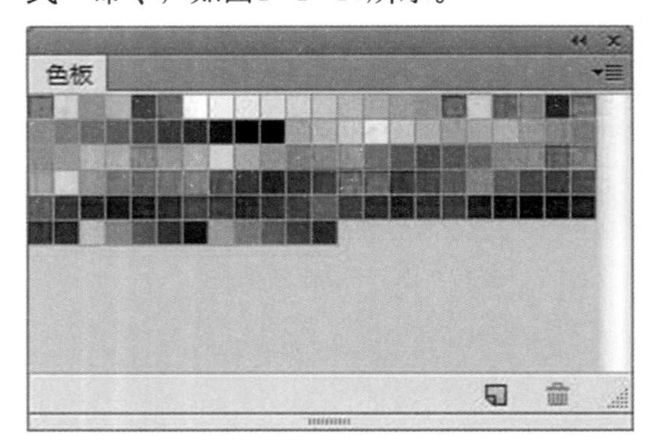

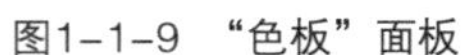
图1−1−9 “色板”面板

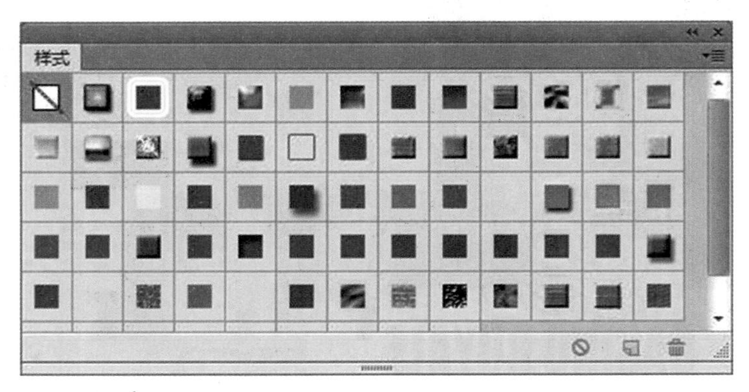

图1−1−10 “样式”面板

（7）视图菜单

视图菜单可以方便用户对图形的路径、选区、网格、参考线、切片、注释等进行预览，这些操作的状态只会在屏幕中显示，为图像处理起到辅助功能，并不影响图像的实际效果。

（8）窗口菜单

窗口菜单的选项可以将已经打开的图像窗口按需要的方式排列，比如面板的显示与隐藏，各类资料库的调用，多个文件打开时互相之间的切换等。

（9）帮助菜单

帮助菜单随时为用户提供帮助，便于更好地使用Photoshop软件。在操作过程中，如有遇到问题，均可求助帮助菜单，它能为你排忧解难。

4. 工具选项栏

工具选项栏（简称工具栏）位于菜单栏的下方，如图1−1−11所示，在选中工具箱中的某个工具时，工具栏便可改变相应工具的属性设置选项，用户可以方便地利用它来设置工具和它的各种属性，工具栏外观会随着选取工具的不同而改变。显示或隐藏工具栏，执行“窗口”|“选项”命令即可。

图1−1−11 “矩形选框”工具栏

在一般情况下，工具栏附在菜单栏下方，若要改变其位置，可拖动工具栏，使之浮于画面的其他任意位置。

（1）“历史记录”面板记录每一次执行的动作，在面板中单击便可快速撤消执行过的操作步骤。执行“窗口”|“历史记录”命令，如图1−1−12所示。

（2）“动作”面板用于录制一连串的编辑动作，节约重复运用步骤的操作时间，通常我们可以通过“动作”面板来进行一些繁琐而重复的工作。执行“窗口”|“动作”命令，如图1−1−13所示。

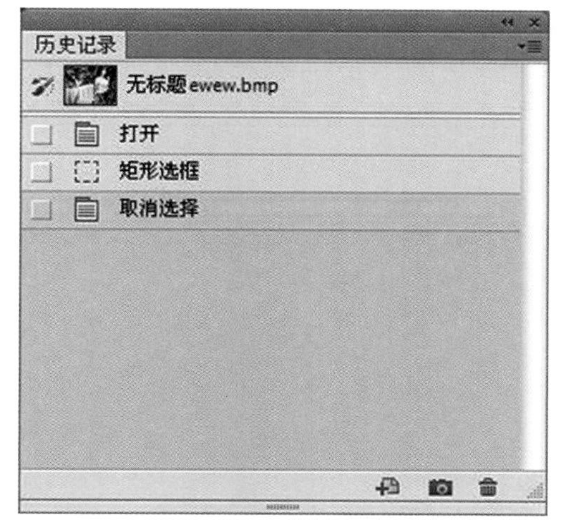

图1−1−12 “历史记录”面板

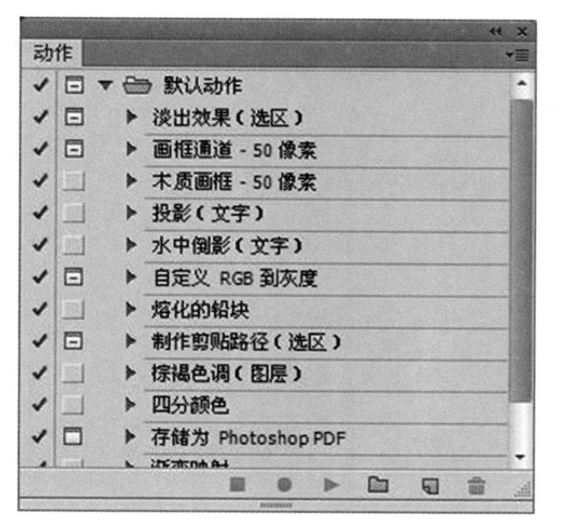

图1−1−13 “动作”面板

（3）“字符”面板用于控制文字的字符格式，对文字加以格式化，其中包含设置字体、字符大小、字符间距、行距及字符基线微调等文字字符的格式。执行“窗口”|“字符”命令，即可打开，如图1−1−14所示。

（4）“段落”面板用来对文字段落加以格式化，包含设置段落对齐、段落缩排、段落间距、定位点等等。执行“窗口”|“段落”命令，如图1−1−15所示。

（5）“图层”面板主要用于控制图层的操作，可进行新建图层或合并图层等操作，使用图层能轻松修改、编辑每一层上的图像。执行“窗口”|“图层”命令，如图1−1−16所示。

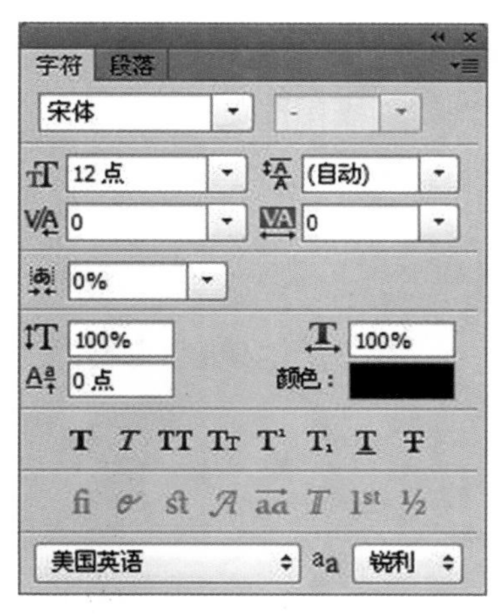

图1−1−14 “字符”面板

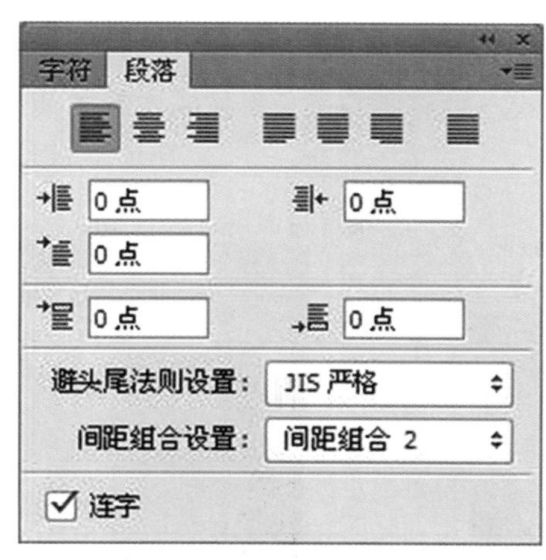

图1−1−15 “段落”面板

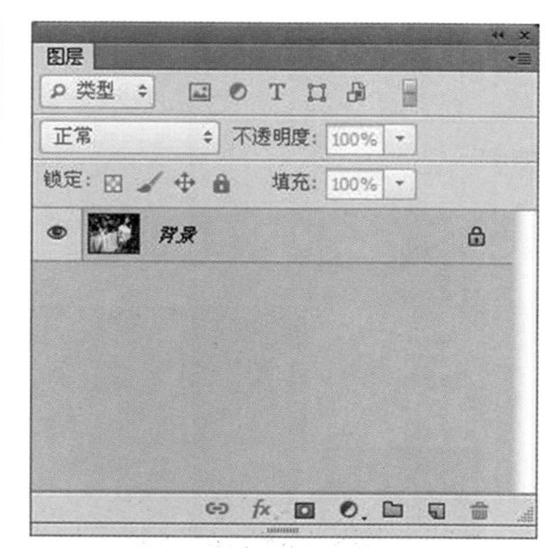

图1−1−16 “图层”面板

（6）“通道”面板用来记录图像的颜色数据和保存选区，可切换图像的颜色通道，进行各个通道的编辑，也可以将选区存储在通道中变成Alpha通道，便于以后随时调用。执行“窗口”|“通道”命令，如图1−1−17所示。

（7）“路径”面板用来存储向量路径类工具所描绘的贝兹曲线路径，可将路径应用在填色、描边或路径转变为选区等不同用途中。执行“窗口”|“路径”命令，如图1−1−18所示。

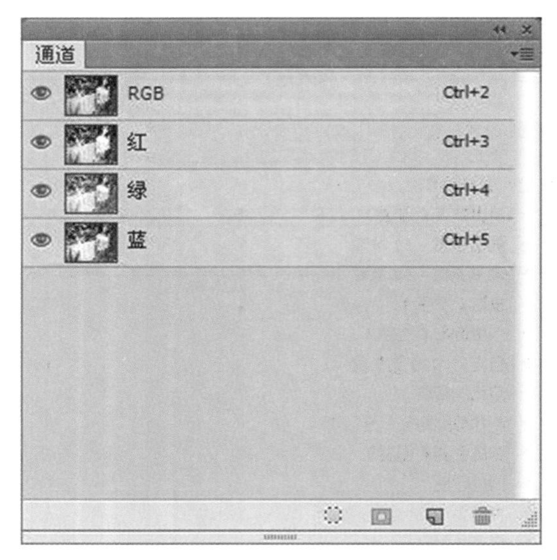

图1-1-17 “通道”面板

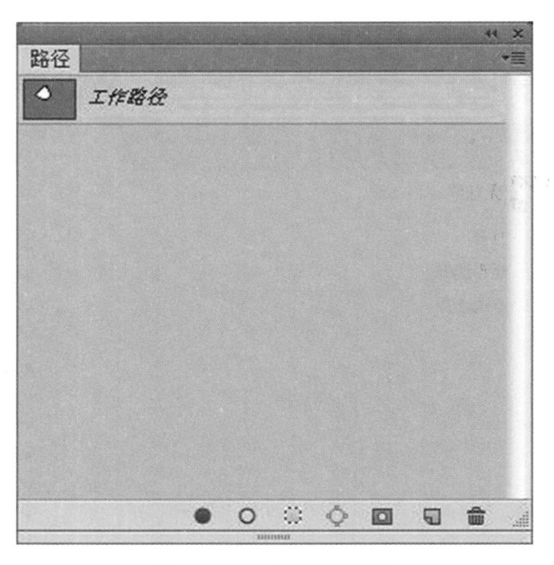

图1-1-18 “路径”面板

5. 图像窗口

图像窗口是图像文件的显示区域，也是编辑和处理图像的区域，如图1-1-19所示。图像窗口上方的标题栏表示该文件名称、文件格式、显示比例、色彩模式和图层状态。若文件未被保存，标题栏则会以未标题1的连续数字作为文件名称。在图像窗口中，可以实现所有的编辑功能，也可以对图像进行多种操作，比如改变窗口大小及位置、窗口缩放、最大化窗口、最小化窗口等等，图像的各种编辑都是在此区域进行的。

6. 状态栏

状态栏位于窗口的下方，用于显示图像文件信息，左边的栏为画面比例显示栏，可以在栏中输入数值，控制图像窗口的显示大小。单击状态栏右侧的三角形按钮，弹出菜单，共7种操作选项，如图1-1-20所示。

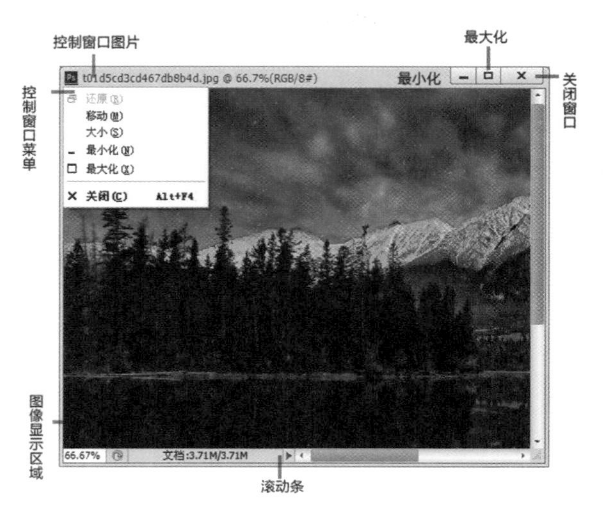

图1-1-19 图像窗口

图1-1-20 状态栏

（1）文档大小：在状态栏上显示当前文件的大小，左边的数值表示该文件不含任何图层和通道等数据时的大小，右边的数值则是显示包括所有图层和通道的文件大小及特有的数据。

（2）文档配置文件：显示文件使用的色彩描述等文件信息。

（3）文档尺寸：显示图像文件长与宽的尺寸信息。

（4）暂存磁盘大小：此显示的左边是打开文件所需的内存数，这个数值是累计的，会随着打开文件的增加而增加，一般数值约是所打开文件大小的3～5倍。右边则是目前可以使用的内存总数。如果左边数值小于右边数值的话，代表当前内存数量足够使用，反之，表示内存不足，此时Photoshop会使用硬盘当做虚拟内存，会使操作速度变慢。

（5）效率：状态栏数值显示的信息是指Photoshop的操作效率，在效率为100%时，处于最佳状态，一旦内存不够，数值就会下降，数值越低则操作效率越差，Photoshop的速度会随之变慢。如果操作效率常常低于70%，您的电脑就应该配置更大的内存了。

（6）计时：状态栏数值显示的信息是指上一次操作所需要的时间，数字是以累计的方式计算的。如果要将操作时间重设为零的话，按住Alt键并重新选取计时就可以了。

（7）当前工具：选取此方式后，状态栏提示的信息是目前你所选用工具的名称。

至此，大家已经对Photoshop CS6的界面有了大概了解，详尽的内容靠大家在今后的操作使用过程中去深入理解和领会。

1.2 Photoshop CS6新功能介绍

1. 颜色主题

用户可以自行选择界面的颜色主题，暗灰色的主题使界面更显专业，如图1-2-1所示。

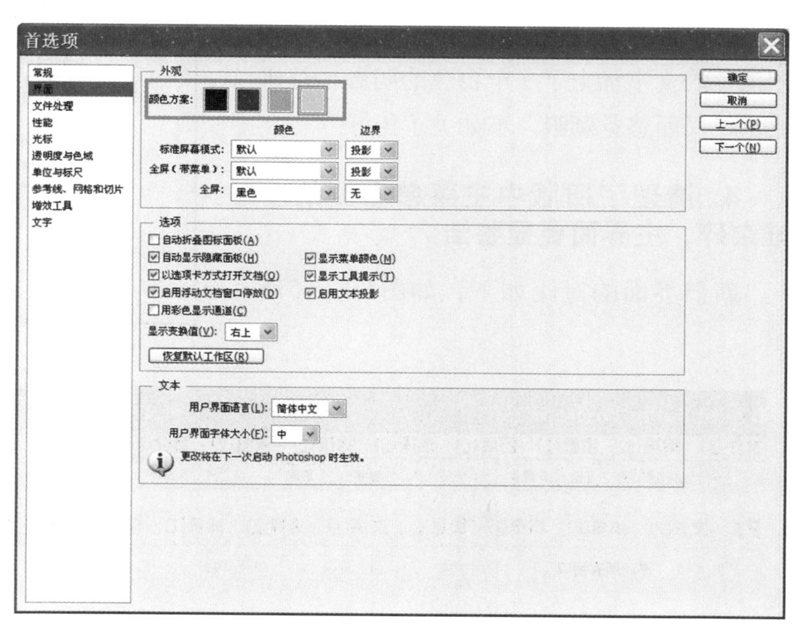

图1-2-1 “颜色”面板

2. 上下文提示

在绘制或调整选区或路径等矢量对象，以及调整画笔的大小、硬度、不透明度时，将显示相应的提示信息，如图1-2-2所示。

是否显示该信息以及信息相对于光标的方位通过该选项确定，如图1-2-3所示。

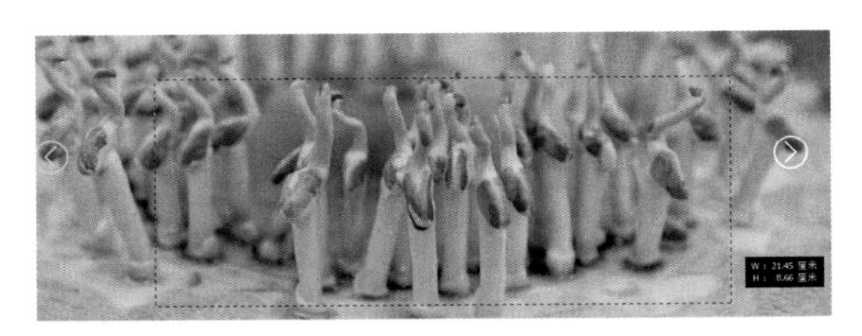

图1-2-2 信息显示

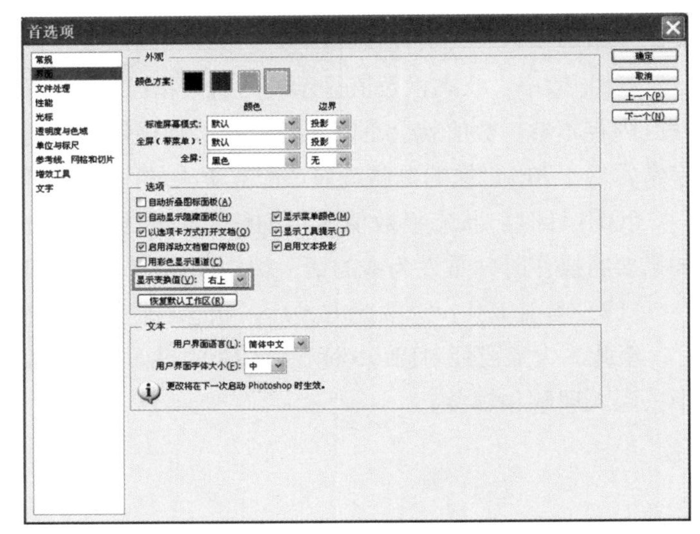

图1-2-3 “首选项”面板

3. 文本阴影，如图1-2-4所示

该功能只对工具选项栏中的文字以及标尺上的数字有效，而且只有在亮灰色的颜色主题时才比较明显。需要指出的是，所加的文字阴影并不是黑色的，而是白色的，相当于黑色的文字加上了一个白色的阴影，总体感觉，反而感觉刺眼，不如关了为好。

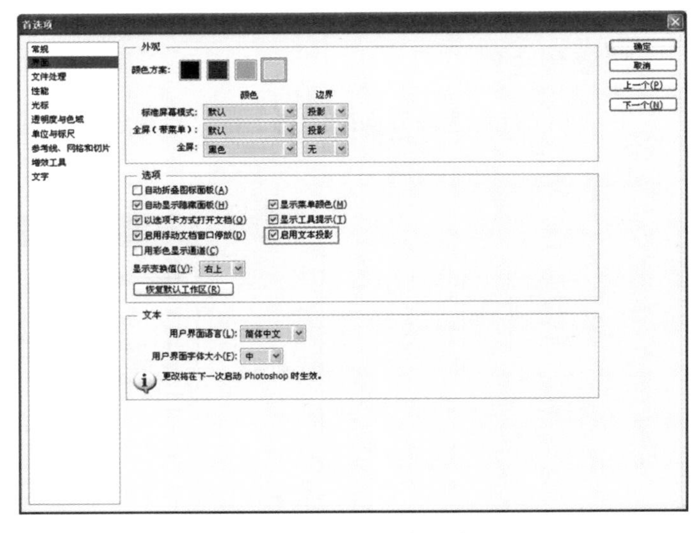

图1-2-4 启用文本阴影

4. 清理了旧版中主菜单右侧的一堆杂碎，主界面更显整洁

新旧界面的对比如下，如图1-2-5所示。

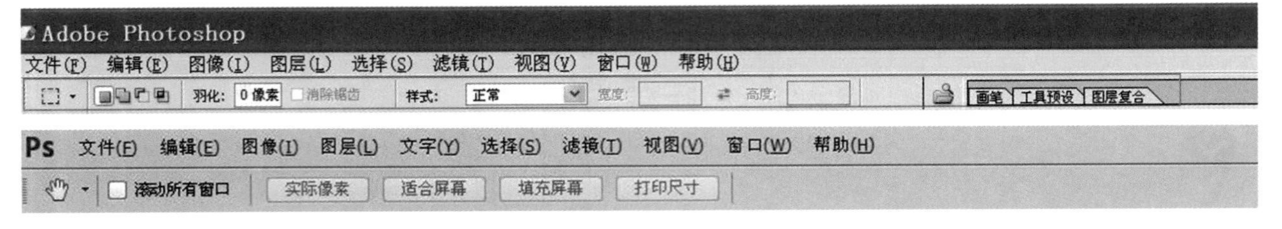

图1-2-5 提示界面

旧版的窗口布局选择控件非常合理地移到了“窗口--排列”命令中；屏幕模式选择控件又回到了它诞生的地方——工具箱；工作区选择控件移到了选项栏的最右侧；其余的启动BR、启动MB、显示比例以及CS Live等控件一并予以割除。

5. 旧版中的“分析”菜单降级为“图像”菜单中的一个命令，取而代之的是“文字”菜单，足见此次升级对印刷设计的重视，如图1-2-6所示。

图1-2-6 图像菜单

1.3 Photoshop CS6备份功能

该功能有了新的用途，具体介绍如下，如图1-3-1所示。

（1）后台保存，不影响前台的正常操作。

（2）保存位置：在第一个暂存盘目录中将自动创建一个PSAutoRecover文件夹，备份文件便保存在此文件夹中。

（3）当前文件正常关闭时将自动删除相应的备份文件；当前文件非正常关闭时备份文件将会保留，并在下一次启动PS后自动打开。

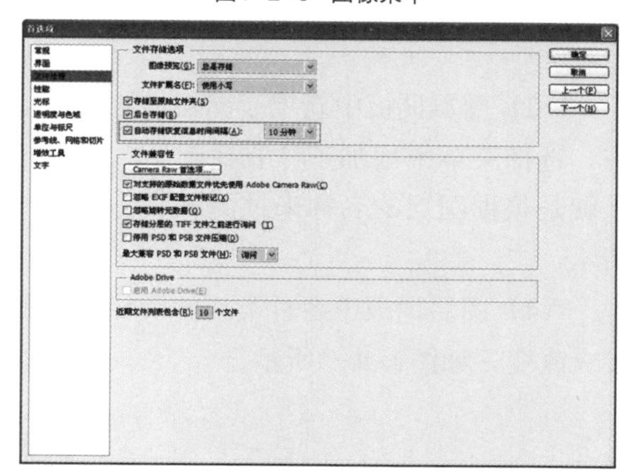

图1-3-1 文件备份

1.4 Photoshop CS6 图层功能

（1）图层的新突破

图层组在概念上不再只是一个容器，具有了普通图层的意义。

旧版中的图层组只能设置混合模式和不透明度，新版中的图层组可以像普通图层一样设置样式、填充不透明度、混合颜色带以及其他高级混合选项。新旧版双击图层组打开的设置面板对比及其差异如下，在PS内核功能升级空间越来越小的情况下，这一功能无疑具有极其重要的意义。如图1-4-1所示。

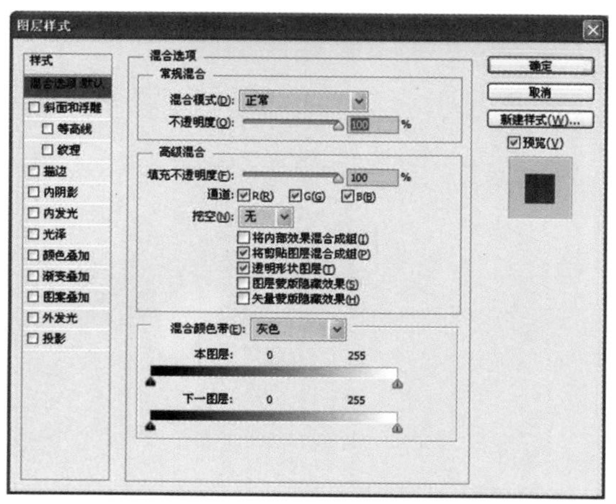

图1-4-1 文件备份

（2）图层效果的排列顺序发生了变化

旧版中，面板中图层效果的排列顺序与实际应用效果的排列顺序有所不同，如图1-4-2所示。

新版中各效果的排列顺序与旧版相比有较大不同，而且图层样式面板中效果的排列顺序与图层调板中实际的排列顺序完全一致，如图1-4-3所示。

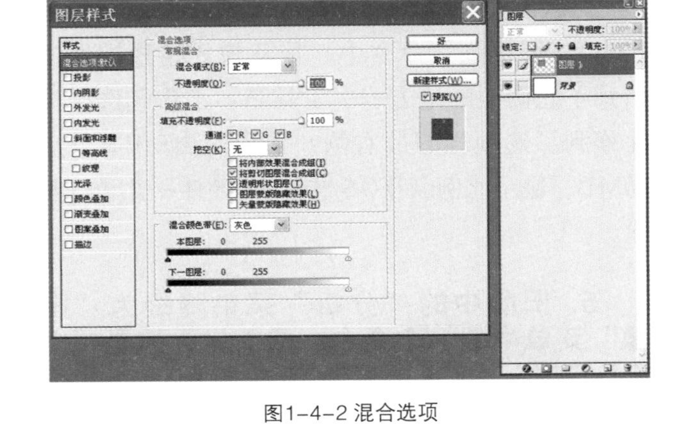

图1-4-2 混合选项

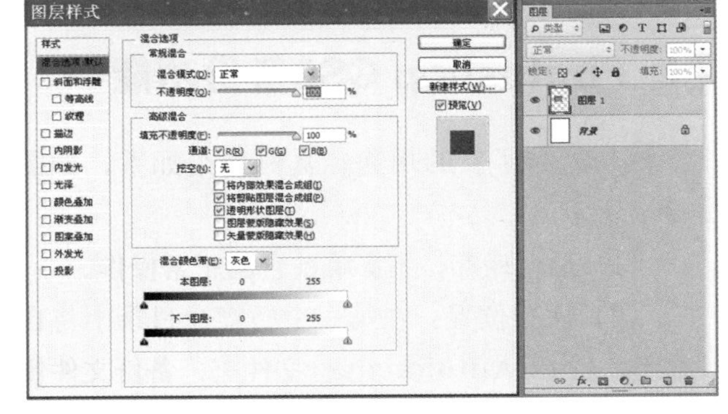

图1-4-3 混合调整

（3）图层调板中新增了图层过滤器，与此对应，选择菜单中增加了“查找图层”命令，本质上就是根据图层的名称来过滤图层，如图1-4-4所示。

（4）图层调板中各种类型的图层缩略图有了较大改变，如图1-4-5所示。

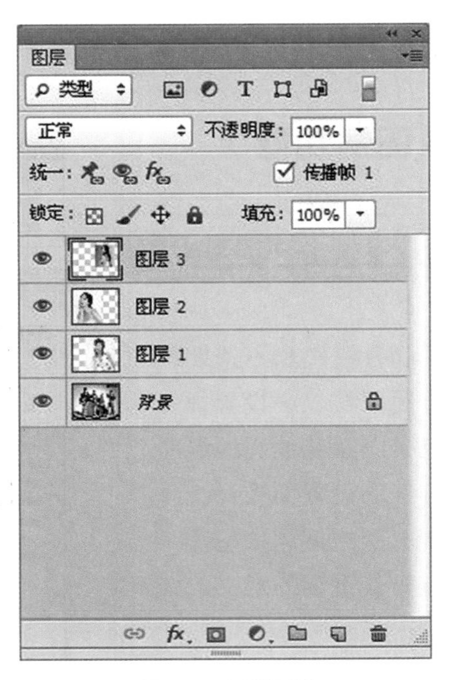

图1-4-4 图层面板

图1-4-5 图层新功能

形状图层的缩略图变化最大，而且矩形、圆角矩形、椭圆、多边形的名称也直接使用具体的名称，只有直线工具以及自定义形状工具仍然使用传统的“形状1”等命名。

图层组的标识在展开和折叠时不同。

选择某个图层或图层蒙板的指示标识采用了更为突出的角线，而不再是以往不易识别的细框线。ALT设置剪贴蒙板的图标也更加形象直观。

1.5 Adobe Photoshop CS6插值功能

（1）新增加了一种插值方式（自动两次立方），如图1－5－1所示。

（2）插值方式的控制机制进行了调整。

PS中有两处地方需要插值，一是调整图像大小，二是变换。旧版中调整图像大小的插值方法选择在“图像大小”对话框中进行选择。而变换中的插值方式则只能由首选项中的相应控件来控制。

新版中，变换命令中的选项中也设置了插值方式的选择控件，而不再受制于首选项中的插值方式，如图1－5－2所示。

由于新版中新增了“透视裁切”工具，而透视裁切同样需要进行插值，因此，首选项中的插值方式事实上只影响该工具。从逻辑的角度来看，应该为透视裁切工具也增加一个插值方式的控件，然后将首选项中插值方式控件删除。

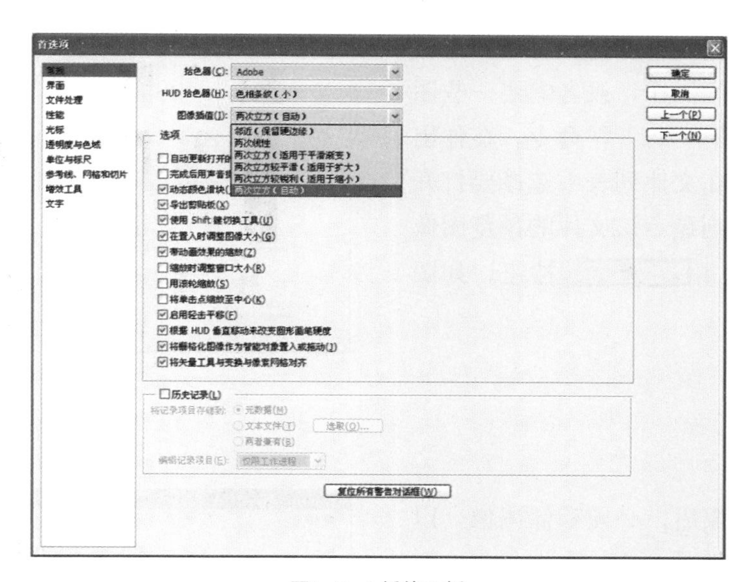

图1－5－1 插值面板

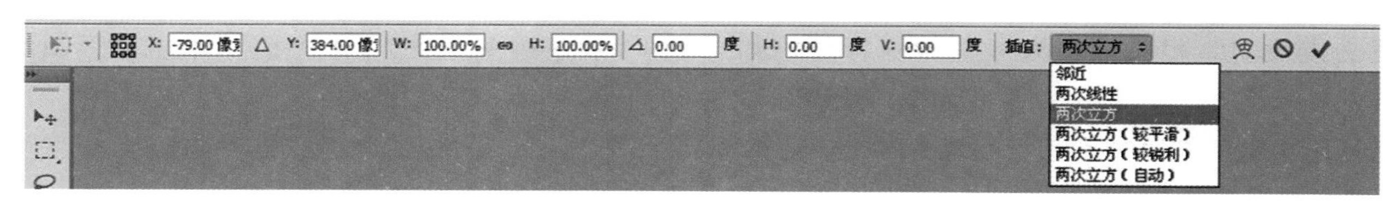

图1－5－2 插值参数

1.6 Photoshop CS6基本操作

这里我们将介绍Photoshop CS6的一些基本操作，帮助大家了解Photoshop CS6的功能，熟练掌握软件的使用。

1. 新建

建立新的文件，执行“文件”|“新建”命令，屏幕上会弹出“新建”对话框。在对话框中对新建文件进行相关设置，如文件名、文件大小、分辨率、颜色模式以及背景色，然后单击 确定 按钮，如图1-6-1所示。

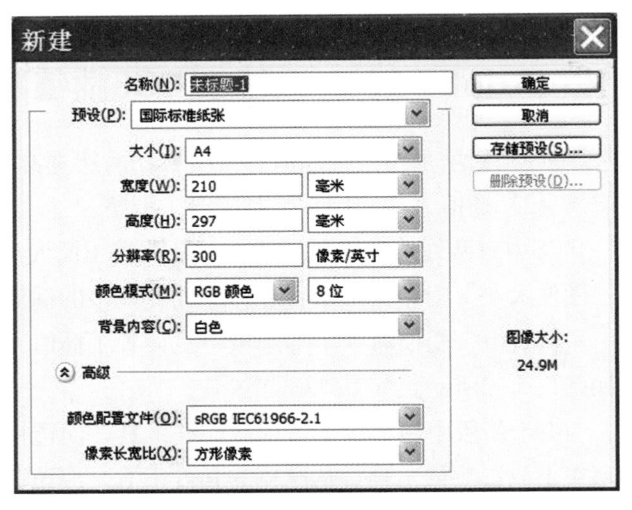

图1-6-1 “新建”对话框

2. 打开

需要对已经编辑好的Photoshop文件重新进行编辑，延续以前未完成的工作，或者需要一些图像资料时，执行“文件”|“打开”命令，在弹出的“打开”对话框中，在文件列表中选择要打开的文件，对话框下半部则显示该文件的预览图像以及图像大小，然后单击 好 按钮，如图1-6-2所示，即可打开。

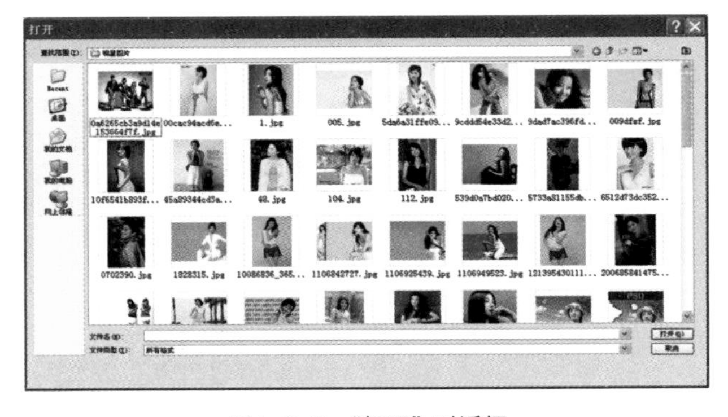

图1-6-2 “打开”对话框

3. 存储

在处理和编辑完图像后，必须存储图像，以备以后使用。执行“文件”|“存储”命令，在弹出的“存储为”对话框中，设置要存储图像的文件名和文件格式，文件名称可以是中文、英文或数字，但不能输入一些特殊符号，如“*”“，”“？”等。如果有需要，还可在对话框下半部的“存储选项”里进行相应的参数设置，然后单击 好 按钮，如图1-6-3所示。

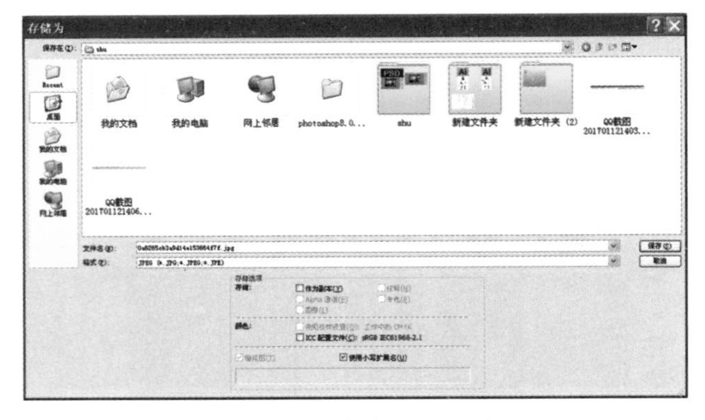

图1-6-3 “存储为”对话框

4. 存储为Web所用格式

此功能的添加使Photoshop CS6的网页编辑功能更加强大，执行"文件"|"存储为Web所用格式"命令，在弹出的"存储为Web所用格式"对话框中，我们可以通过选项设置来优化网页图像，然后单击 好 按钮，将图像保存为适合网页使用的格式，如图1-6-4所示。

图1-6-4 "存储为Web所用格式"对话框

5. 关闭

关闭当前使用的文件，执行"文件"|"关闭"命令，如果文件进行过编辑且尚未保存，屏幕上会弹出"关闭"提示框并询问是否进行保存，确定一种方式即可，如图1-6-5所示。

图1-6-5 "关闭"提示框

6. 退出

执行"文件"|"退出"命令，Photoshop CS6软件将自动退出，关闭所有打开的文件退出页面，如若文件没有保存，会弹出"存储为"对话框提示是否存储该文件，也可选择窗口上的关闭按钮☒，退出Photoshop CS6。

7. 恢复

在编辑图像的过程中，若希望文件返回上一次的存储状态，可以执行“文件”|“恢复”命令，文件即会恢复到上一次保存的状态。在Photoshop的“历史记录”面板中可以进行多步恢复操作。

图1-6-6 标尺

8. 标尺

执行“视图”|“标尺”命令，可在图像窗口中显示两把标尺，分别为水平标尺与垂直标尺，协助用户在制作时度量页面和确立标尺参考线，便于准确地制作作品，而且可以精确显示鼠标的所在位置，如图1-6-6所示。

图1-6-7 滚动条

9. 滚动条

在图像窗口的右方和下方各有一条滚动条，可用来滚动画面，让画面的所有部分可见，用鼠标单击滚动条上的箭头可小幅度移动页面，如图1-6-7所示。

10. 缩放工具

选取工具箱中的缩放工具，又称放大镜工具，在画面上单击可以进行画面缩放显示的操作，按住Alt键，画面可按比例进行缩小。若进行更多缩放操作可在缩放工具栏上按需求设定即可，如图1-6-8所示。

图1-6-8 “缩放”工具栏

11. 改变图像大小

执行“图像”|“图像大小”命令，在弹出的“图像大小”对话框中，根据需要可以查看和修改图像大小的设置，然后单击 好 按钮，如图1-6-9所示。

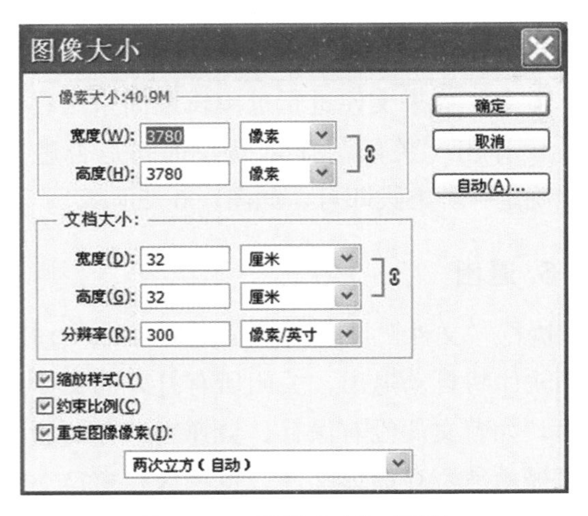

图1-6-9 “图像大小”对话框

12. 设置画布大小

有时，需要对图像进行处理，却受限于图像的画布尺寸，这时，可以执行“图像”|“画布大小”命令，在弹出的“画布大小”对话框中，对画布大小进行修改，然后单击[好]按钮，如图1-6-10所示。

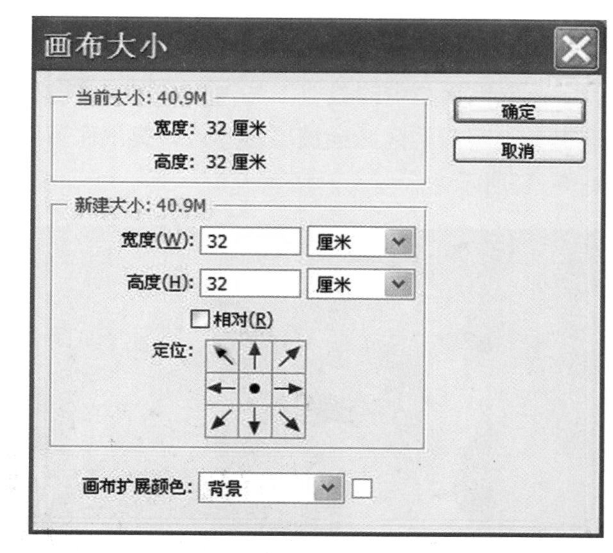

图1-6-10 “画布大小”对话框

13. 旋转画布

执行“图像”|“旋转画布”命令，可以对画布进行旋转或镜像处理，如图1-6-11所示。选择“任意角度”项，在弹出的“任意角度”对话框中，可以输入任意数值和旋转方向，旋转后图像空白处的底色由工具箱中的背景色决定。

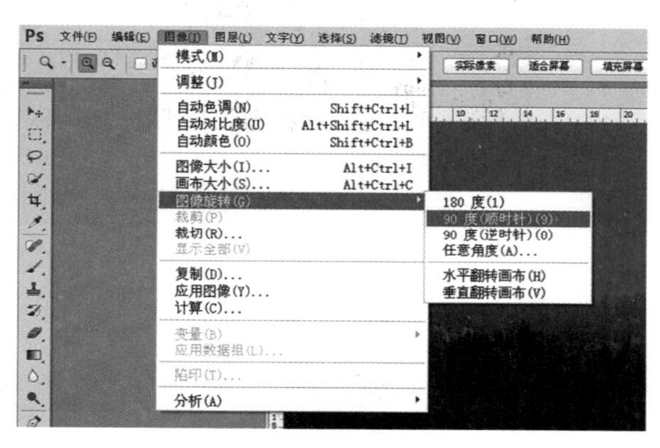

图1-6-11 “旋转画布”命令

14. 前景色和背景色

在图像处理中，主要是通过工具箱中的前景色和背景色按钮选取颜色，前景色和背景色位于工具箱下方的颜色选取框中，选取颜色显示在两个颜色框中，如图1-6-12所示。前景色用于显示和选取绘图工具当前使用的颜色，背景色用于显示和选取图像的底色，单击前景色或背景色，可在弹出的拾色器中设定颜色。

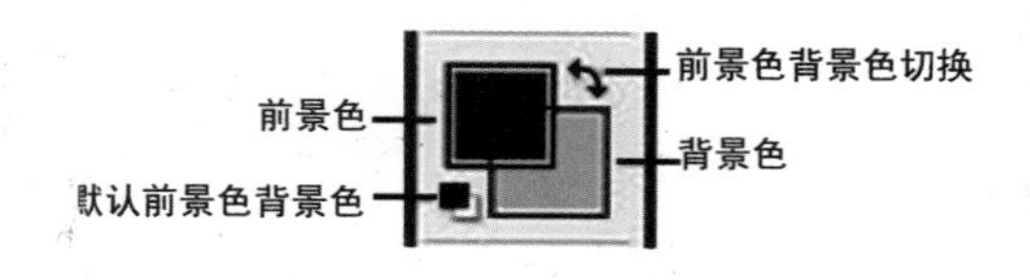

图1-6-12 前景色与背景色

15. 拾色器

在工具箱中单击前景色或背景色按钮，都可以打开“拾色器”对话框。对话框左侧的彩色方框区域称为色域，用来选择颜色。色域图中的小圆圈是选取颜色的标志，色域框右边的竖长条是颜色调节杆，用来调节颜色的不同色调，拖动小三角滑块即可，如图1-6-13所示。

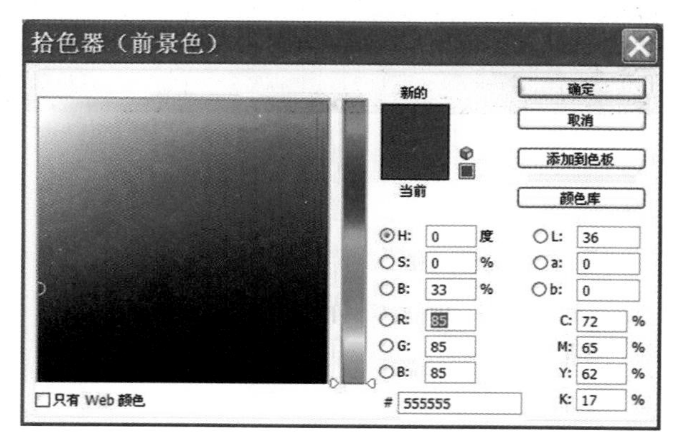

图1-6-13 “拾色器”对话框

16. 裁剪工具

选取工具箱中的裁剪工具，创建一个选框，选框不必十分精确，以后可以调整，而且还可以旋转选框，被裁剪的区域会被屏蔽遮盖，突出保留区域，如图1–6–14所示，按Enter键确定裁剪完成，如图1–6–15所示。

图1–6–14 裁剪选框

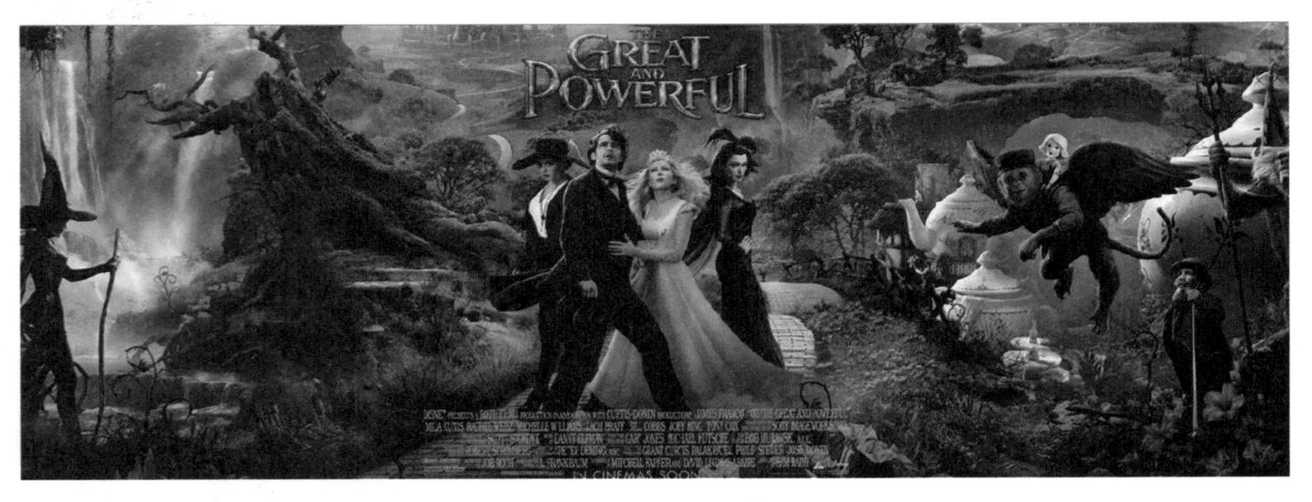

图1–6–15 图像裁剪的效果

以上讲述的只是基本操作方法，Photoshop CS6处理图像的强大功能远远不止这些，我们要在使用中不断总结经验，熟练掌握各种操作方法，将其作用发挥得淋漓尽致。

第2章 图像设计篇

2.1 花卉图片美化

在摄影过程中，由于用光的不当，会产生一些灰蒙蒙的照片，背景与主题感觉在色彩、明度上都在一个阶层，整幅照片没有了生气。对于这样的照片，即使在构图上很有特色，但是由于用光的缺陷抹杀了好的主题，我们是否可以用Photoshop处理来克服这样的问题？本节将会讲解如何克服灰蒙蒙照片的技法。

（1）执行“文件”|“打开”命令，打开“灰蒙蒙白花”文件，如图2−1−1所示。

图2−1−1 白花照片

本例中我们选用了一张花卉照片，主体是白色的小花，背景是绿色的叶子以及枝叶和泥土。我们可以发现，由于光不足的原因，拍摄的主题偏暗，有灰蒙蒙的感觉。

（2）我们看到照片稍有点色调偏灰，先需要进行一下处理，执行“图像”|“调整”|“自动颜色”命令，如图2−1−2所示。经过“自动颜色”处理后，画面的明暗对比度及色彩已经调整得比较合适了，如图2−1−3所示。

通过对画面的分析，我们发现主体的亮色已经突现出来，我们继续进行下面的操作。

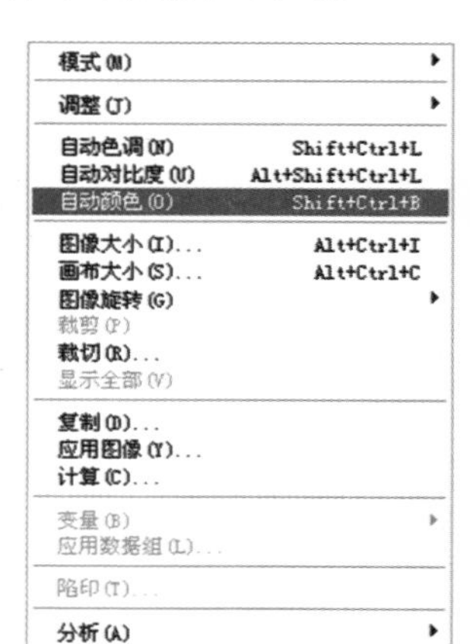

图2−1−2 执行“自动颜色”命令

图2−1−3 “自动颜色”处理的效果

（3）按Ctrl+J键复制图层，选择图层1，然后执行“图像”|“调整”|“去色”命令，如图2-1-4所示。

图2-1-4 执行“去色”命令

（4）选择图层1，执行“图像”|“调整”|“亮度/对比度”命令，适当调高对比度和亮度，保证在主体物上的条纹要清晰，如图2-1-5所示。

图2-1-5 执行“亮度/对比度”命令

（5）设定图层1与背景之间的互动关系。将图层1的混合模式设为“叠加”，透明度可视情况而定，如图2-1-6所示。然后合并图层。

（6）执行“滤镜”|“锐化”|“USM锐化”命令，使图像更加清晰一点，如图2-1-7所示。

图2-1-6 合并图层

图2-1-7 执行“USM锐化”命令

（7）至此，便完成了对照片对比度的调整。比起原图像，经过处理后的作品更具观赏性了，如图2-1-8所示。

图2-1-8 完成效果

2.2 江南水景逼真呈现

和传统摄影一样，数码相机拍摄的照片也需要进行后期制作上的调整，让我们一起来对这幅风景照片进行处理。

（1）执行“文件”|“打开”命令，打开“江南水乡”图片，如图2-2-1所示。

图2-2-1 江南水乡

打开图片后，并对图片做必要的分析。

首先我们注意到了画面右面有一个多余的白色空调室外机，这与整幅照片的气氛相冲突了，这是取景疏忽造成的，对于这个不足得想办法补救。再就是整体画面的色调了，应该添加一些江南水乡特有的气氛。

（2）去除不符合气氛的景物。

画面右侧的白色空调机是影响照片整体气氛的“败笔”，我们推荐两个方法去除它。

第1种方法：裁切法，对画面做一定的裁切，当然这个方法一定要在条件允许的情况下才能使用，假如我们要去除的物体在画面的中间部位，就很难使用了。

选取“裁切工具”，适当地对画面进行裁切，如图2-2-2所示。

看一下裁切后的效果，如图2-2-3所示。

图2-2-2 执行“裁切”命令

图2-2-3 裁切后的效果

第2种方法：掩盖法。我们采用“橡皮图章工具”，对白色空调做修改，如图2-2-4所示。

看一下“橡皮图章工具”修改以后的效果，如图2-2-5所示。

图2-2-4 用“橡皮图章”修改白色空调

图2-2-5 “橡皮图章”修改后的效果

（3）执行“图像”|“调整”|“曲线”命令，适当拉高曲线，如图2-2-6和图2-2-7所示。

（4）按Ctrl+J键，复制图层，如图2-2-8所示。

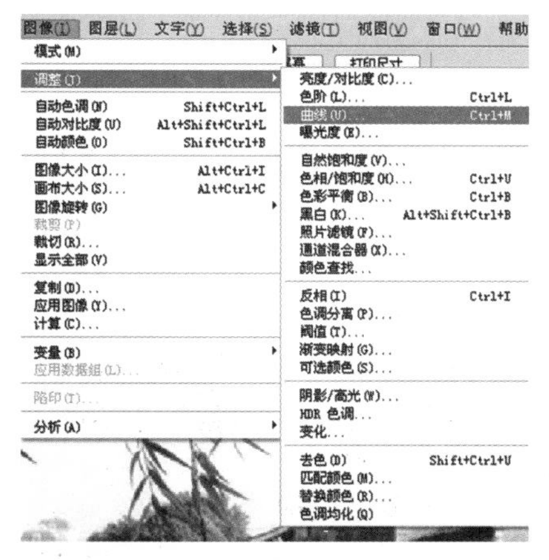

图2-2-6 执行“曲线”命令

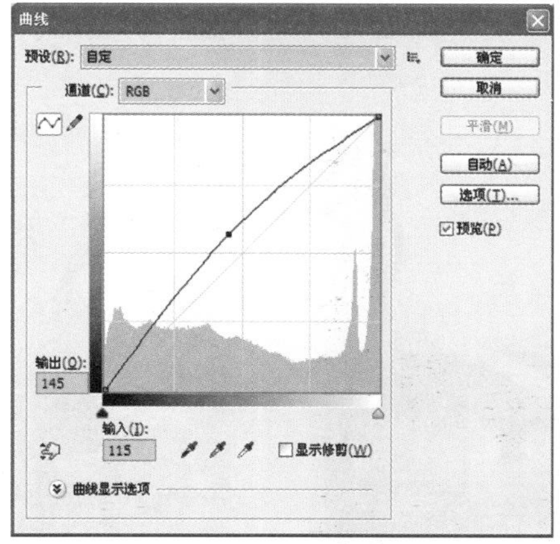

图2-2-7 适当拉高曲线

图2-2-8 执行“复制图层”命令

（5）选择新复制的“图层1”，对其做变化处理，执行“图像”|“调整”|“变化”命令，根据实际绘面的意境选择适当的色彩进行安排，如图2-2-9和图2-2-10所示。

根据实际情况，我们在“图层1”中加入深绿色及深黄色，使得照片看上去更加春意盎然。

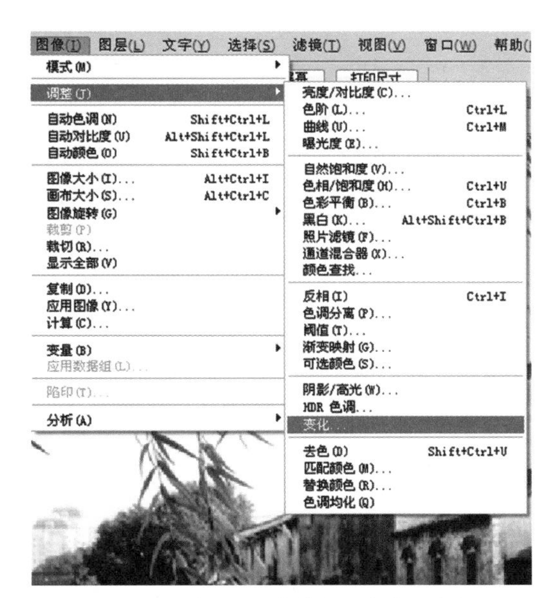

图2-2-9 对“图层1”执行“变化”命令

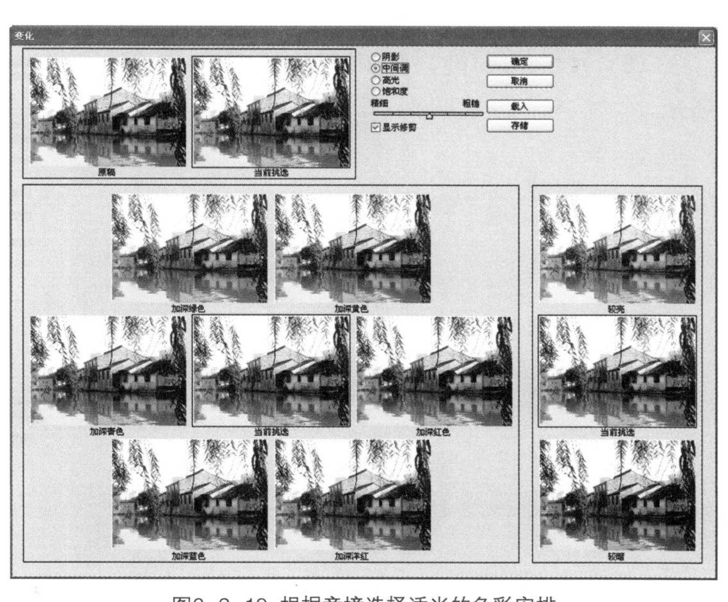

图2-2-10 根据意境选择适当的色彩安排

（6）完善色彩的整体感觉

通过步骤5，整个画面的色彩已经被全部的变绿，但连一些非植物的内容也变得“绿意葱葱”了。现在只要将“图层1”中不要的白墙、河堤等内容去掉，就可以露出“背景层”中原有的色调物体了。

主要方法为：选取“橡皮工具”直接在“图层1”中将不该是绿色的部分去除，如图2-2-11所示。

图2-2-11 选用“橡皮工具”擦去“图层1”部分内容

这个步骤的关键是运用不同大小的“橡皮工具”做细节的处理。对比一下前面的效果，如图2−2−12所示，处理后的效果如图2−2−13所示。

图2−2−12 未经“橡皮”处理过的效果

图2−2−13 经过“橡皮”处理的效果

（7）合并图层。执行“图层”|“拼合图层”命令，如图2−2−14所示。

（8）按Ctrl+J键，复制图层，如图2−2−15所示。

图2−2−14 执行“拼合图层”命令

图2−2−15 复制图层

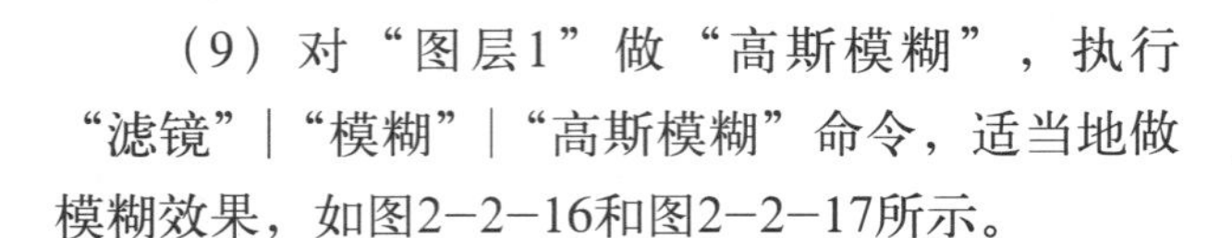

（9）对“图层1”做“高斯模糊”，执行“滤镜”|“模糊”|“高斯模糊”命令，适当地做模糊效果，如图2−2−16和图2−2−17所示。

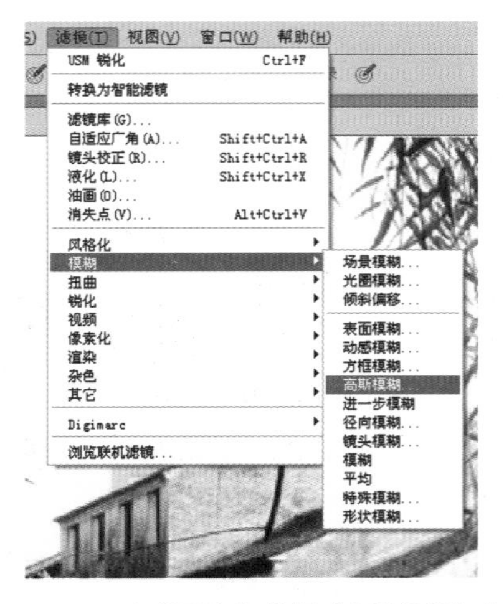

图2−2−16 对“图层1”执行“高斯模糊”命令

图2−2−17 执行“高斯模糊”后的效果

（10）运用不同的“混合模式”和“不透明度”，合并图层后得到最后的效果图。

例如采用“叠加模式”，将“不透明度”设为“40%”，如图2-2-18和图2-2-19所示。

我们再来看看其他的效果。

采用“屏幕模式”，将“不透明度”设为“80%”时的效果如图2-2-20所示。

图2-2-18 执行“拼合图层”命令

图2-2-19 合并图层后的效果

图2-2-20 调整后的效果

采用“线性变亮”模式，将“不透明度”设为“85%”时的效果如图2-2-21所示。

采用“线性减淡”模式，将“不透明度”设为“20%”时的效果如图2-2-22所示。

图2-2-21 调整后的效果

图2-2-22 调整后的效果

2.3 小黄花后期制作

在摄影艺术中，花卉摄影与风光摄影、人像摄影一样，已成为一个单独的门类。花卉摄影的对象是以花卉为主的静物。花卉摄影在技法上有许多特殊的要求，与人像、风光摄影有很多不同之处，如取材、用光、构图、背景、色彩表现等都要适合花卉摄影的特殊要求和效果。同时，需要使用特殊的拍摄手段，才能得到艺术性较高的作品。

作为摄影的一个永恒的主题，花卉摄影一直是摄影爱好者喜爱的题目，大自然中存在着诸多美好的事物，五彩斑斓的花卉是体现美丽生态的一个典型的代表，在本节中，我们将学习如何用Photoshop软件来处理花卉照片，使数码照片更加美丽。

（1）执行“文件”|“打开”命令，打开“小黄花.jpg”文件，跟我们一起对花卉进行后期处理，如图2-3-1所示。

图2-3-1 小黄花

我们对于画面先做一下具体的分析，整幅照片明显偏暗，且对比度也不足，色彩比较单调。

（2）调整色阶，执行“图像”|“调整”|“自动色阶”命令，如图2-3-2所示。

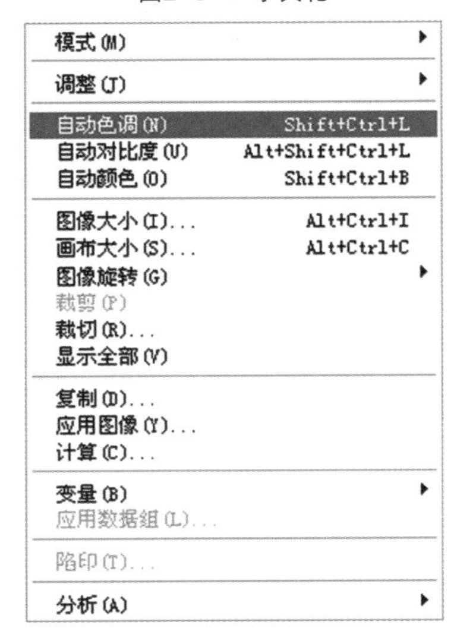

图2-3-2 执行“自动色阶”命令

（3）对于画面上的小细节，选取“图章工具”进行修改。我们发现本图左下脚有一个与整副图不协调的花盆的边缘，现在用“图章工具”对其做适当的修改，如图2-3-3所示。

图2-3-3 使用“图章工具”

（4）调整“亮度/对比度”，执行“图像”|“调整”|“亮度/对比度”命令，如图2-3-4所示。“亮度”调整为“+8”，“对比度”调整为“+4”，如图2-3-5所示。

图2-3-4 执行“亮度/对比度”命令

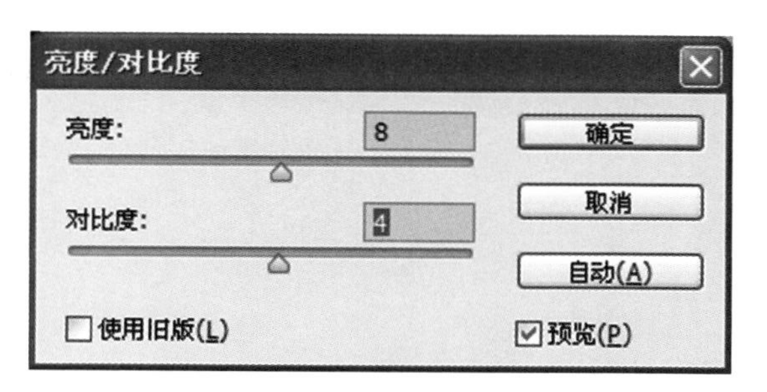

图2-3-5 设置“亮度/对比度”对话框

（5）调整色彩平衡，执行“图像”|“调整”|“色彩平衡”命令，如图2-3-6所示。

设置中间调“色阶”值分别为“-10,+12,-10”，如图2-3-7所示。

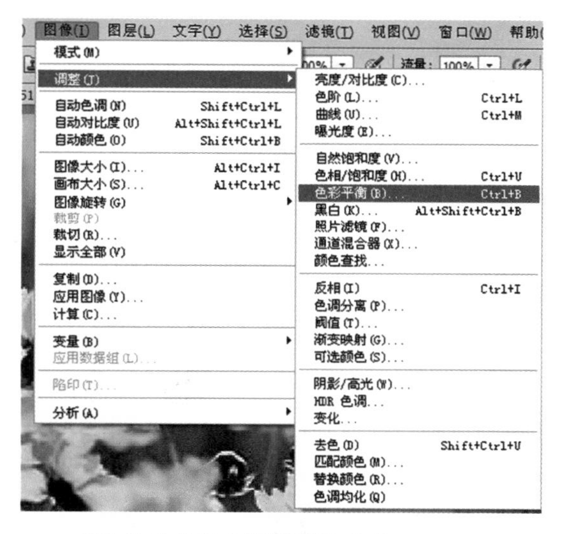

图2-3-6 执行“色彩平衡”命令

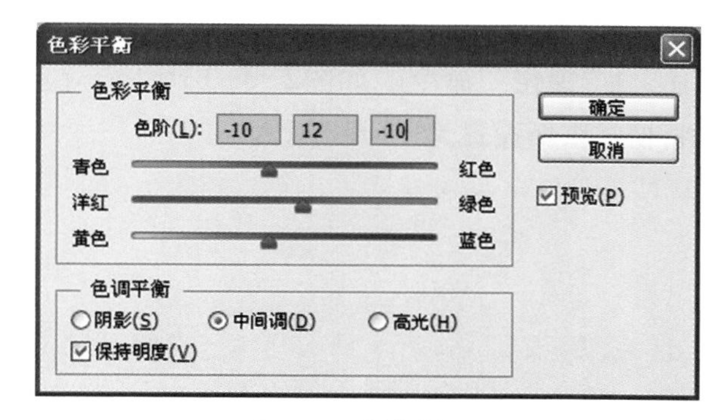

图2-3-7 调整中间调

设置高光“色阶”值分别为“+21,-3,+17”，如图2-3-8所示。

设置暗调“色阶”值分别为“-41,+7,-41”，如图2-3-9所示。

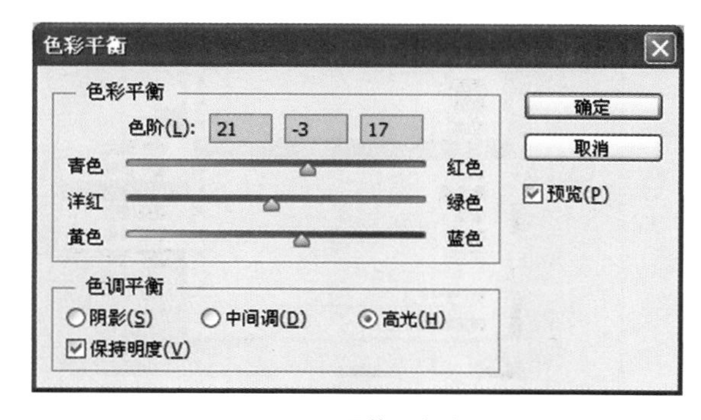

图2-3-8 调整“高光”

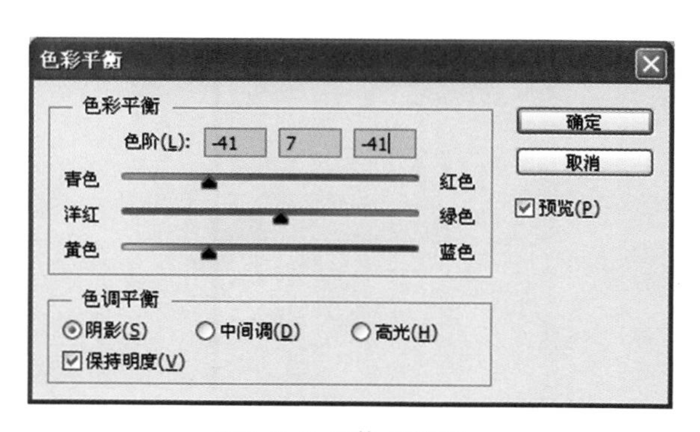

图2-3-9 调整“暗调”

（6）调整“色相/饱和度”，执行“图像”|“调整”|“色相/饱和度”命令，设置“饱和度”值为“+8”，“明度”值为“+2”，如图2-3-10所示。

图2-3-10 执行“色相/饱和度”命令

（7）进行锐化工作，先将图片模式转化为“Lab颜色”，执行“图像”|“模式”|“Lab颜色”命令，如图2-3-11所示，在“Lab颜色”的通道里面选择“明度”层，如图2-3-12所示，然后进行“锐化”处理，执行“滤镜”|“锐化”|“锐化”命令，如图2-3-13所示。锐化后将模式重新设置为“RGB颜色”。

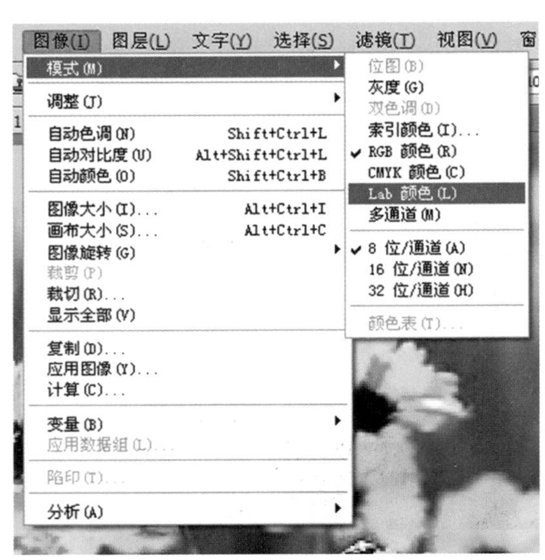

图2-3-11 执行“Lab颜色”命令

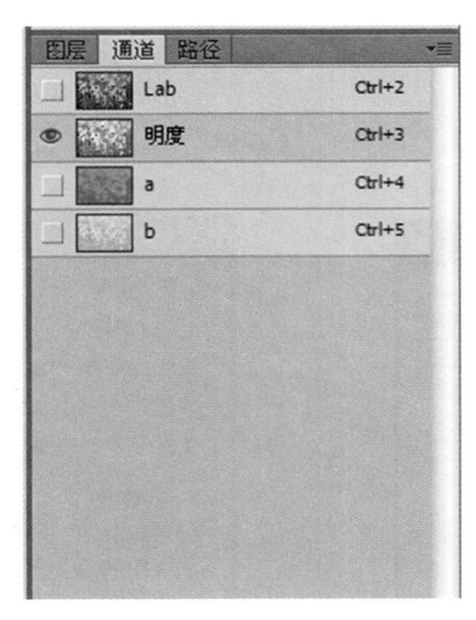

图2-3-12 选择“明度”层

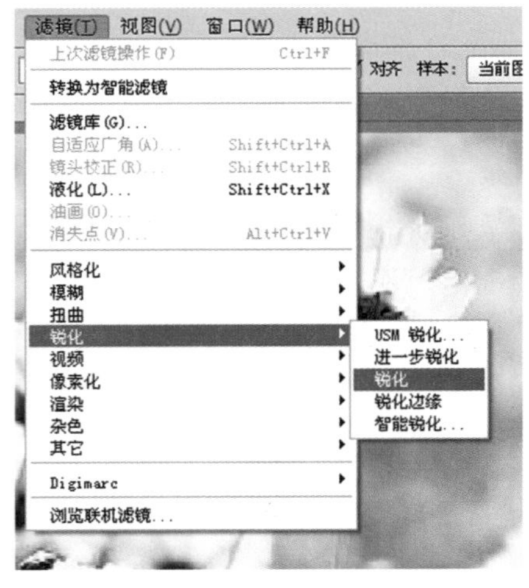

图2-3-13 执行“锐化”命令

（8）对整个画面调整色彩，执行“图像”|“调整”|“变化”命令，如图2-3-14所示。按照对图片的理解调整整体颜色，如图2-3-15所示。

图2-3-14 执行“变化”命令

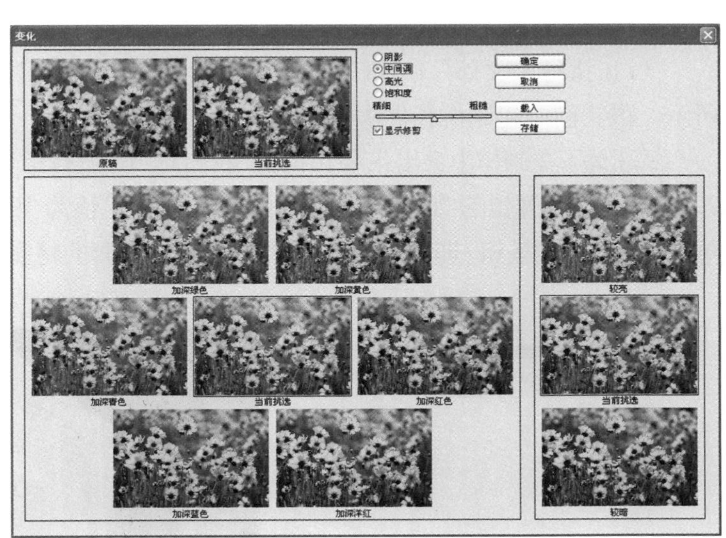

图2-3-15 调整整体的颜色

最后的效果如图2-3-16所示。

图2-3-16 最后的效果图

2.4 水粉花卉

水粉画的工具是毛笔和广告色，用不同明暗色调的色块表现出描绘的对象。水粉画的颜料具有遮盖性，不像水彩画那么透明，而且颜料在纸上很快就凝固了，不能修改，常用于写生、插图、习作或大型油画的色彩稿等。现在，我们用Photoshop来制作一幅花卉水粉画，供大家欣赏。

（1）执行“文件”|“打开”命令，如图2-4-1所示，读者可以打开“月季花”文件，如图2-4-2所示，跟我们一起制作花卉水粉画。

(2) 为了在制作中突出花朵和花蕾，我们对照片进行适当调整，执行“图像”|“调整”|“曲线”命令，如图2-4-3所示。在弹出的“曲线”对话框中，设置“输入”值为“118”，“输出”值为“136”，如图2-4-4所示。然后单击 好 按钮，即可加亮照片的色调，保持色彩的艳丽，有利于接下来的制作，如图2-4-5所示。

图2-4-1 花卉素材

图2-4-2 花卉照片

图2-4-3 执行“曲线”命令

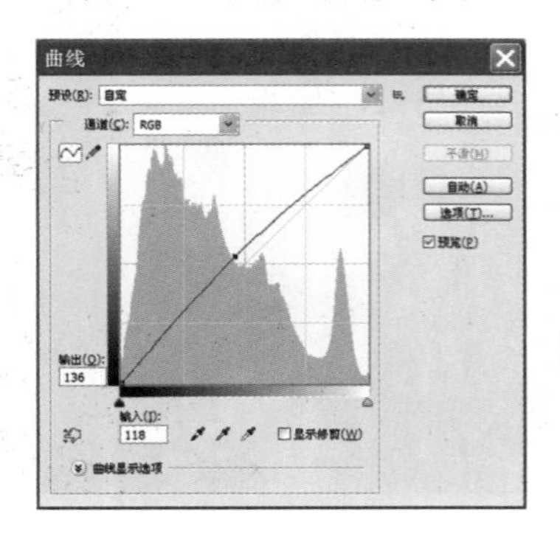

图2-4-4 设置“曲线”对话框

图2-4-5 “曲线”调整的效果

（3）执行“滤镜”|“滤镜库”|“干画笔”命令，如图2-4-6所示。在弹出的“干画笔”对话框中，设置“画笔大小”值为“5”，“画笔细节”值为“6”，“纹理”值为“2”，如图2-4-7所示。然后单击 好 按钮，现在的画面亮调与中间调之间界线明显了，为下面的处理做好铺垫，如图2-4-8所示。

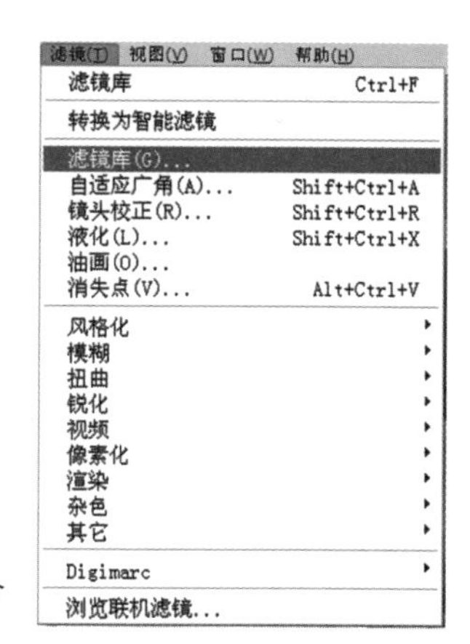

图2-4-6 执行“干画笔”命令

图2-4-7 设置“干画笔”对话框

图2-4-8 “干画笔”的效果

（4）执行“滤镜”|“滤镜库”|“水彩”命令，如图2-4-9所示。在弹出的“水彩”对话框中，设置“画笔细节”值为“9”，“暗调强度”值为“1”，“纹理”值为“1”，然后单击 好 按钮，如图2-4-10所示。

“暗调强度”值不宜设置过大，否则会使画面太暗，经过这一步处理，已接近水粉画的味道了，如图2-4-11所示。

图2-4-9 执行“水彩”命令

图2-4-10 设置“水彩”对话框

图2-4-11 “水彩”的效果

（5）亮调与暗调的距离拉开了，已经有了在纸上用毛笔和颜料手绘的感觉，接着选取工具箱中的“多边行套索工具”，在工具栏上设置“添加到选区”，“羽化”值为“5像素”，选择“消除锯齿”选项，如图2－4－12所示。再逐个选择画面上的花与花蕾并建立选区，如图2－4－13所示。

图2－4－12 设置“多边形套索”工具栏

图2－4－13 建立选区

（6）执行“滤镜”|“滤镜库”|“水彩”命令，如图2－4－14所示，在弹出“水彩”对话框中，设置“画笔细节”值为“9”，“暗调强度”值为“0”，“纹理”值为“1”，然后单击[好]按钮，如图2－4－15所示。

（7）执行“图像”|“调整”|“色相/饱和度”命令，如图2－4－16所示。弹出“色相/饱和度”对话框，设置“饱和度”值为“10”，以提高花的鲜艳程度，如图2－4－17所示。然后单击[好]按钮，确定设置。

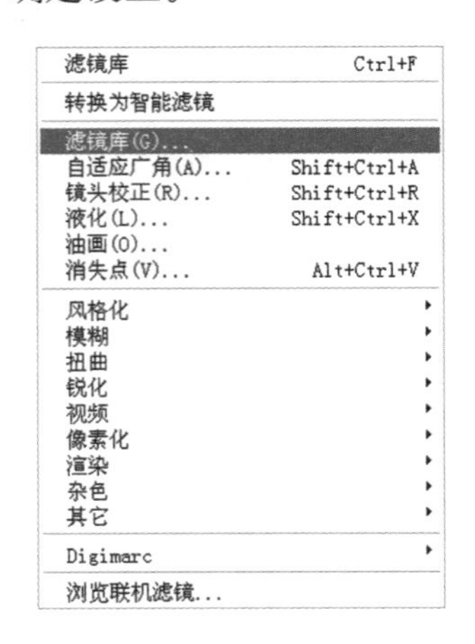

图2－4－14 执行“水彩”命令

图2－4－15 设置“水彩”对话框

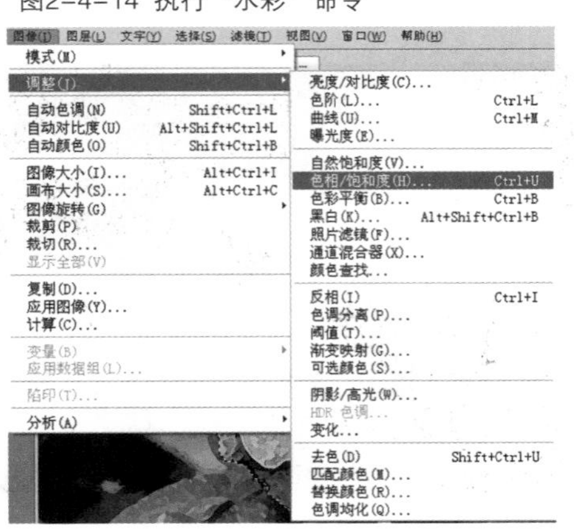

图2－4－16 执行“色相/饱和度”命令

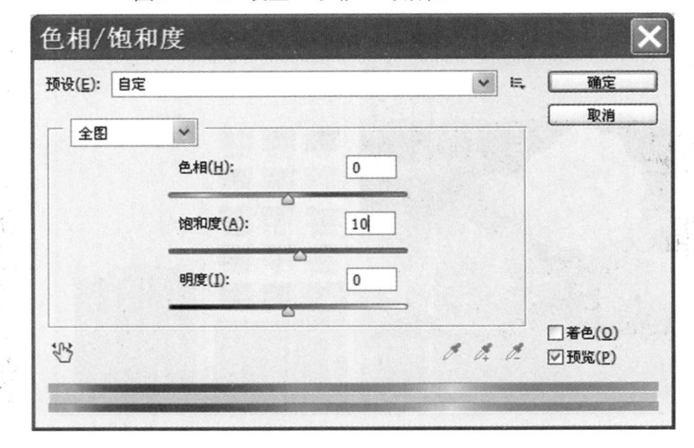

图2－4－17 设置“色相/饱和度”对话框

（8）按Shif+Ctrl+I组合键反选，执行“滤镜”|“滤镜库”|“调色刀”命令，如图2-4-18所示。在弹出的“调色刀”对话框中，设置“描边大小”值为“4”，“线条细节”值为“3”，“软化度”值为“5”，如图2-4-19所示。然后单击 好 按钮，确定设置。

（9）按Ctrl+D组合键取消选区，从画面上看，亮调、中间调、暗调已经显出明显的分界，色彩呈现点块状，很像手工绘画的笔触了，已经具有水粉画的味道了，如图2-4-20所示。

图2-4-18 执行“调色刀”命令

图2-4-19 设置“调色刀”对话框

（10）为了使画面更接近手绘水粉画作品，选取工具箱中的“矩形选框工具”，在工具栏上设置“新选区”，“羽化”值为“30像素”，“样式”为“正常”，如图2-4-21所示。拉一个矩形选框，按Shift+Ctrl+I反选，选取工具箱中的“渐变工具”，设置“前景色”为“白色”，在工具栏上设置“径向渐变”，“模式”为“正常”，“不透明度”值为“90%”，如图2-4-22所示，按住Shift键，鼠标移至画面中

图2-4-20 水粉画的效果

图2-4-21 设置“矩形选框”工具栏

图2-4-22 设置“渐变”工具栏

心并垂直向下拖动即可，如图2-4-23所示。

（11）得得到虚化边框，按Ctrl+D取消选区，选取工具箱中的“涂抹工具”，在“涂抹”工具栏上适当调节画笔大小，设置“模式”为“正常”，“强度”值为“70%”，对花瓣和花蕾进行涂抹，如图2-4-24所示。将暗调与中间调之间较琐碎的部分涂抹成较大的笔触，不要破坏亮调与中间调之间的界线，保持花瓣和花蕾结构无大的变化，用同样的方法对部分花叶进行涂

图2-4-23 建立选区反选并渐变选区

图2-4-24 设置“涂抹”工具栏

抹，笔触自然过渡。最后，任意在虚化边框上涂抹出笔触线条，在画面的左下角用鼠标签上绘制的日期或者作者姓名，如图2-4-25所示，水粉花卉就制作完成了。

这样就利用照片完成了一幅水粉花卉作品，步骤简单、效果突出、画面美观，从比例、透视、明暗到色调等，都可与手绘作品相媲美。

图2-4-25 水粉画的完成效果

2.5 套色木刻

采用不同材质的板材，用不同的工具和方法在上面雕刻成画面，涂上颜色，再用纸张印制成画，这称为版画。最常见的是黑白木刻和套色木刻，黑白木刻只需要一块板用刀刻画，而套色木刻则每种颜色都需要一张板，往纸上印制时必须套版准确，过程要比黑白木刻复杂一些，这样制作出的版画称为“套色木刻”。由于电脑的发展，采用Photoshop就可以将照片制作成套色木刻作品。在此我们挑选了一张照片，教大家制作套色木刻的效果。

（1）执行“文件”|“打开”命令，如图2-5-1所示。读者可以打开文件，如图2-5-2所示，跟我们一起制作套色木刻。

（2）执行“滤镜”|“模糊”|“动感模糊”命令，如图2-5-5所示。在弹出的“动感模糊”对话框中，设置“角度”值为“60度”，“距离”值为“32像素”，如图2-5-6所示，单击 好 按钮，背景产生了变化，如图2-5-7所示。

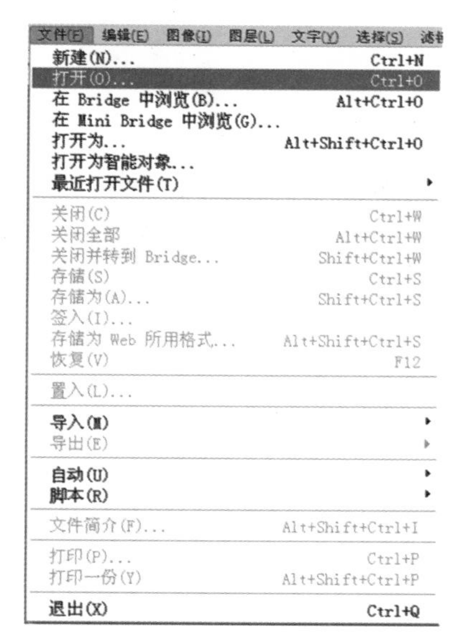

图2-5-1 执行“打开”命令

图2-5-2 黄牛照片

图2-5-3 设置“多边形套索”工具栏

图2-5-4 建立背景选区

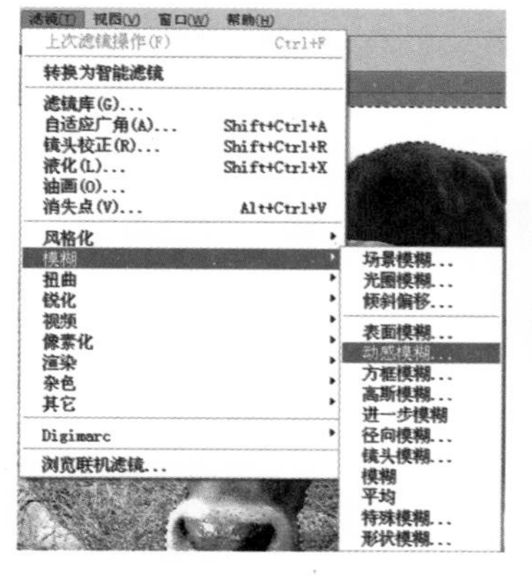

图2-5-5 执行“动感模糊”命令

图2-5-6 设置“动感模糊”对话框

图2-5-7 “动感模糊”的效果

（3）执行“滤镜”|“滤镜库”|“木刻”命令，如图2-5-8所示。在弹出的“木刻”对话框中，设置“色阶数”值为“4”，“边缘简化度”值为“4”，“边缘逼真度”值为“1”，如图2-5-9所示，然后单击［好］按钮，处理后的背景部分已被简化了，如图2-5-10所示。

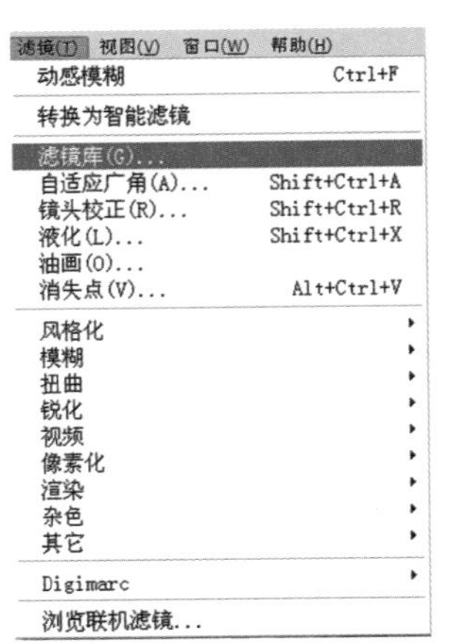

图2-5-8 执行“木刻”命令

图2-5-9 设置“木刻”对话框

图2-5-10 背景“木刻”的效果

（4）按Shift+Ctrl+I键，执行反选命令，转换为牛头的选区，为了突出牛头，执行“图像”|“调整”|“色相/饱和度”命令，如图2-5-11所示。在弹出的“色相/饱和度”对话框中，设置“色相”值为“0”，“饱和度”值为“16”，“明度”为“26”，如图2-5-12所示，单击［好］按钮，牛头随之变化，如图2-5-13所示。

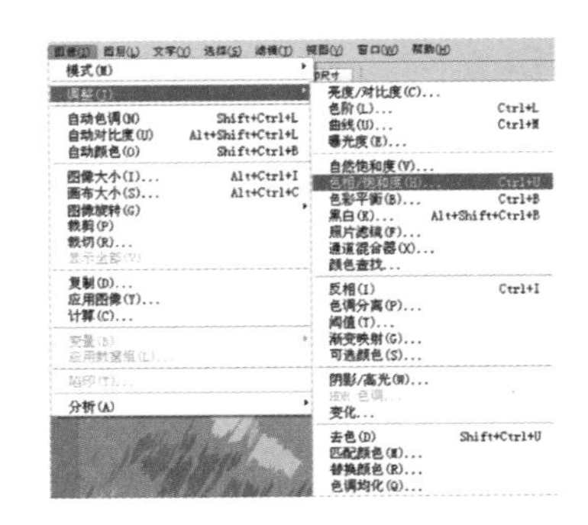

图2-5-11
执行“色相/饱和度”命令

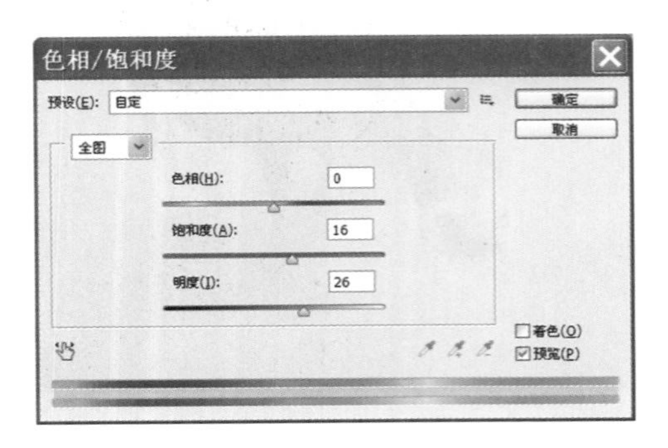

图2-5-12 设置“色相/饱和度”对话框

图2-5-13 调整“色相/饱和度”的效果

（5）执行“图像”|“调整”|“亮度/对比度”命令，如图2－5－14所示。在弹出的“亮度/对比度”对话框中，设置“亮度”值为“－22”，“对比度”值为“50”，如图2－5－15所示。单击 好 按钮，然后，提炼出牛头，如图2－5－16所示。

图2－5－14 执行“亮度/对比度”命令

（6）执行“滤镜”|“滤镜库”|“木刻”命令，如图2－5－17所示。在弹出“木刻”对话框中，设置“色阶数”值为“7”，“边缘简化度”值为“0”，“边缘逼真度”值为“3”，如图2－5－18所示。然后单击 好 按钮，牛头的效果就出来了，如图2－5－19所示。

滤镜(T) 视图(V) 窗口(W) 帮助(H)
滤镜库 Ctrl+F
转换为智能滤镜
滤镜库(G)...
自适应广角(A)... Shift+Ctrl+A
镜头校正(R)... Shift+Ctrl+R
液化(L)... Shift+Ctrl+X
油画(O)...
消失点(V)... Alt+Ctrl+V
风格化
模糊
扭曲
锐化
视频
像素化
渲染
杂色
其它
Digimarc
浏览联机滤镜...

图2－5－17 执行“木刻”命令

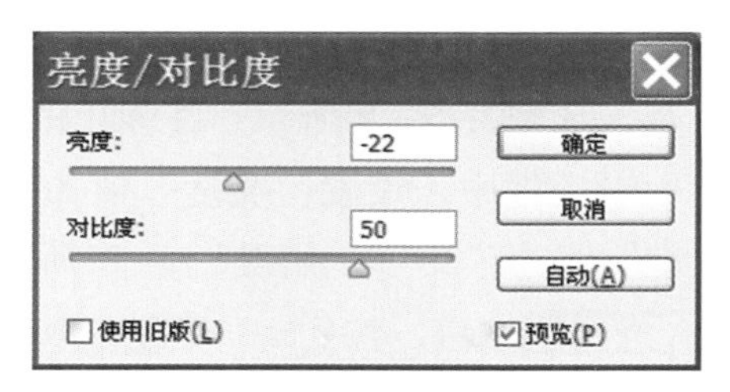

图2－5－15 设置“亮度/对比度”对话框

图2－5－16 调整“亮度/对比度”的效果

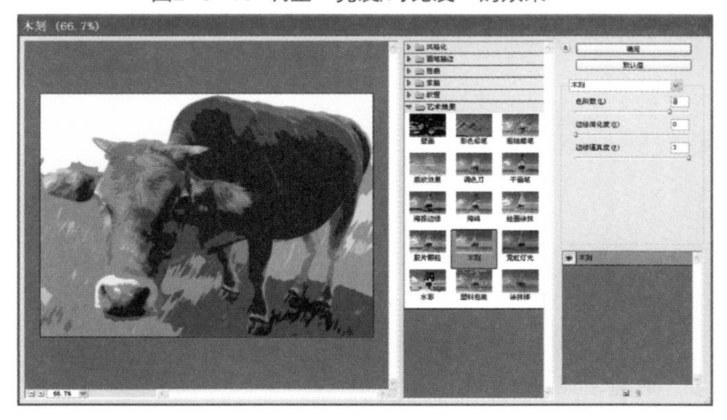

图2－5－18 设置“木刻”对话框

图2－5－19 牛头“木刻”的效果

（7）执行“调整”|“图像”|“亮度/对比度”命令，如图2-5-20所示。在弹出的“亮度/对比度”对话框中，设置“亮度”值为“18”，“对比度”值为“28”，如图2-5-21所示。然后单击好按钮，按Ctrl+D键，取消选区，基本形成套色木刻的效果了，如图2-5-22所示。

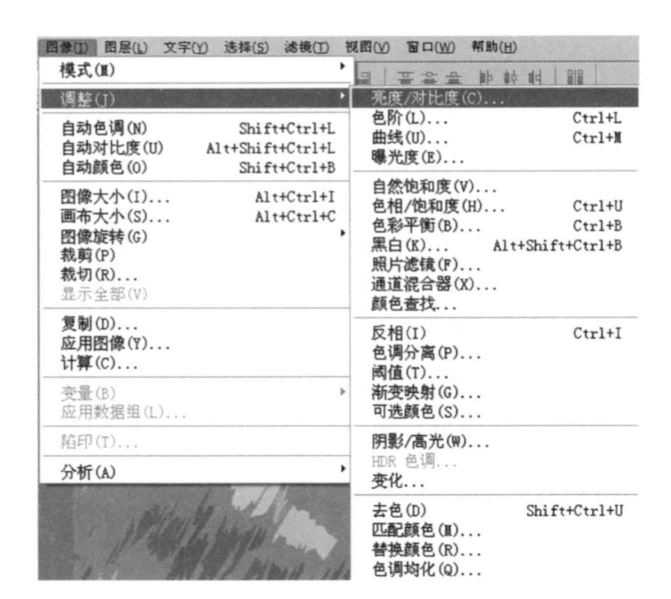

图2-5-20 执行“亮度/对比度”命令

亮度/对比度

亮度: 18

对比度: 28

确定 取消 自动(A)

使用旧版(L) 预览(P)

图2-5-21 设置“亮度/对比度”对话框

（8）将套色木刻的基本效果与照片相比较，还有几个地方需要完善。选取工具箱中的“画笔工具”，在工具栏上设置“画笔”为“尖角19像素”，设置“模式”为“正常”，“不透明度”值为“100%”，“流量”值为“100%”，如图2-5-23所示。

图2-5-22 套色木刻基本效果

图2-5-23 设置“画笔”工具栏

（9）按Alt键，“画笔工具”变为“吸管工具”，选取“画笔工具”的颜色，单击便可在画面上拾取颜色。在牛头和背景色几乎相同的地方，选取接近的浅蓝色涂抹，如图2-5-24所示。

最后，执行“滤镜”|“滤镜库”|“成角线条”命令，如图2-5-25所示。在弹出的“成角线条”对话框中，设置“方向平衡”值为“28”，“描边线条”值为“9”，“锐化程度”值为“9”，如图2-5-26所示，然后单击[好]按钮，直到套色木刻的效果完成，如图2-5-27所示。简单几步就把照片制作成了套色木刻，且颇具装饰性，还丰富了照片的艺术表现形式。用好Photoshop能让你充分地发挥想象空间，创造出美丽画面。

图2-5-24 画笔涂抹效果

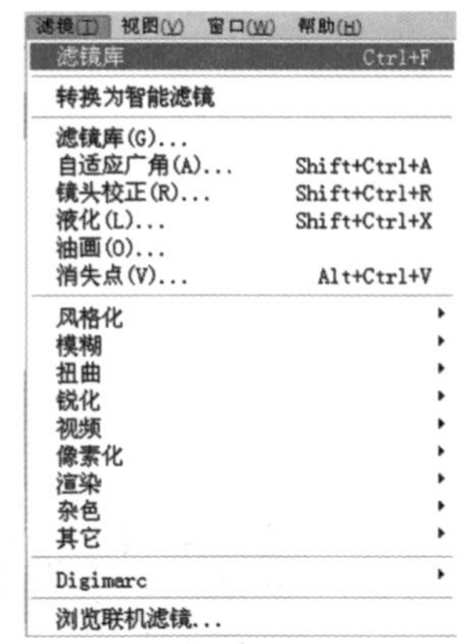

图2-5-25 进入滤镜库面板

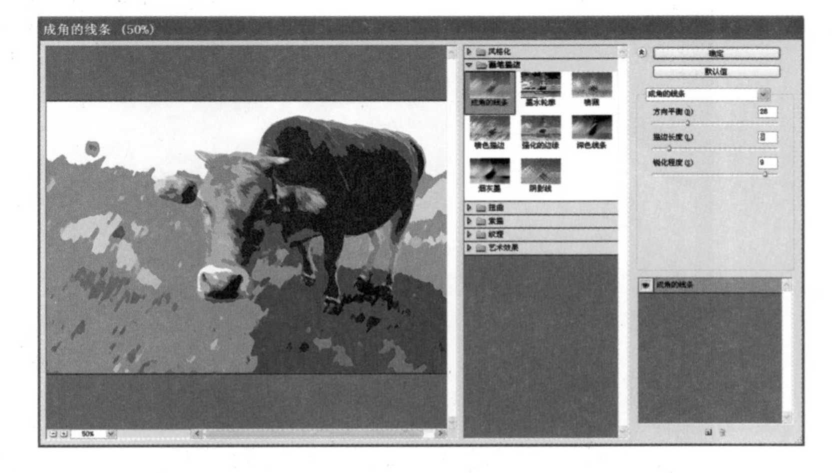

图2-5-26 成角线条效果

图2-5-27 最终效果

第3章 海报设计篇

3.1 影视明星展

（1）执行“文件”|“新建”命令，建立一个“60厘米×20厘米”的空白文档。

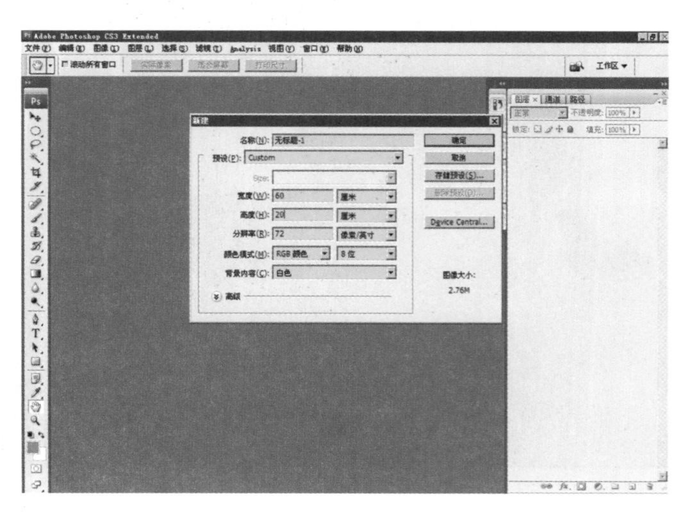

（2）新建“图层1”，点击“矩形选区工具”绘制矩形选区。

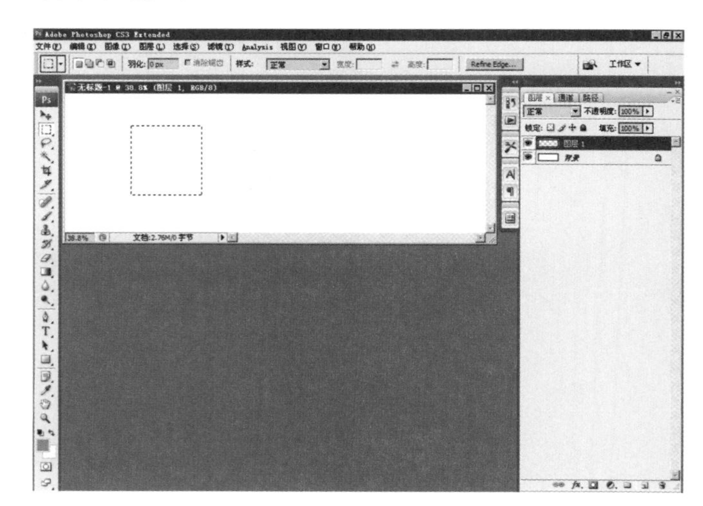

（3）将图层1填充黑色。

（4）执行菜单“编辑”|“自定义画笔”命令，将矩形保存画笔。

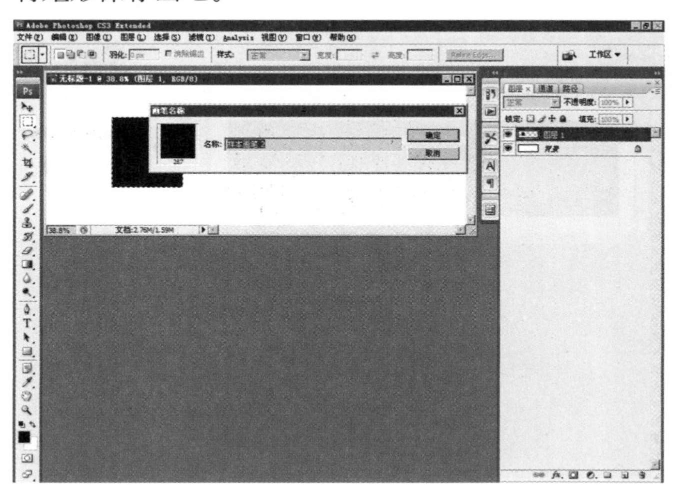

（5）按“Delete”键删除矩形画笔，再按“Ctrl+D”取消选区。

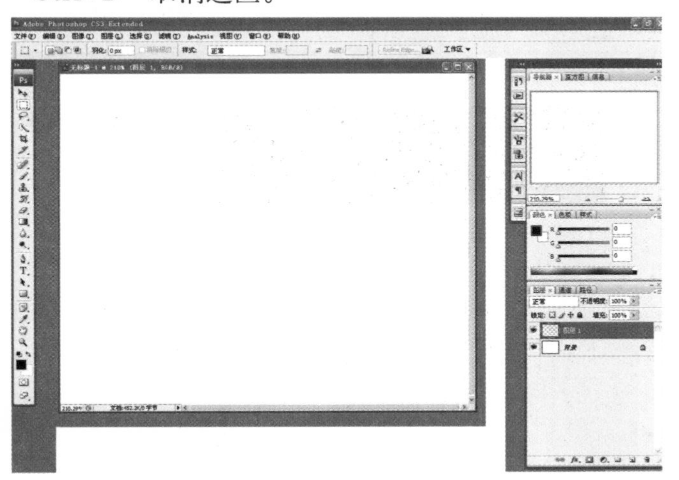

（6）再次点击“矩形选区工具”绘制矩形选区，将“图层1”填充赫色。

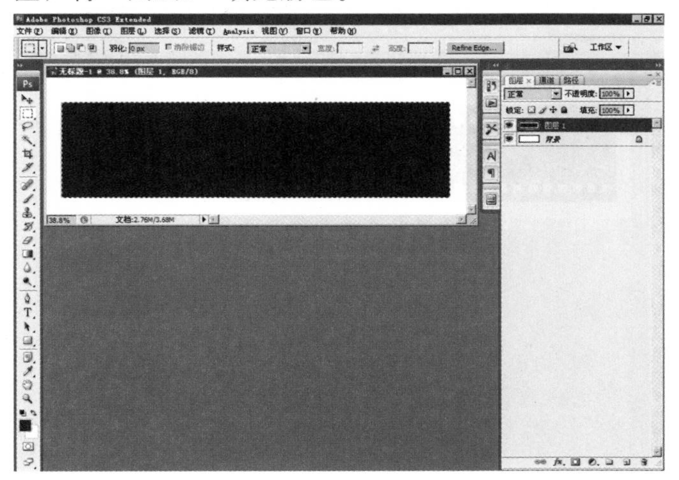

7.选择自定义的矩形画笔，修改画笔间距、大小。

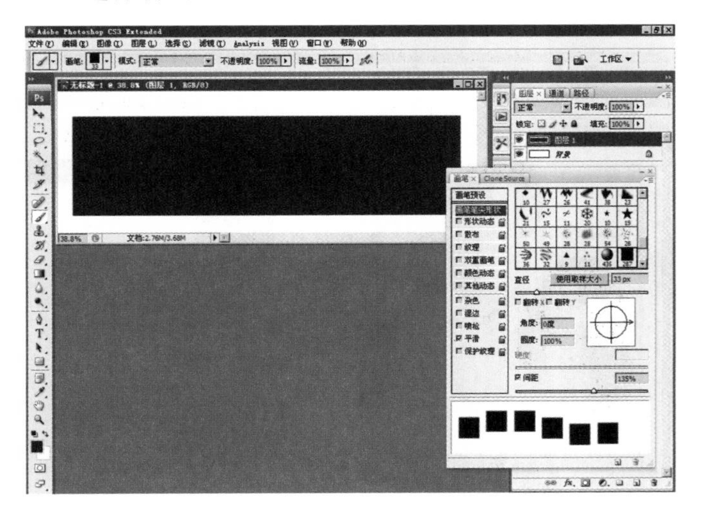

(8) 按“Ctrl+R”显示标尺，拉出一条水平辅助线。

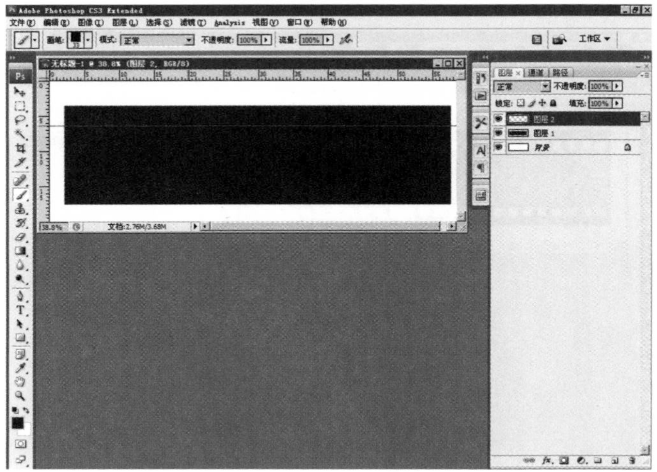

（9）选择“矩形画笔”，按Shift键从左至右画上面图形。

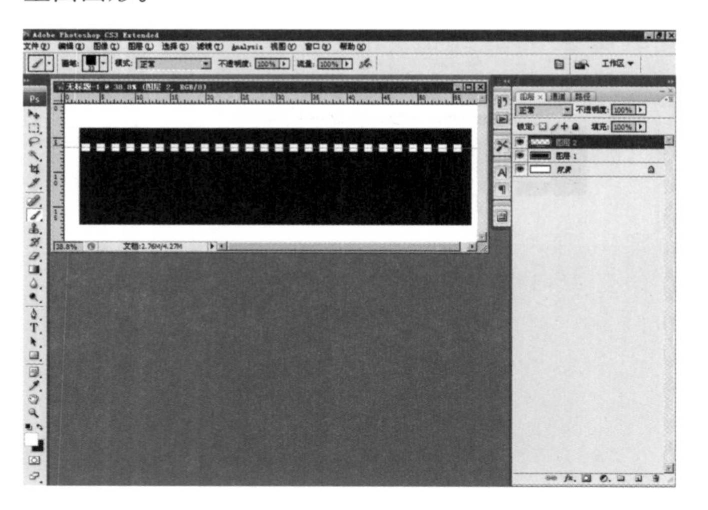

（10）复制“图层2副本”。

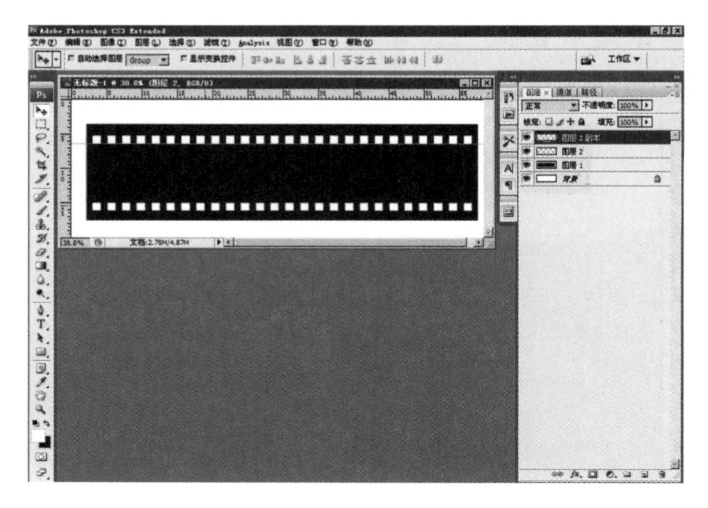

（11）按“Ctrl+E”合并图层。

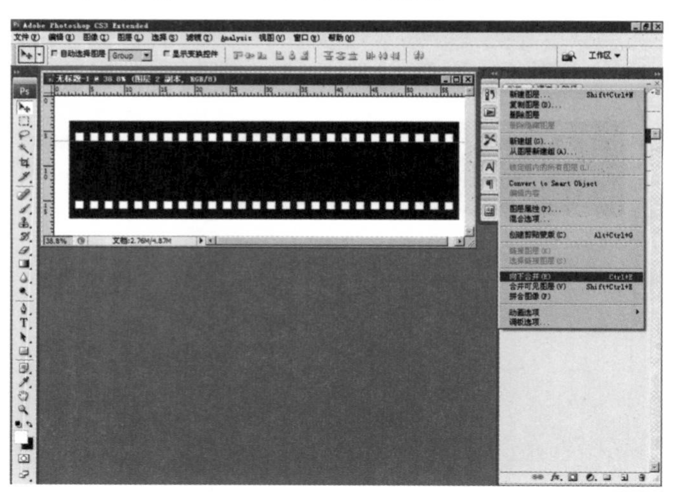

（12）按“Ctrl”点击“图层1”，载入选区。

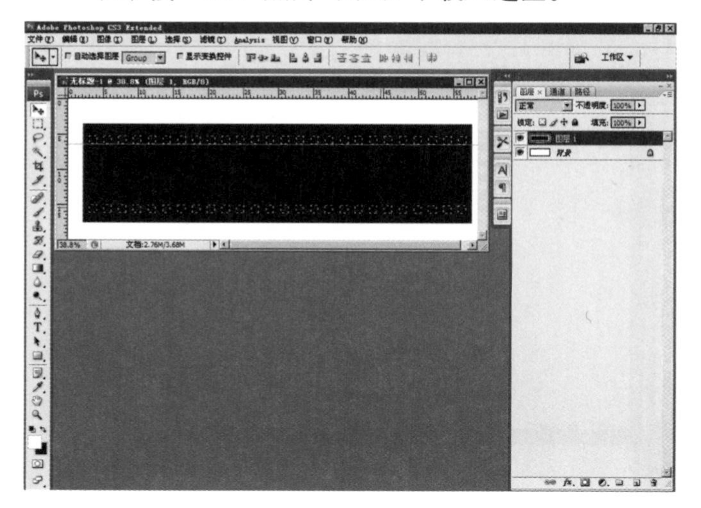

（13）按“Delete”删掉选区图形。

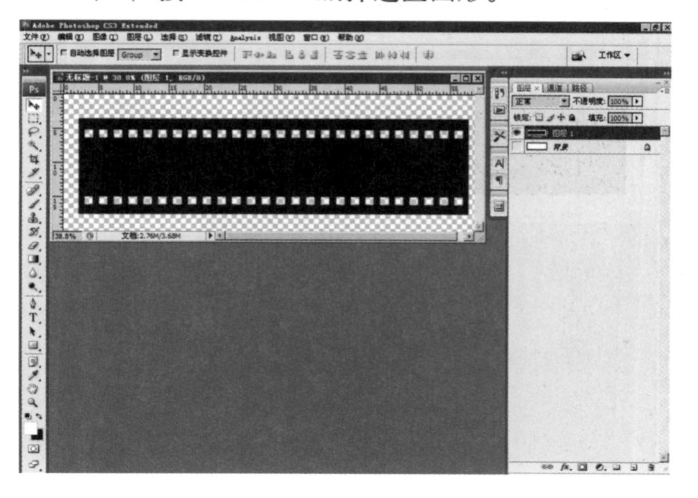

（14）打开数张素材图片。

（15）将素材放入胶片中，按“自由变换”调节图像大小。

（16）按“Ctrl+E”合并图层。

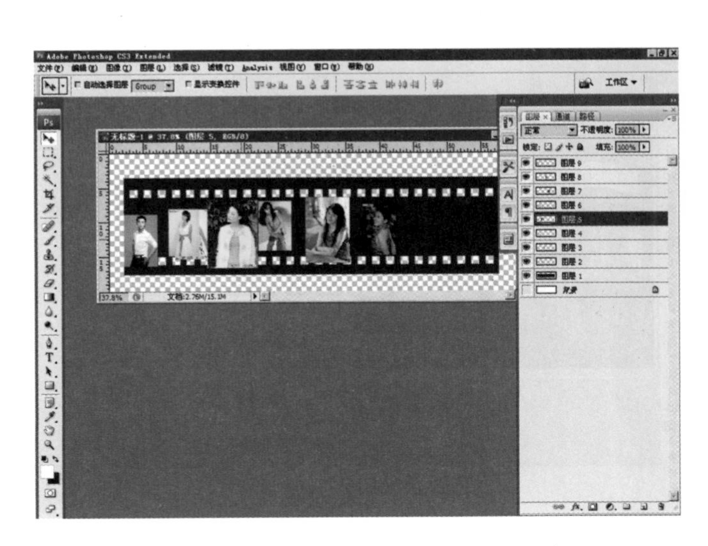

(17) 按“Ctrl+T”自由变换，顺时针旋转90度。

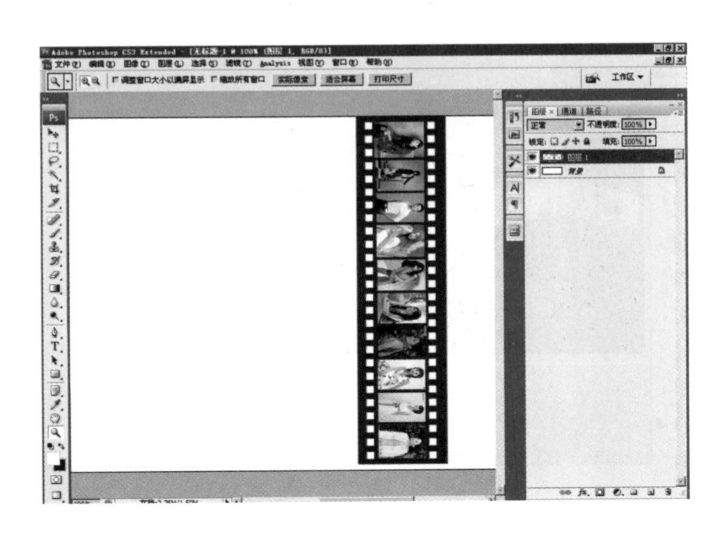

（18）点击菜单“滤镜”|“扭曲”|“切变”，调整切变效果。

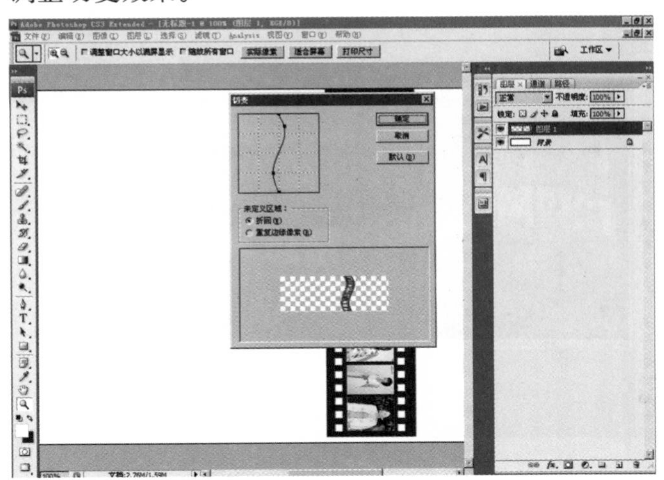

（19）执行“旋转画布”|“旋转90度（逆时针）”命令。

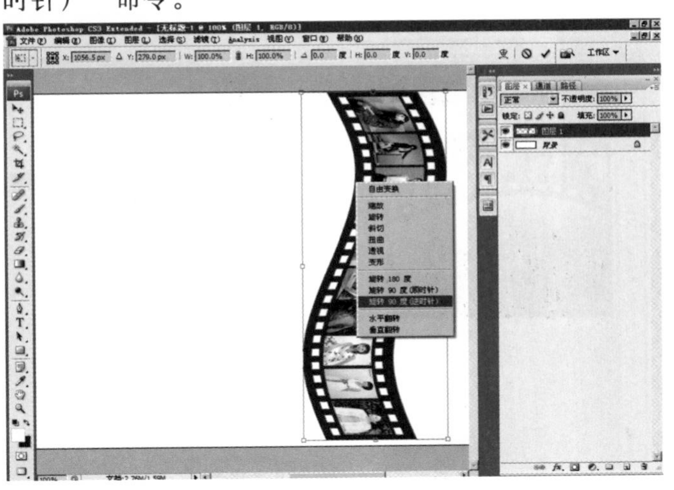

（20）执行“文字工具”，输入文本。

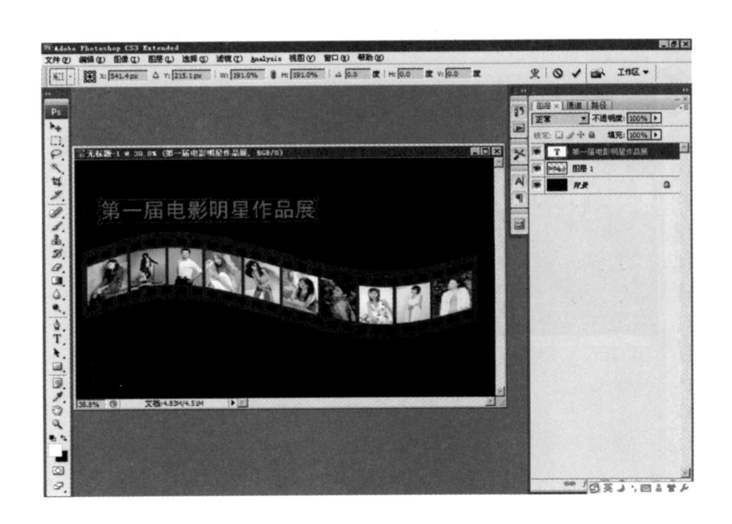

(21) 选择“变形文字工具”，调节文字。

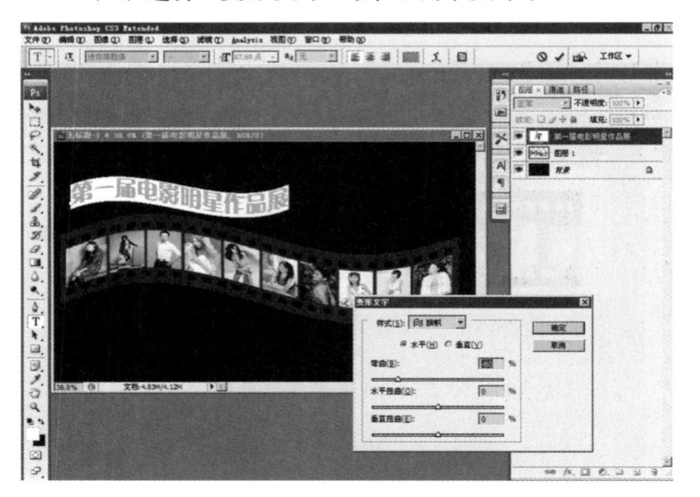

(22) 调节变形文字大小、字间距。

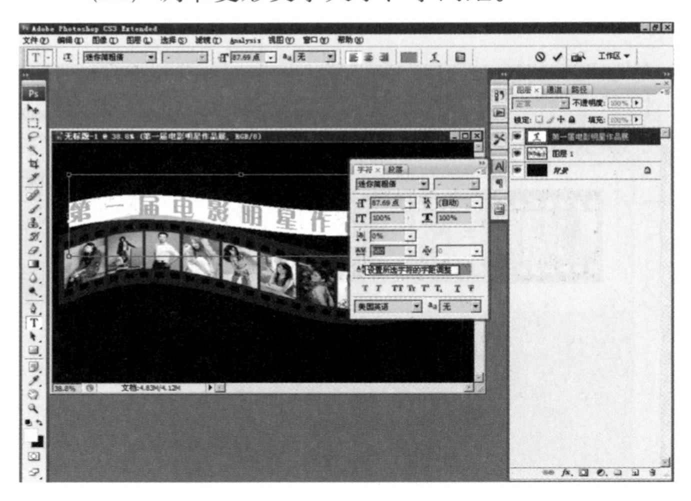

(23) 按“Ctrl”点击文字图层，载入选区。

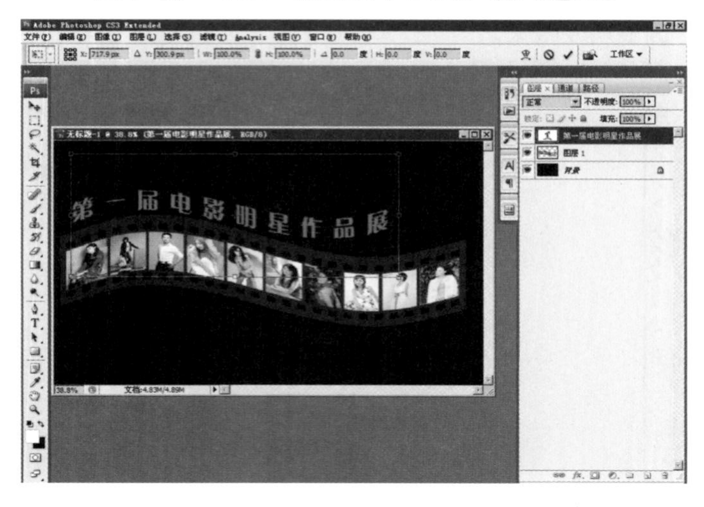

(24) 执行“渐变工具”，完成七彩色谱渐变。

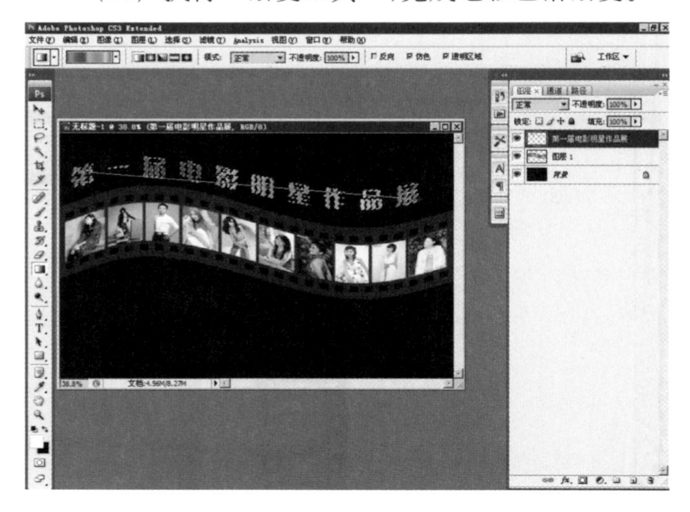

(25) 双击文字图层，进行“斜面和浮雕”参数设置，深度调1000，大小调为5。

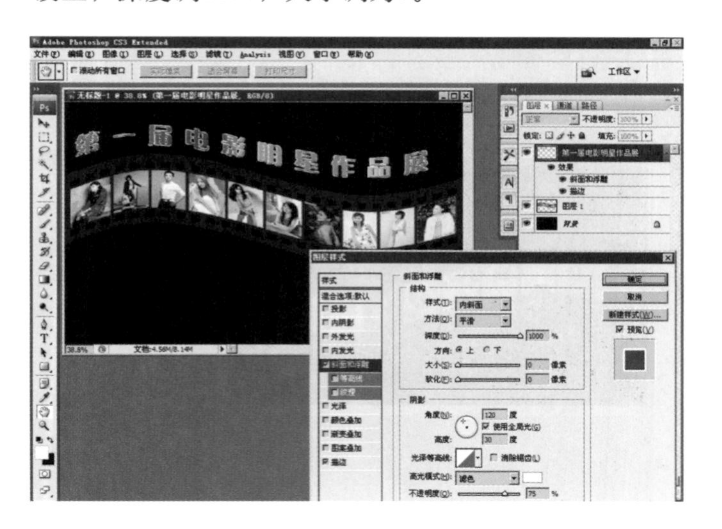

(26) 双击文字图层，执行“外发光”调整参数。

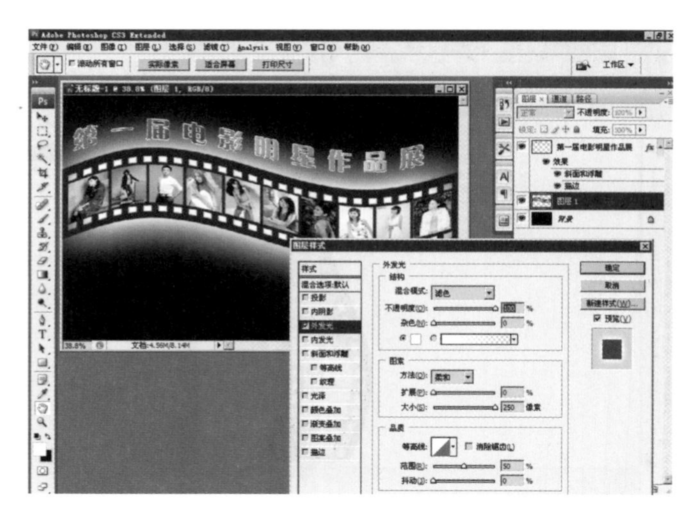

（27）按“Ctrl+Shift+E”拼合图层。

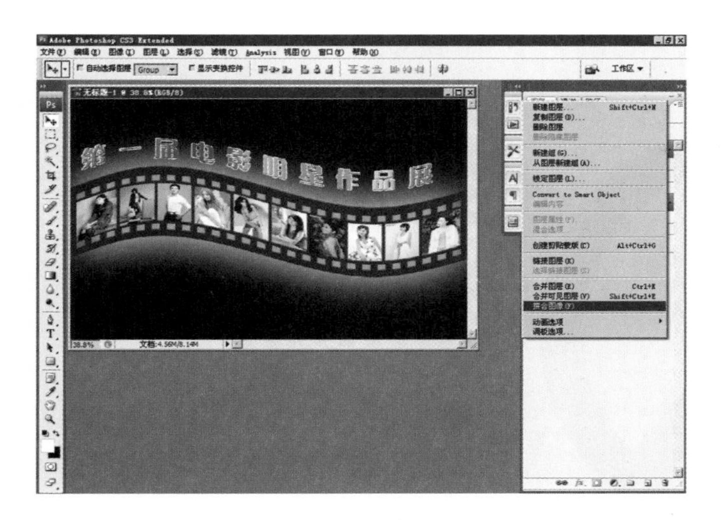

（28）点击菜单“滤镜”|“渲染”|“镜头光晕”命令。

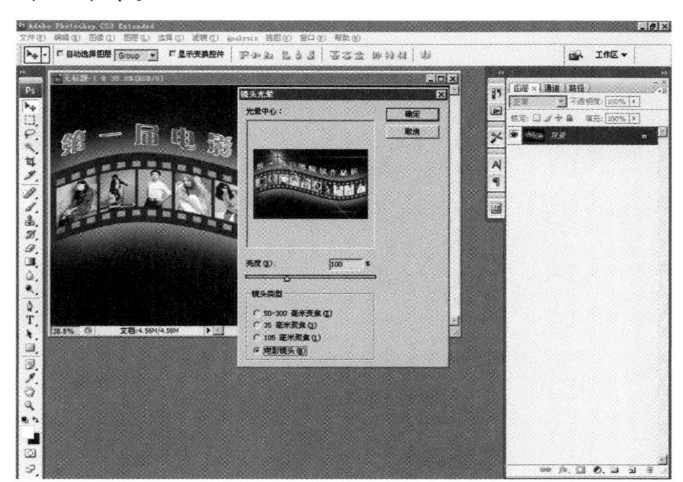

（29）最终效果。

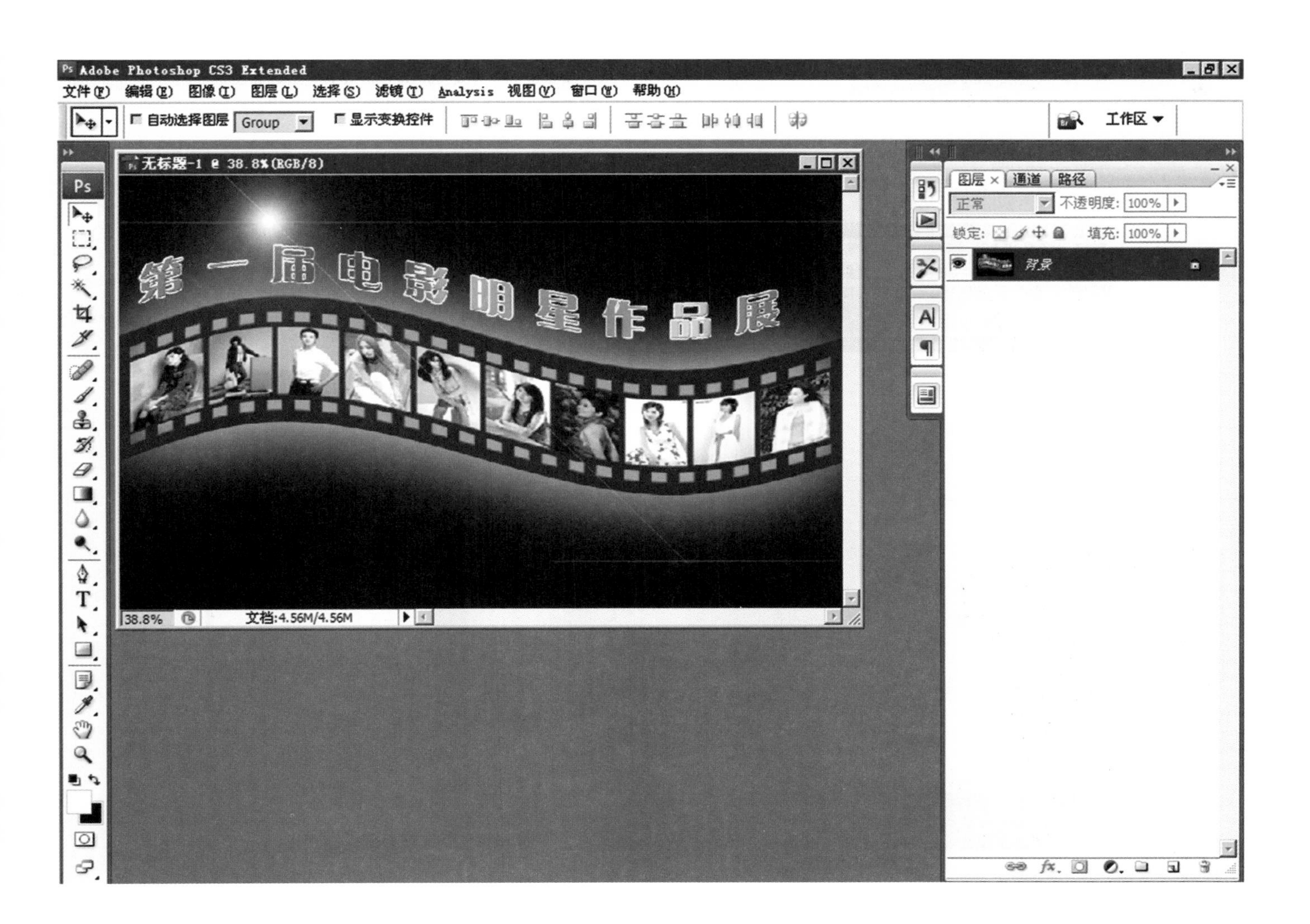

3.2 让世界无烟

（1）执行“文件”|“新建”命令，建立一个“1000像素×1000像素”的空白文档。

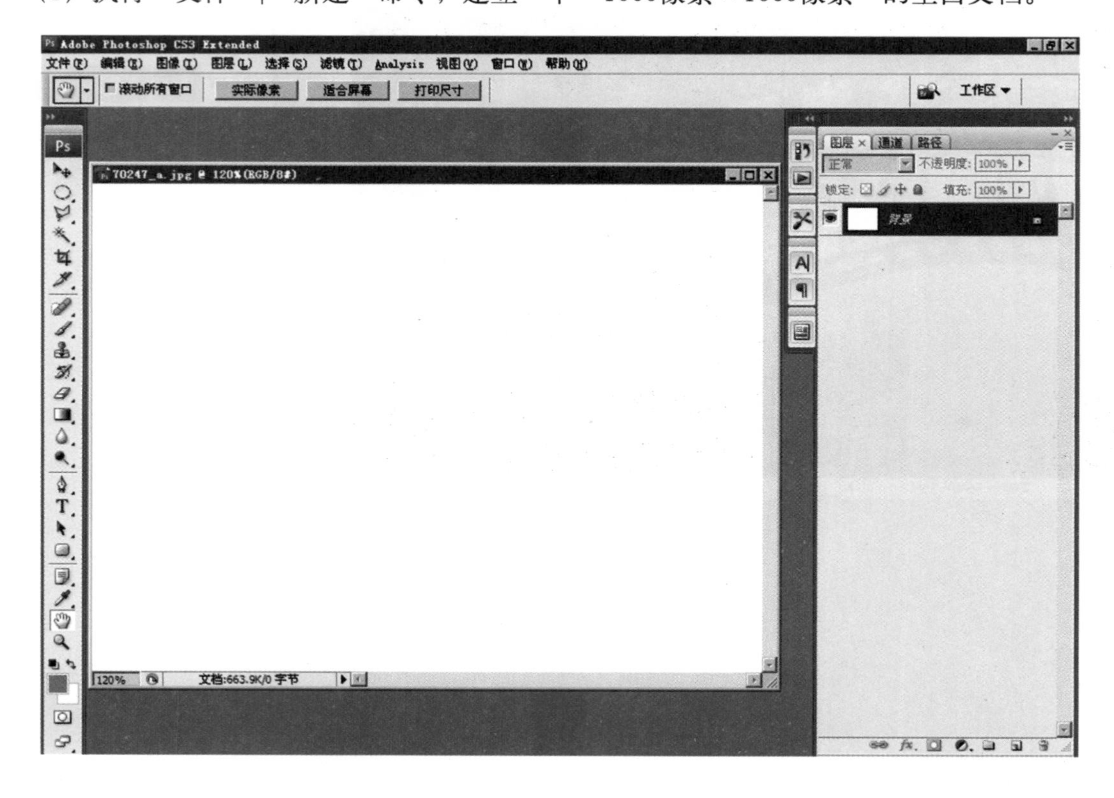

(2) 按"Ctrl+Shift+N"新建"图层1"，画出矩形选区。

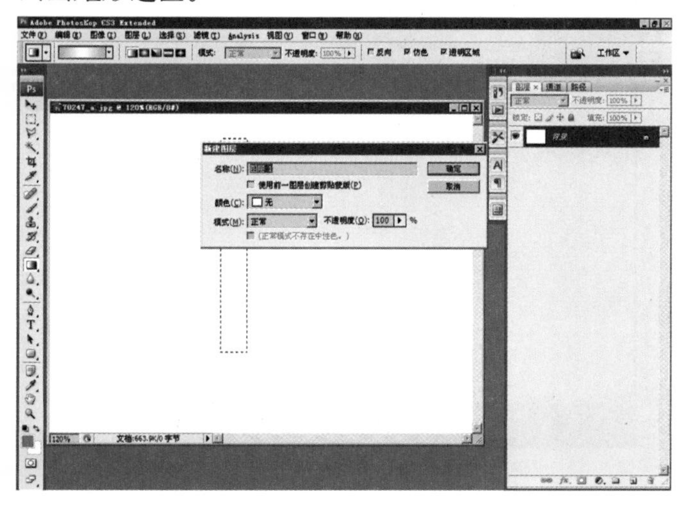

(3) 执行"渐变工具",完成灰—白—灰渐变。

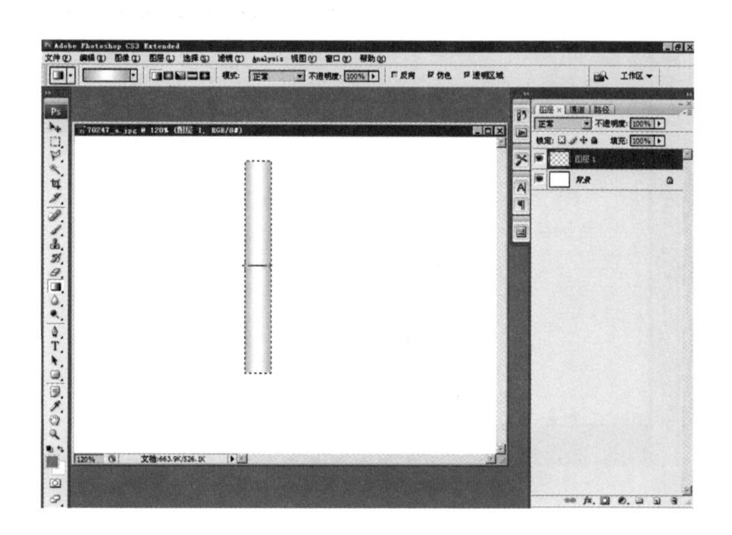

(4) 按"Ctrl+Shift+N"新建"图层2"。

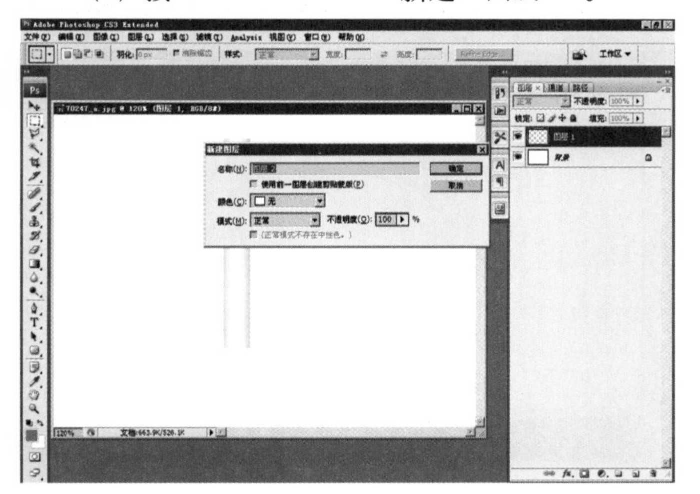

(5) 画出矩形选区，填充灰色。

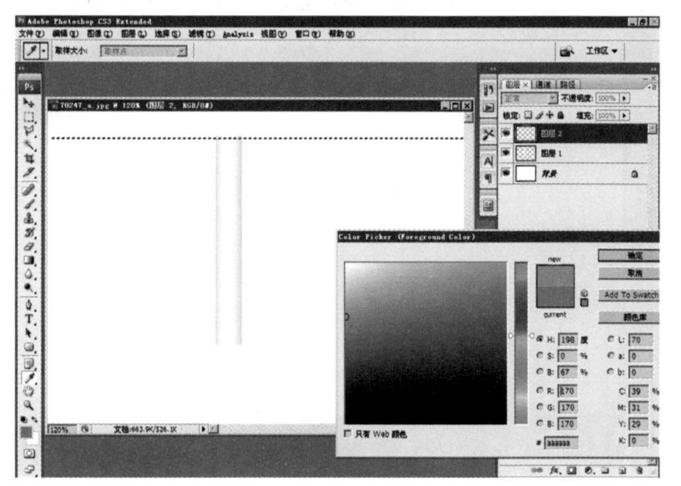

(6) 按"Ctrl+Shift+Alt+T",移动复制图形。

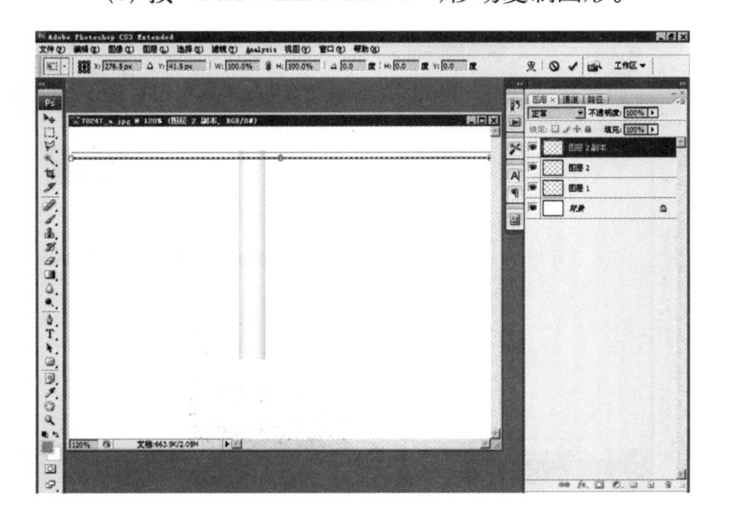

(7) 多次移动复制图形。

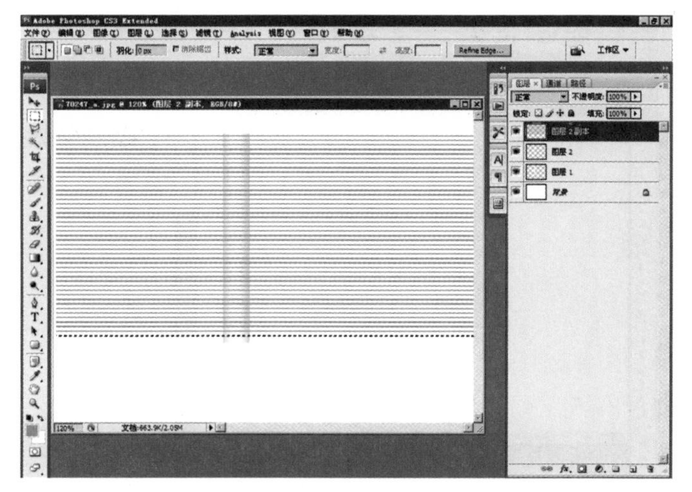

（8）按“Ctrl”点击烟选区，载入选区。

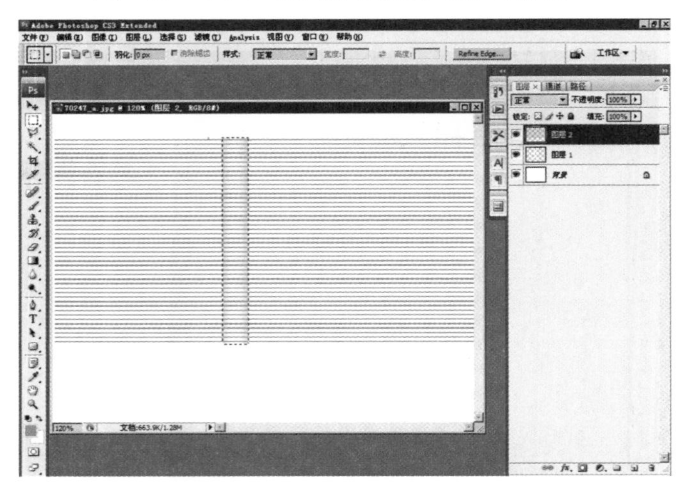

（9）按“Ctrl+Shift+I”，反向选区。

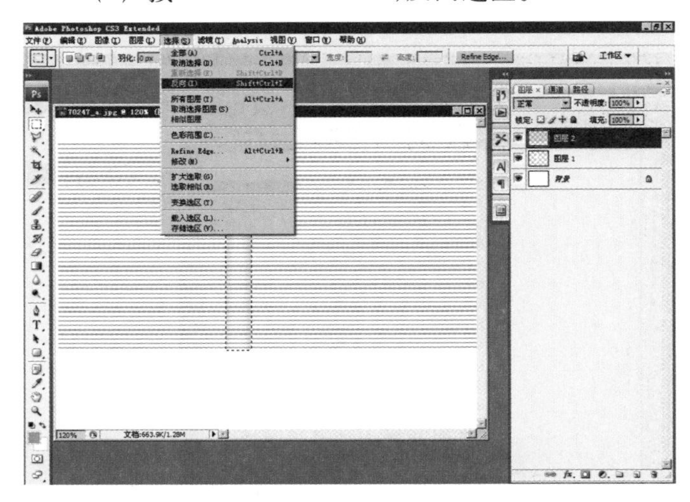

（10）按“Delete”删除烟以外的图形。

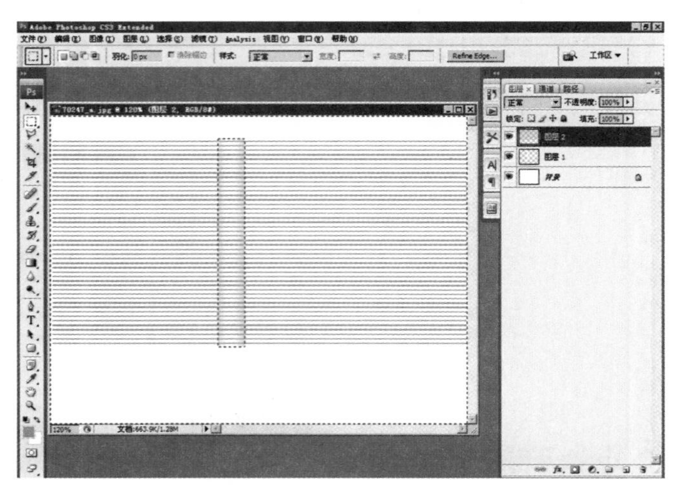

（11）效果如图所示。

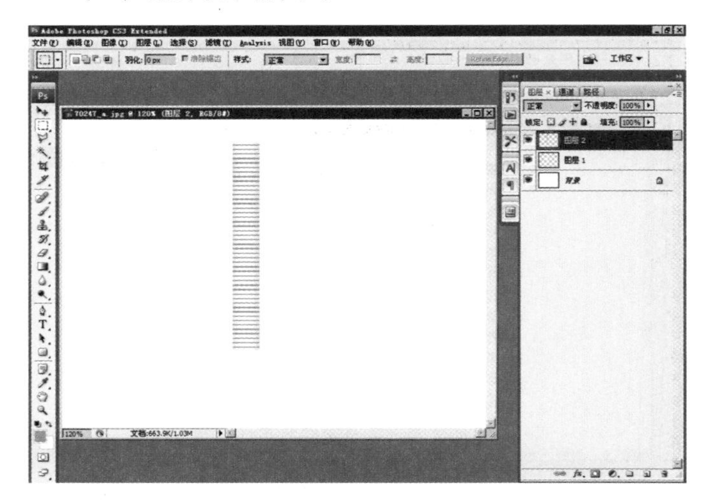

（12）调节“不透明”度为29。

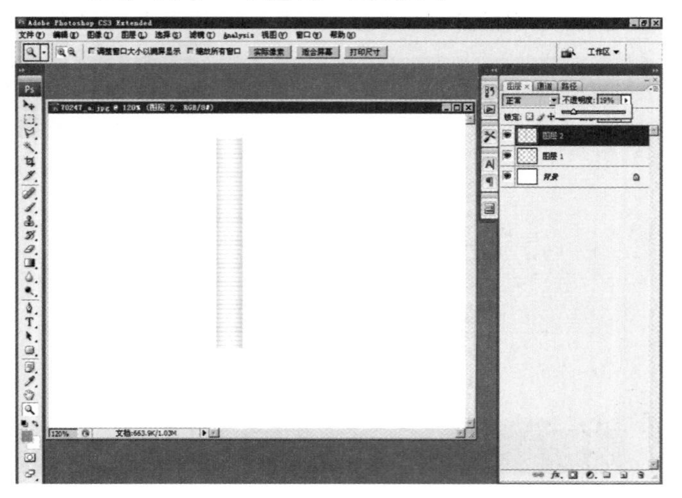

（13）点击“矩形选区工具”，绘制矩形选区。

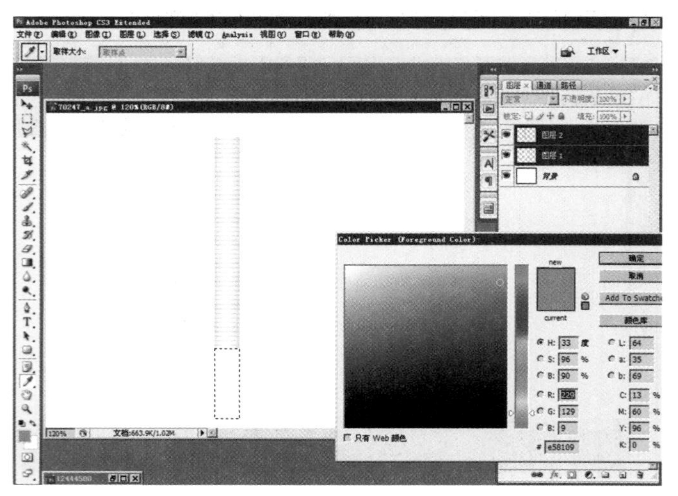

（14）执行“渐变工具”，完成橙—白—橙渐变效果。

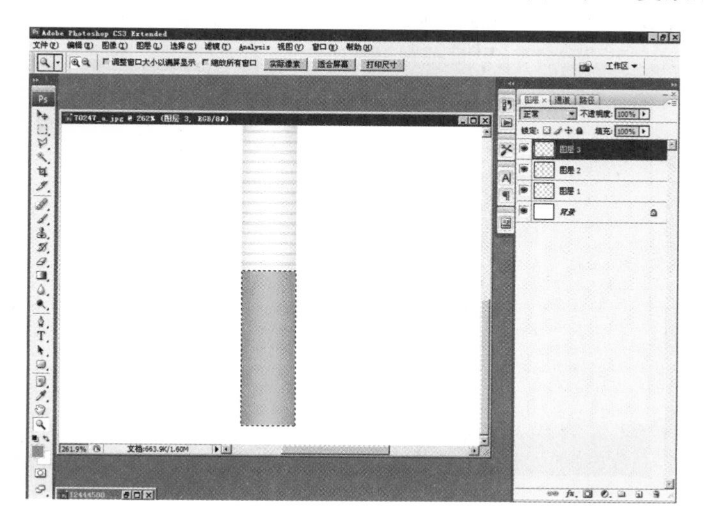

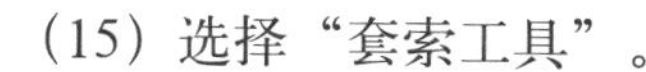

（15）选择“套索工具”。

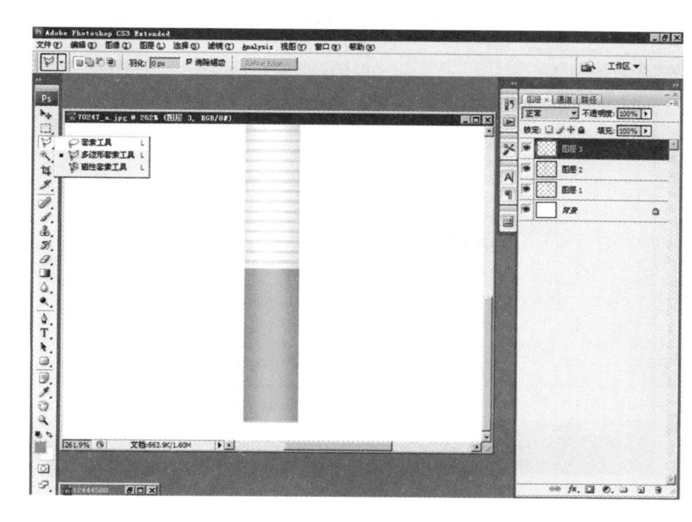

（16）画出数个选区，填充深橙色。

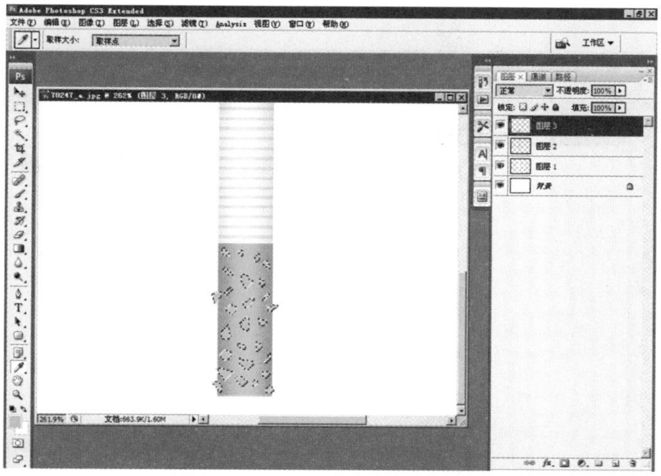

（17）按“Delete”删掉选区以外的部分。

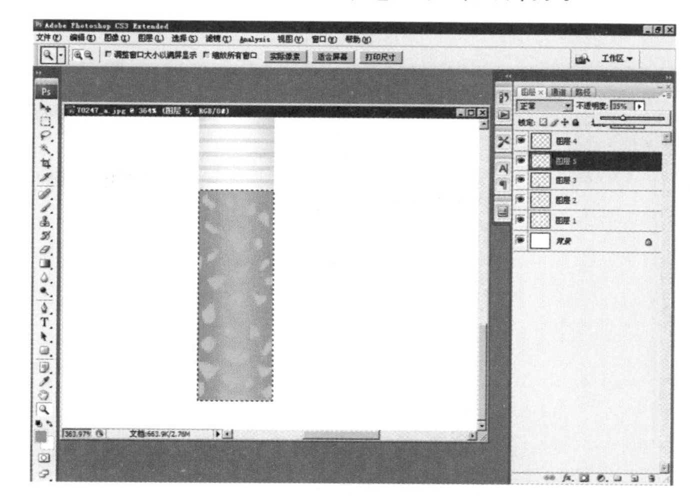

（18）按“Ctrl+E”合并烟嘴所有图层。

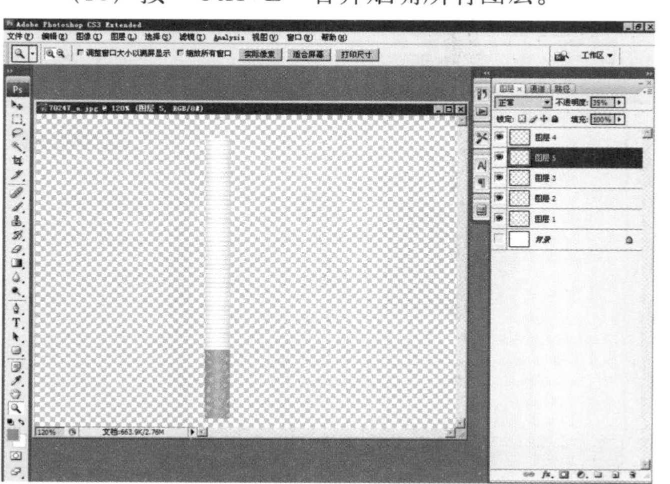

（19）点击“矩形选区工具”，绘制矩形选区，调整大小。

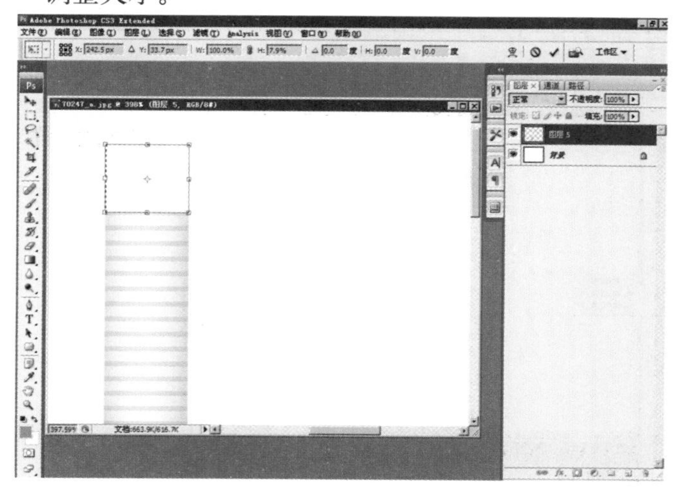

（20）填充橙色，添加杂色。

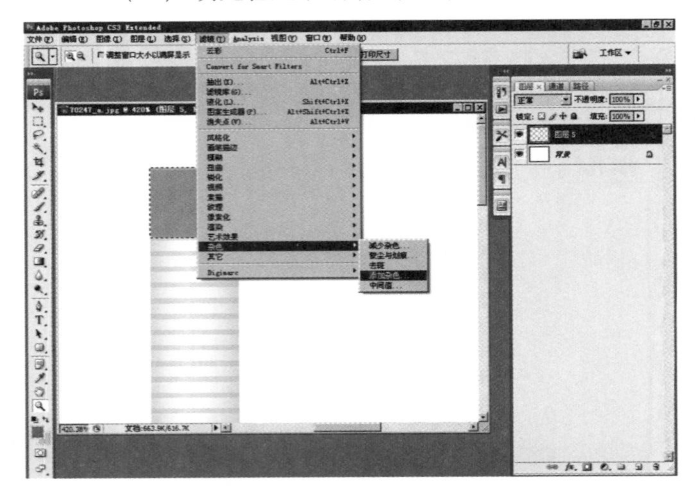

（21）添加杂色效果。

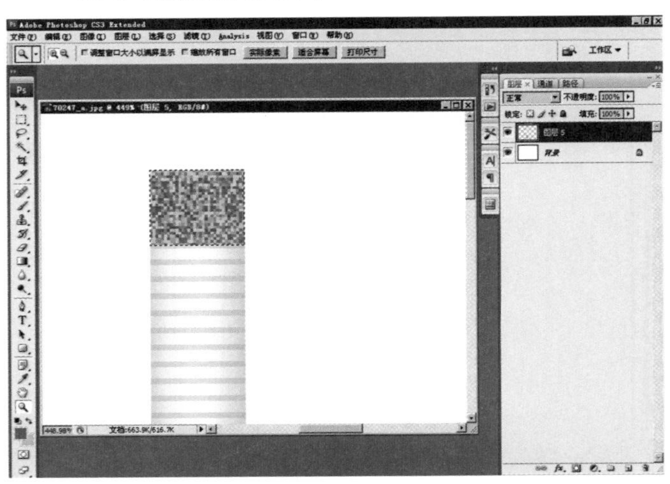

（22）点击菜单“滤镜”|“模糊”|“高斯模糊”命令。

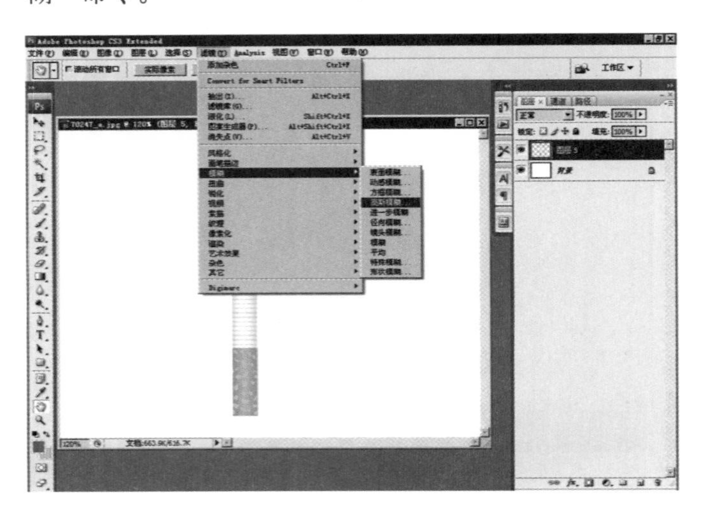

（23）调节“高斯模糊”参数为0.5。

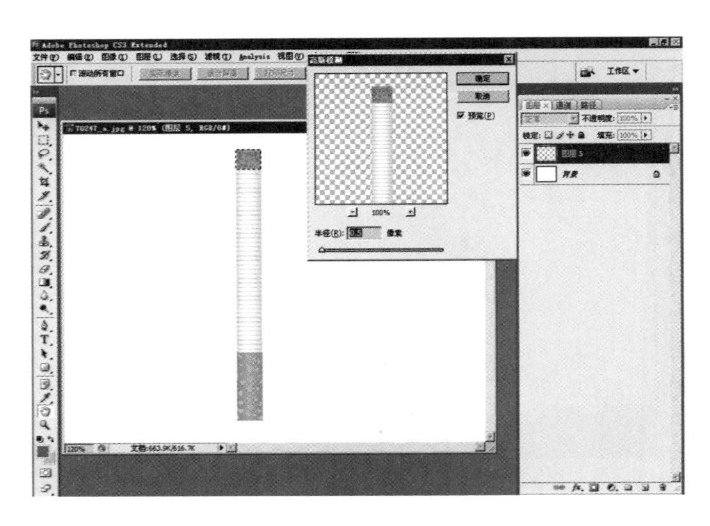

（24）点击“涂抹工具”。

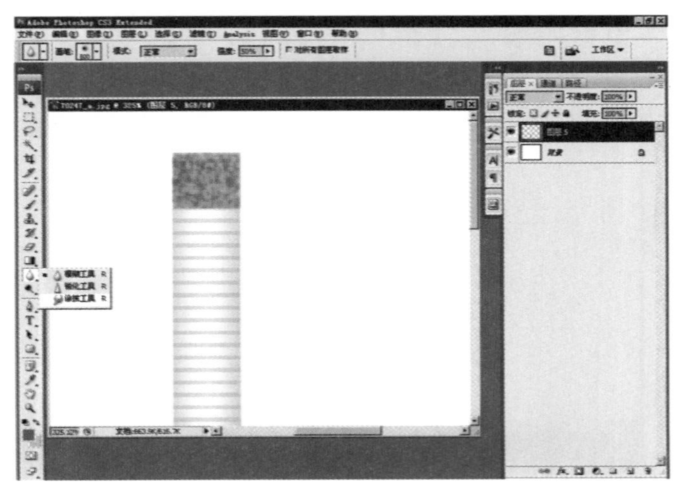

（25）执行“涂抹工具”，多次涂抹效果如图。

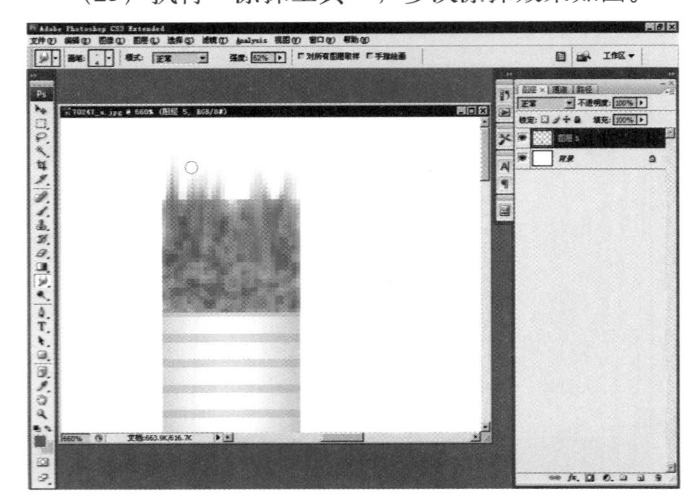

(26) 按“Ctrl+T”调整图形大小，运用透视调节。

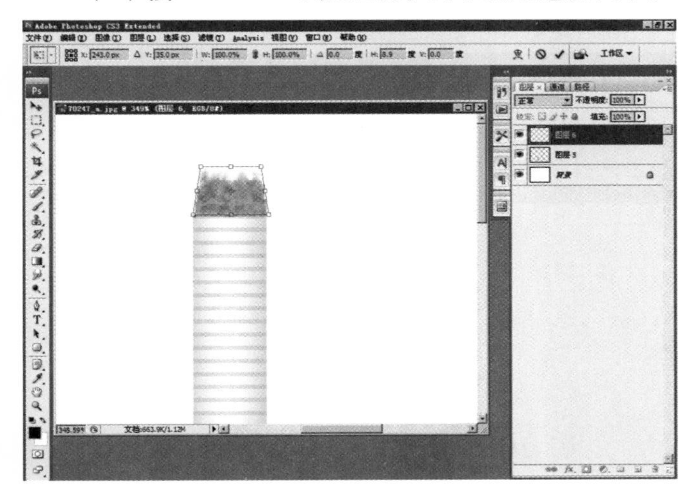

(27) 按“Ctrl+M”，“曲线”调节图像。

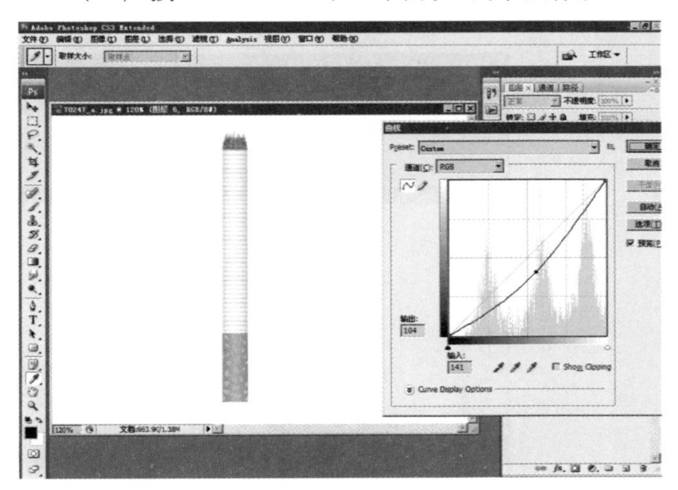

(28) 再次按“Ctrl+T”，自由旋转调节。

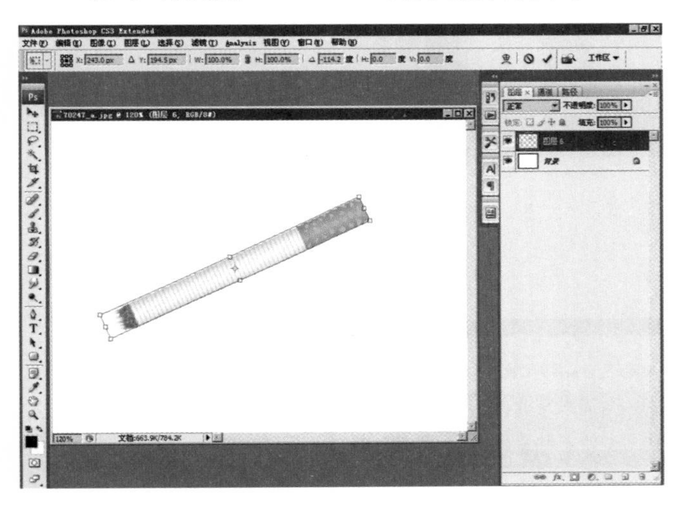

(29) 选择“自定义形状工具”。

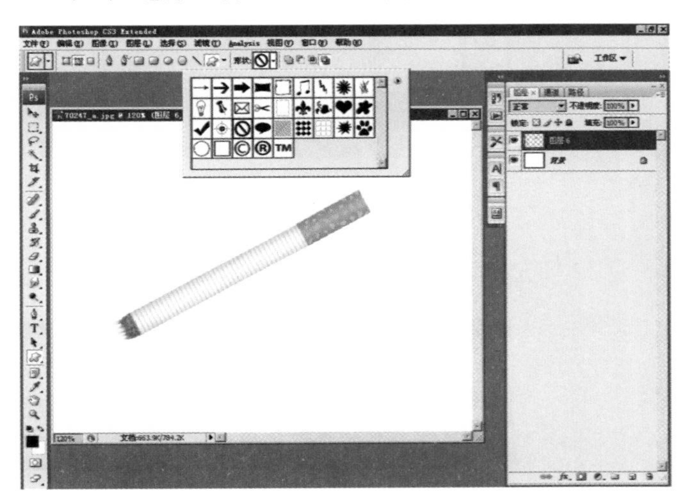

(30) 画出路径图像。

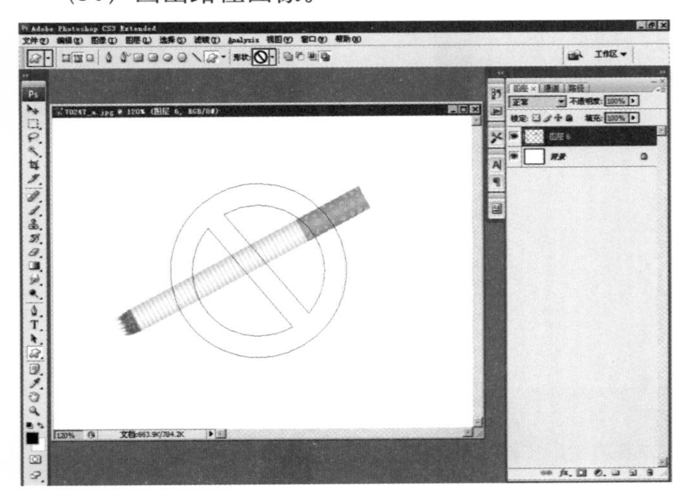

(31) 按“Ctrl+Enter”，将路径转换为选区，填充红色。

（32）选择“橡皮擦”工具，擦掉左边部分。

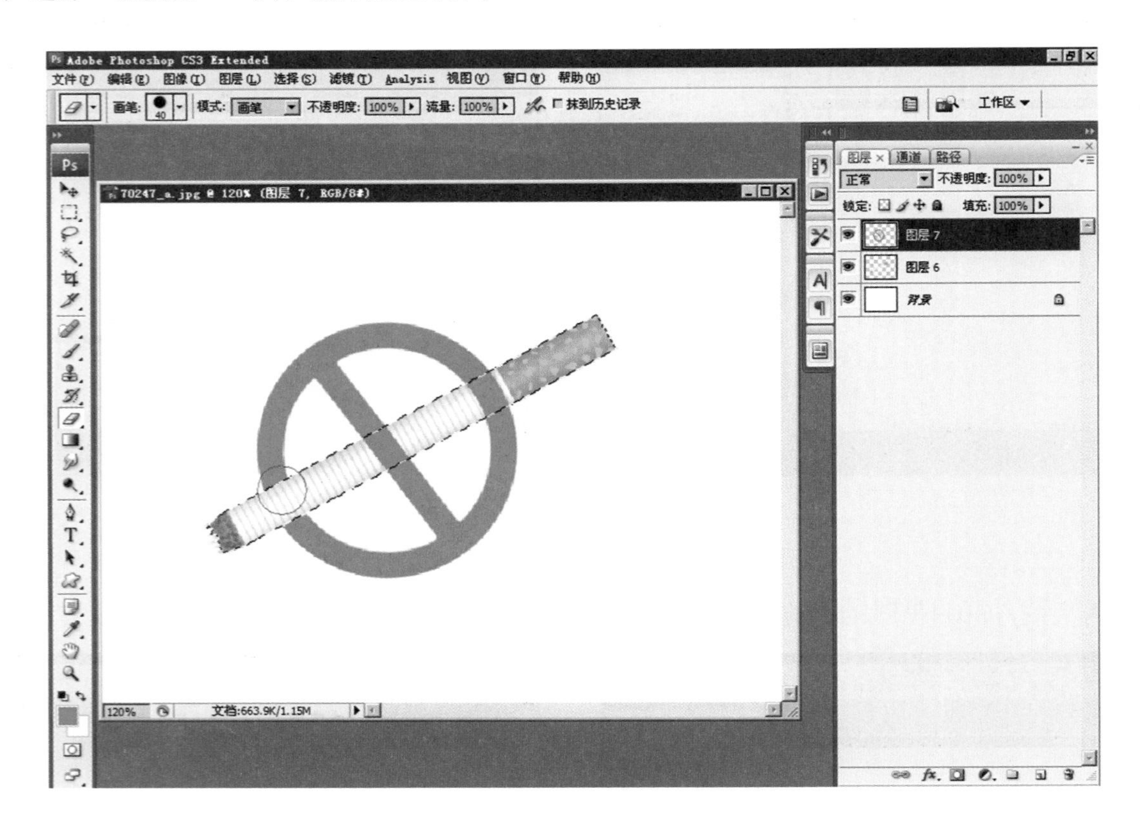

（33）选择工具“文本”，输入文字，直到完成。

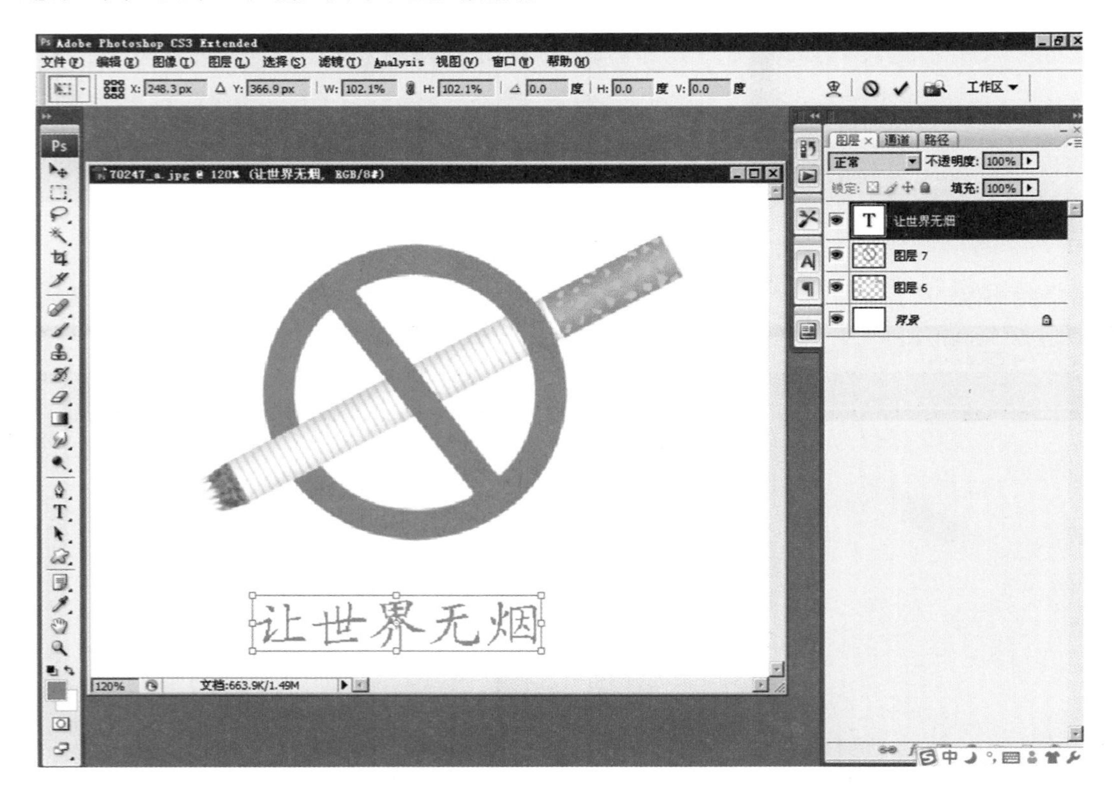

3.3 北京奥运会

（1）执行“文件”|“新建”命令，建立一个“30厘米×30厘米”的空白文档。

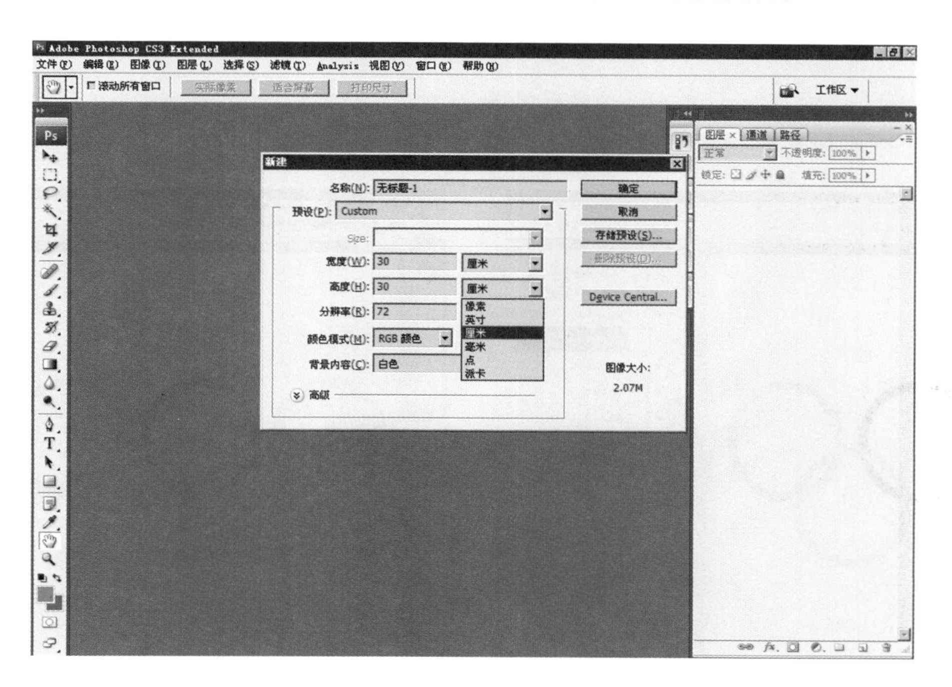

（2）点击“圆形选区”，绘制圆形选区。

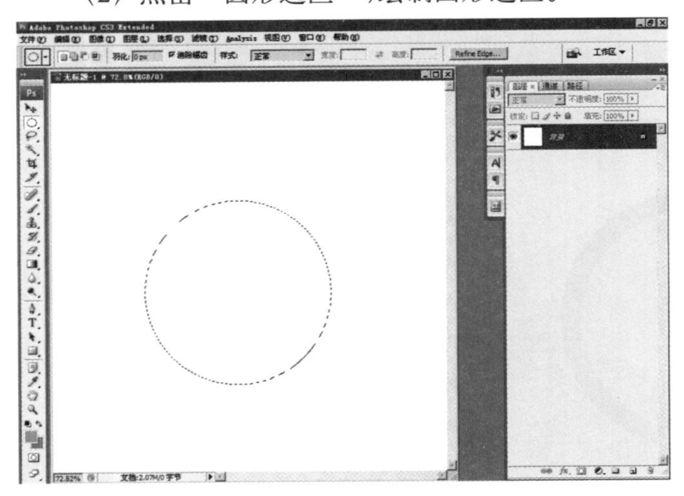

（3）将选区填充红色。

（4）点击菜单“选择”|“变换选区”，调节选区大小。

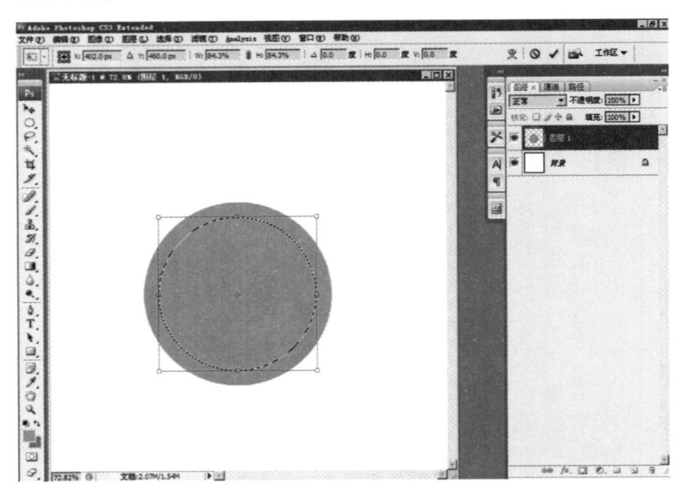

（5）按“Delete”删掉中间部分。

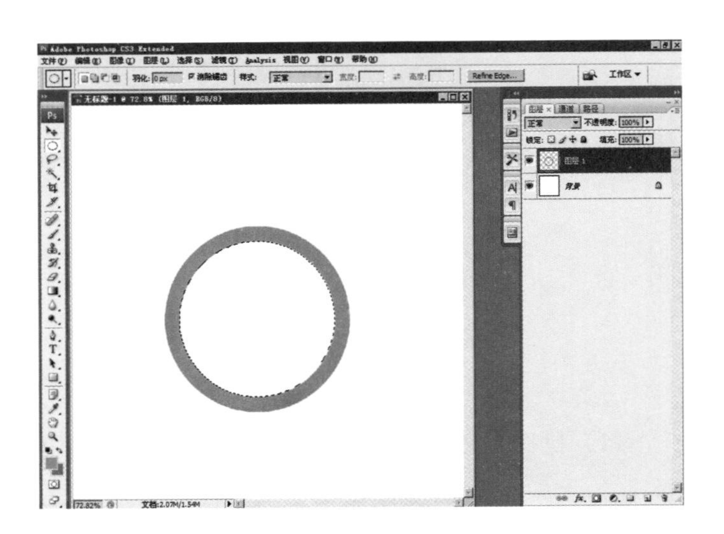

（6）复制五环，分别填色。

（7）选择“橡皮擦工具”，按“Ctrl”点击蓝色环形，载入选区。

（8）选择“橡皮擦工具”擦除黄色部分。

（9）重复上步，擦除绿色部分，显示黑色。

（10）重复上步，擦除其他环形部分。

（11）重复上步，擦除其他环形部分。

（12）选择背景图层，执行“线性渐变工具”，完成白绿彩色渐变。

（13）双击“图层”，“斜面和浮雕”参数设置，深度调为25，大小调为3。

（14）执行“钢笔工具”，绘制飘带路径。

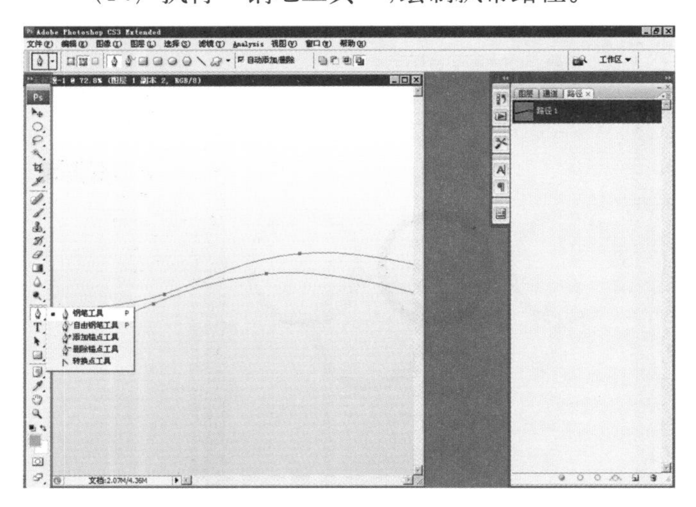

（15）绘制所有飘带路径。

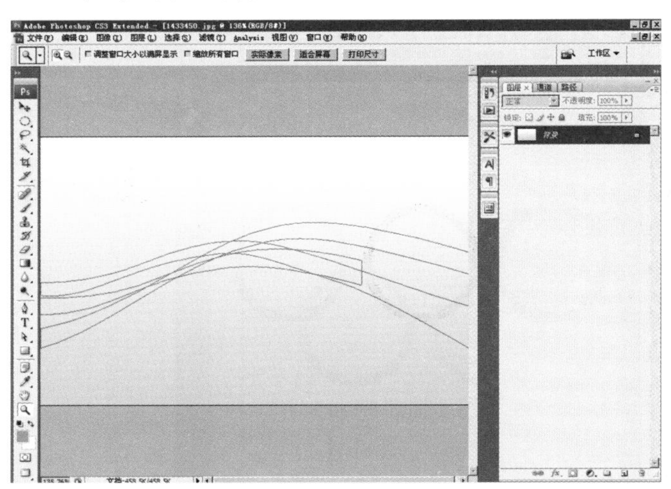

（16）按“Ctrl+Enter”，将路径转换为选区，填充每根飘带颜色。

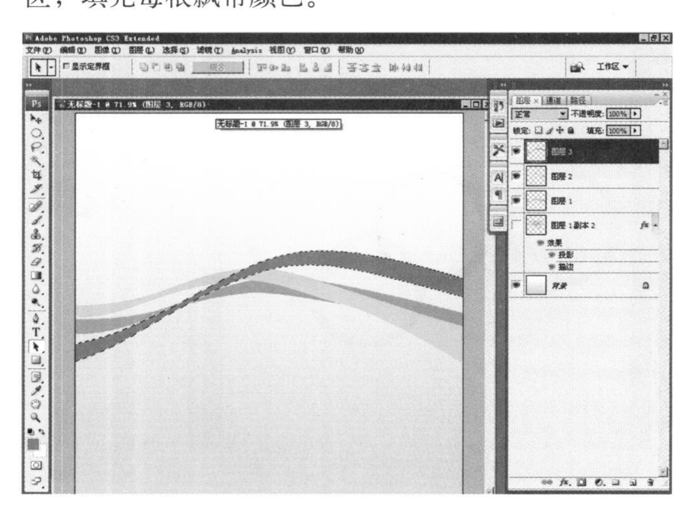

（17）调节飘带“不透明度”为16%。

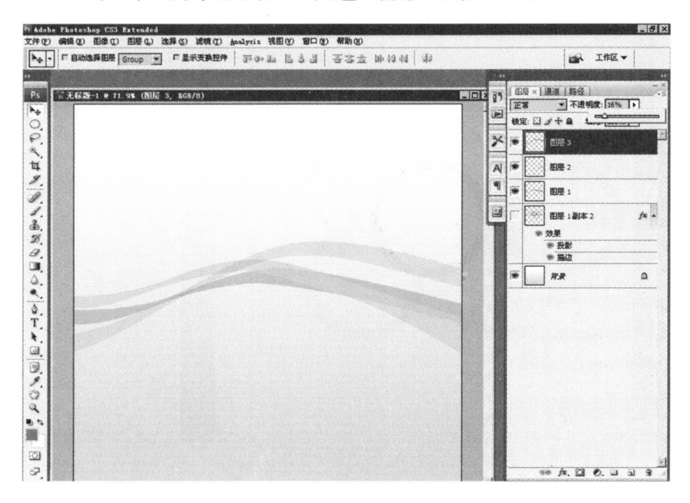

（18）执行“文字工具”，输入文字。

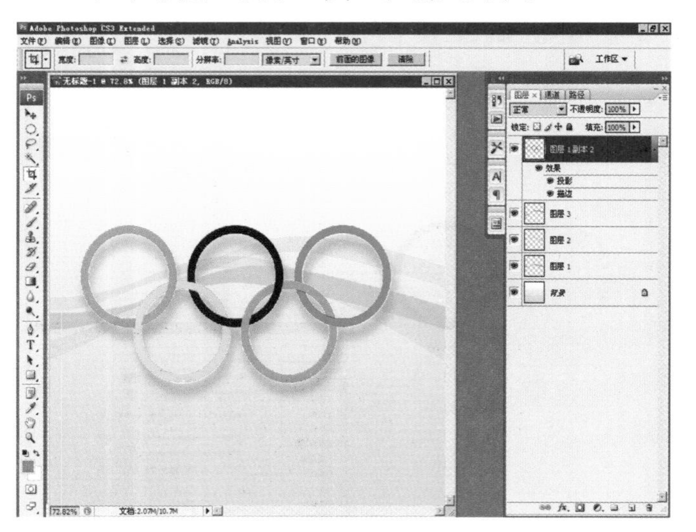

（19）调整直到完成。

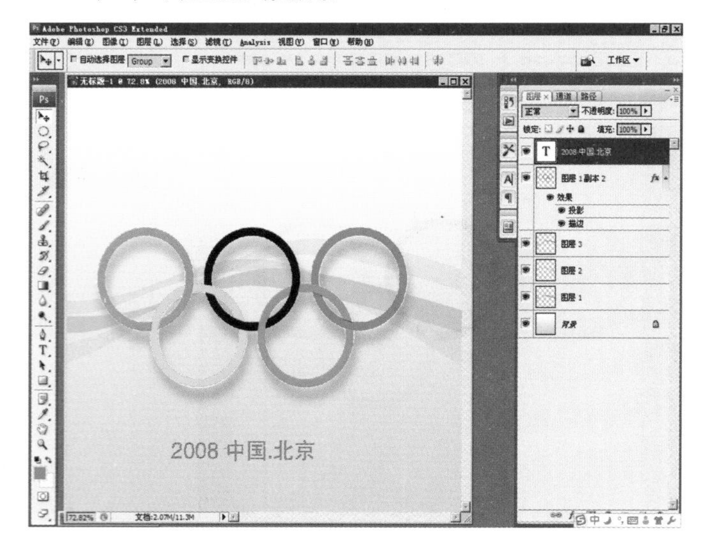

3.4 玫瑰花园

（1）启动Photoshop后，按Ctrl+O快捷键，打开对话框，选择一张素材图片，然后单击“确定”按钮。

（2）执行“图像”|“调整”|色相/饱和度”命令或按快捷键Crtl+U打开“色相/饱和度”对话框，调整饱和度为“-76”。

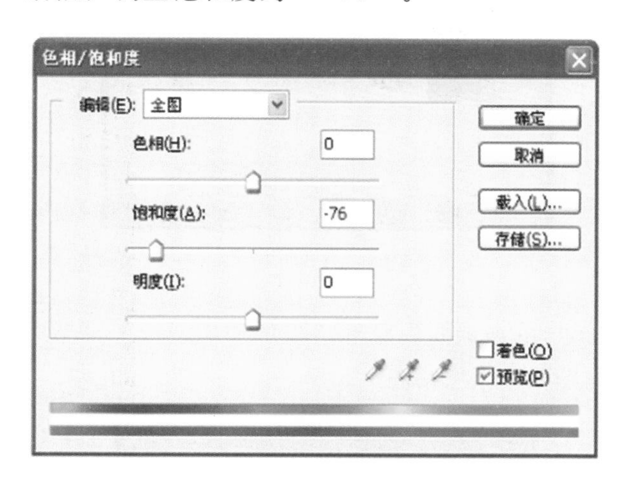

（3）执行“图像”|“调整”|“亮度/对比度”命令，打开“亮度/对比度”对话框，调节亮度和对比度分别为“-8”和“30”左右。

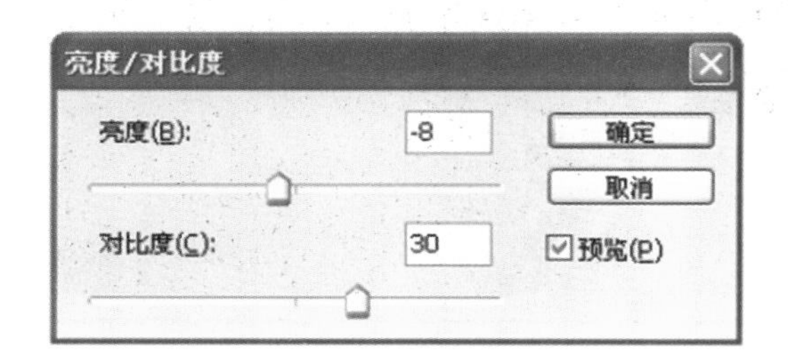

（4）在层面板窗口拖动图层至“创建新的图层”复制一个副本图层。

（5）执行“滤镜”|“模糊”|“镜头模糊”命令，打开“镜头模糊”对话框，设置“半径”为9，“叶片弯度”为14，“旋转”为58，“亮度”为7，“阈值”为213。

（6）单击层面板底部“添加图层蒙板”，然后选择“图层蒙板缩略图”。

（7）选择笔刷工具“ ”，设置主直径值为“250 px”，然后使用笔刷工具涂抹照片。

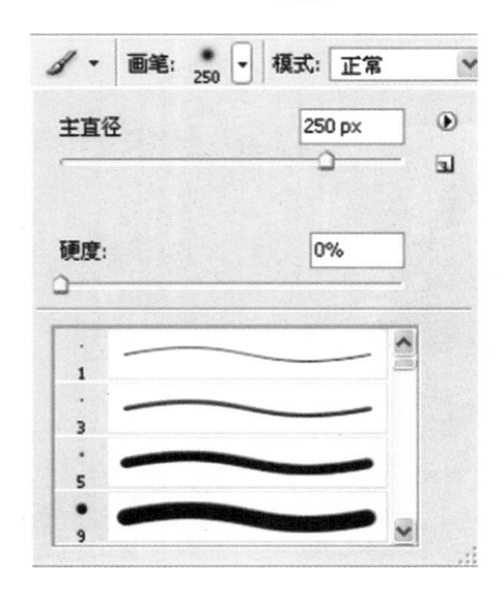

（8）在层面板底部点击“创建新的图层”，创建一个新图层。选用黑色填充新图层，设置黑色图层的“不透明度”为70%

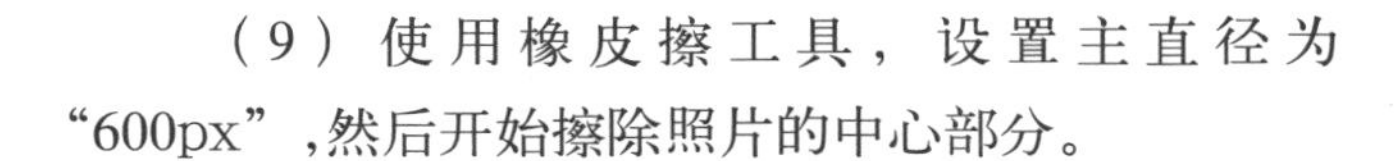

（9）使用橡皮擦工具，设置主直径为“600px”,然后开始擦除照片的中心部分。

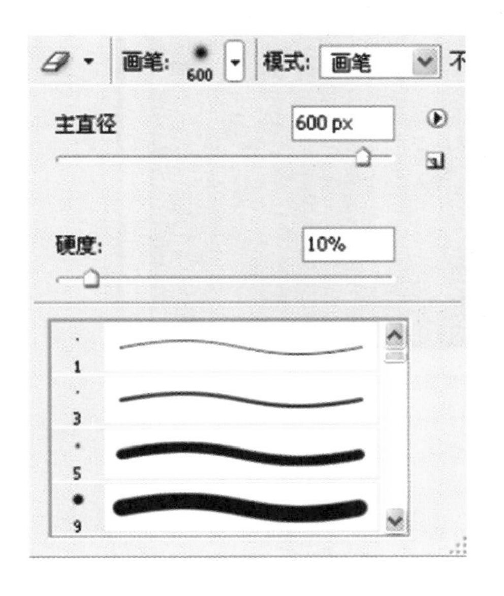

（10）先合并图层，执行“图层”|“合并图层”命令，然后为照片增加杂色，执行“滤镜”|“杂色”|“添加杂色”命令。

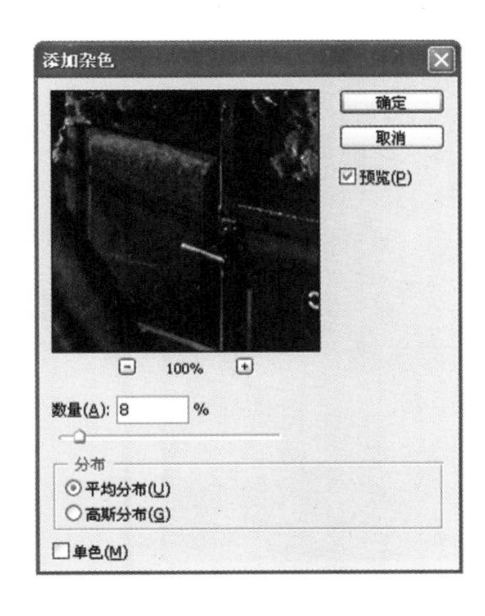

（11）使用矩形选框工具，在照片的顶部画矩形，然后按住shift键在底部也画同样的矩形，最后把选区填充为黑色。

（12）为了突出主题内容，达到更好的视觉传达效果，最后为画面增加文字内容。

3.5 猪年吉祥

（1）按“Ctrl+O”快捷键，打开对话框，选择一张猪的素材图片，然后单击“打开”按钮，打开文件。

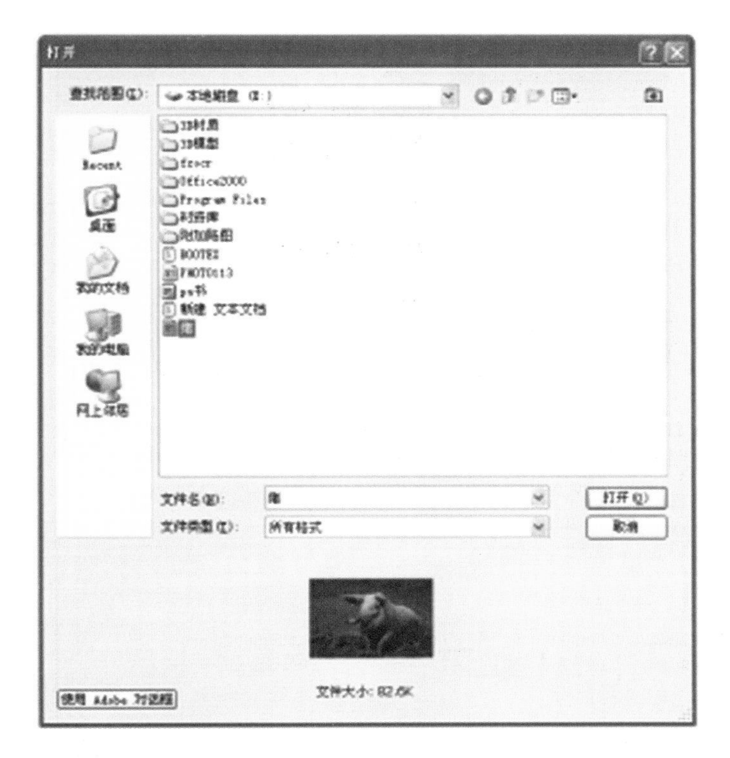

（2）复制背景图层，然后选择“背景副本”图层，按“Ctrl+L”快捷键，弹出“色阶”对话框，适当调整参数，使图像的亮部和暗部更加明显，完成后单击“确定”按钮。

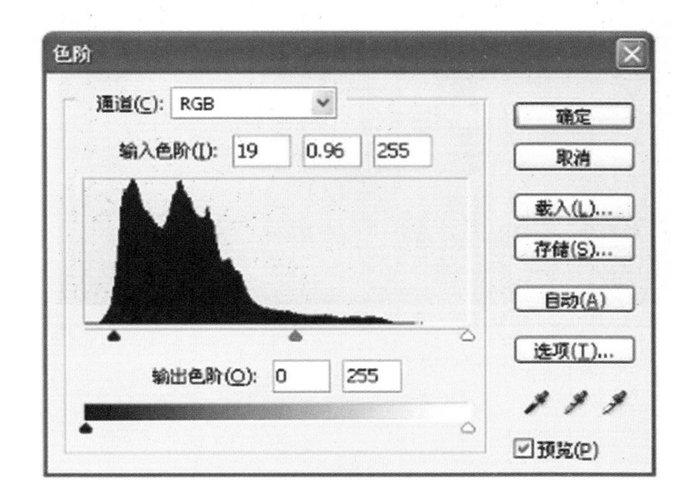

（3）对“背景副本”图层执行“滤镜”|“滤镜库”|“木刻”命令，对照设置参数后单击“确定”按钮，对图像进行木刻效果处理，如图所示。

（4）复制3次“背景副本”图层，隐藏“背景副本2”、“背景副本3”、“背景副本4”3个图层，对“背景副本”图层执行“滤镜”|“素描”|“便纸条”命令，设置“图像平衡”为8，“粒度”为7，“凸现”为9，完成后单击“确定”按钮。

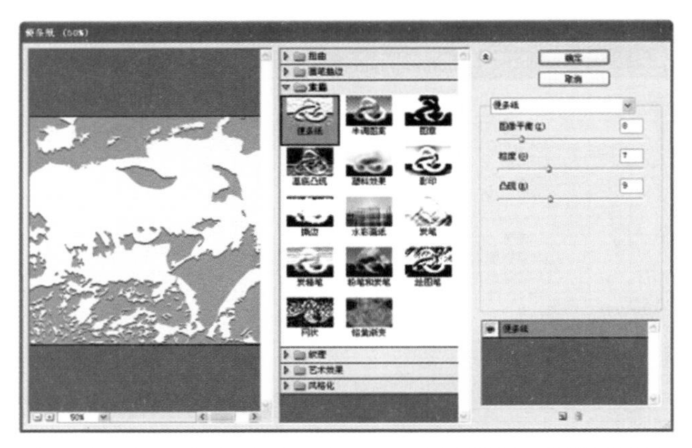

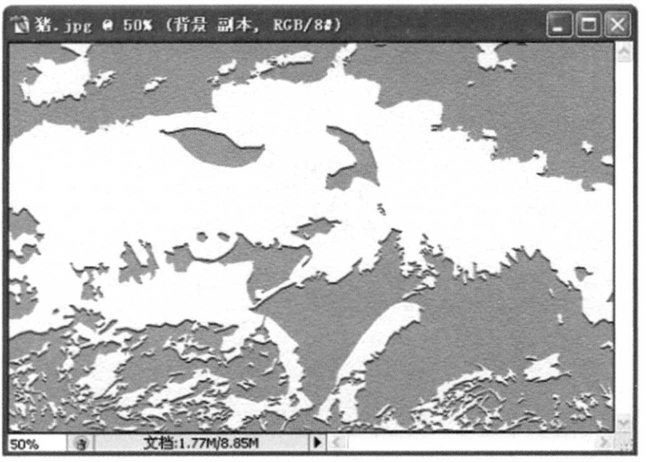

（5）显示所有图层，然后选择“背景副本2”图层，按“Ctrl+Alt+F”快捷键,在弹出的“便条纸”对话框中设置“图像平衡”为15，其他参数保持不变，如图所示。完成设置后单击“确定”按钮。

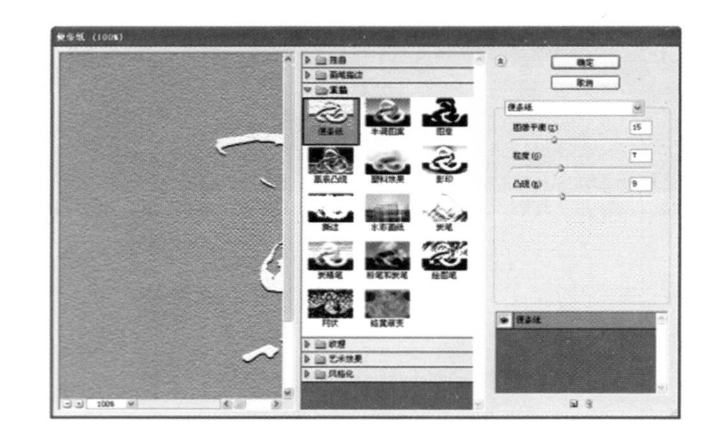

（6）分别对“背景副本3”图层和“背景副本4”图层应用“便条纸”命令，都只需要修改“图像平衡”参数，设置“背景副本3”图层的“图像平衡”参数为25，“背景副本4”图层的“图像平衡”为35。

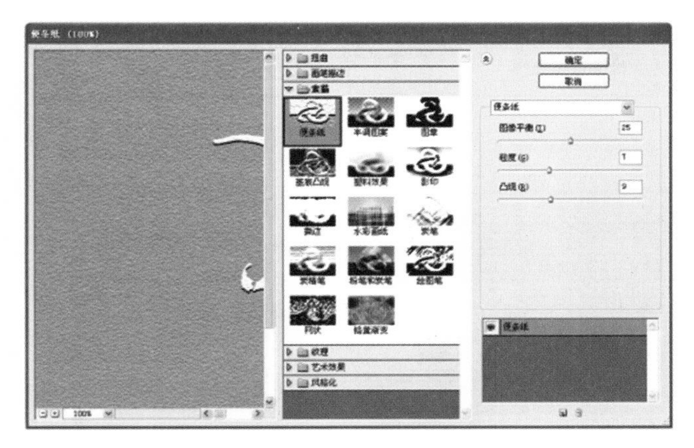

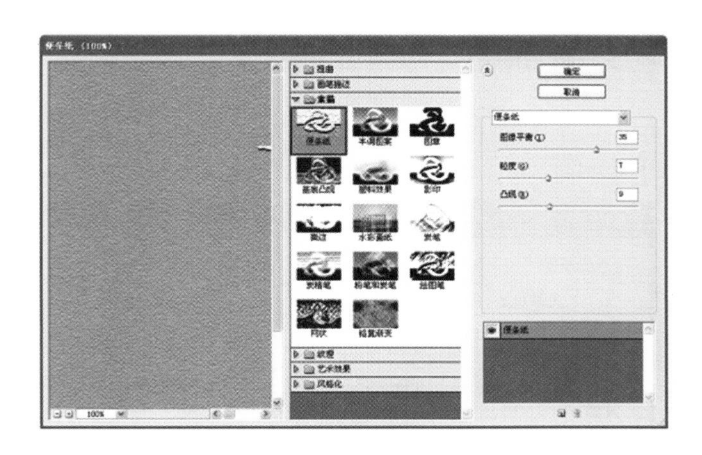

（7）完成后分别将“背景副本2”图层、“背景副本3”图层、“背景副本4”图层这3个图层的混合模式修改为“正片叠底”，完成后的效果。

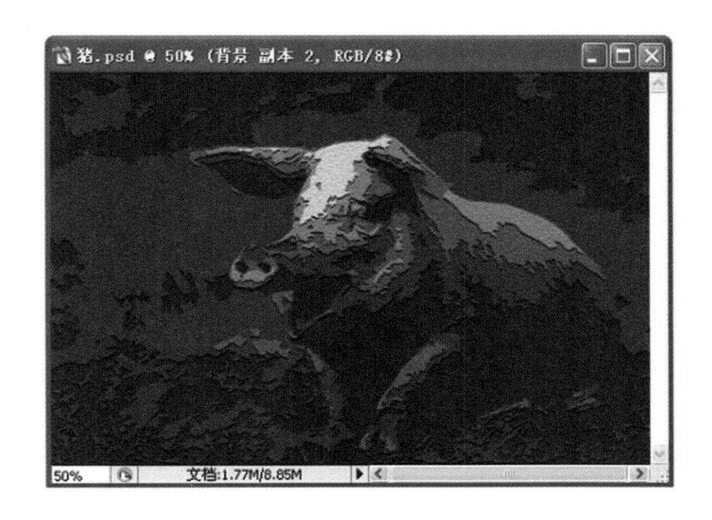

（8）选择“背景副本4”图层，执行“图层”|“新建调整图层”|“色阶”命令，在弹出对话框中，保持默认参数单击“确定”按钮后，会弹出“色阶”对话框，根据画面需要适当调整参数。

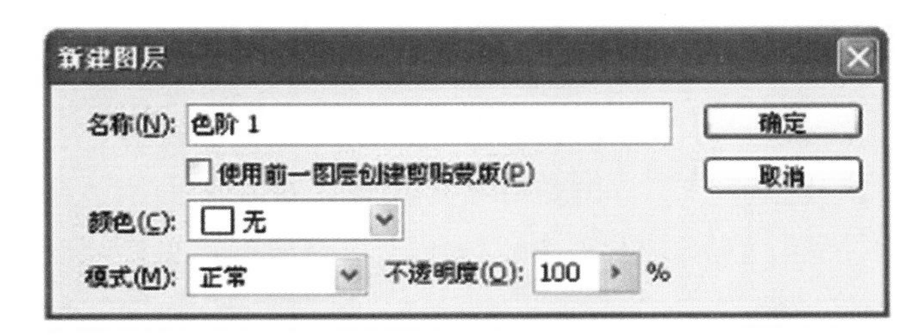

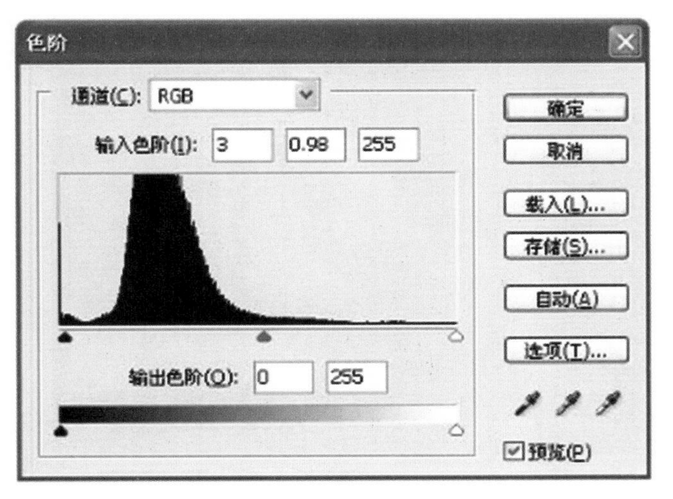

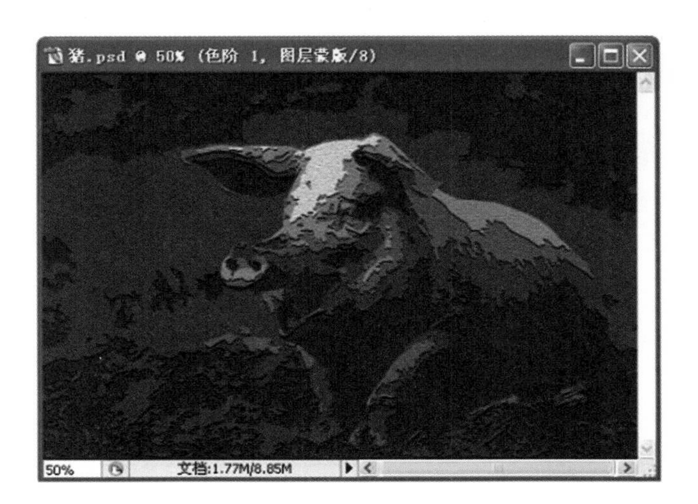

（9）执行“图层|新建调整图层”|“色彩平衡”命令，在弹出对话框中，保持默认参数单击“确定”按钮后，会弹出“色彩平衡”对话框，适当调整图像的颜色丰富画面。

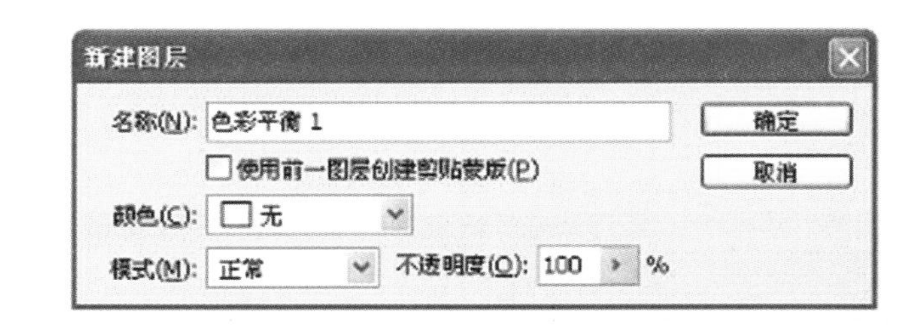

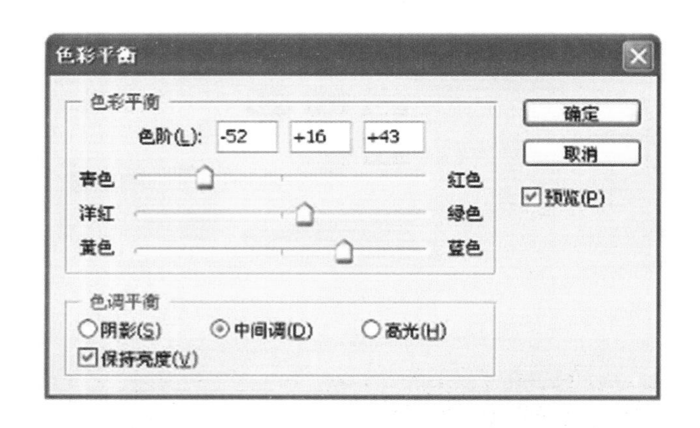

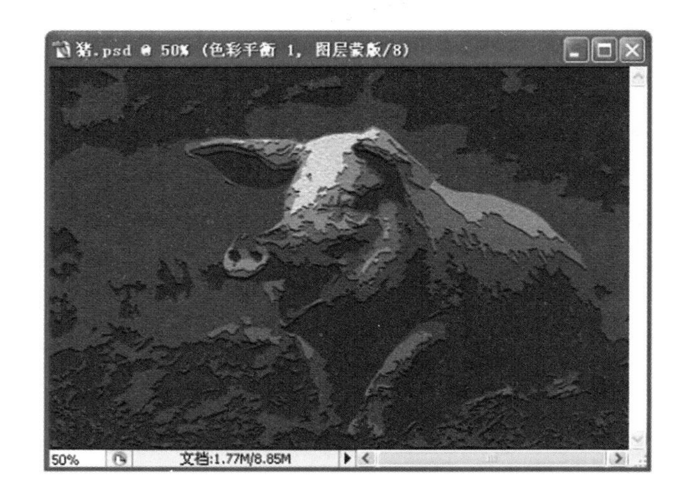

（10）图像的版画效果制作完成后，需要添加文字内容来点明主题。单击“T.”文字工具，在属性栏中设置相关数据，然后激活图像窗口，输入“Pig　year”，完成后可以按住Ctrl+T快捷键根据画面的构图调整字的大小和位置。完成后效果。

（11）继续输入“生财猪拱门，致富燕迎春”、“猪年兴旺”等，调整好字体属性，放在画面上适当的位置，然后按住Ctrl+Shift+E，将所有可见图层合并。

第4章 包装设计篇

4.1 绿深林蜂蜜

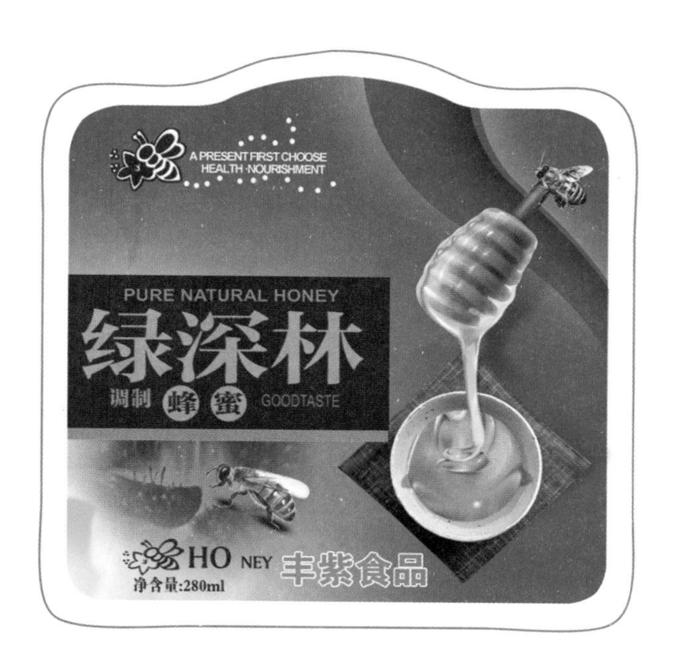

(1) 执行"文件"|"新建"命令，建立一个"1000像素×1000像素"空白文档。

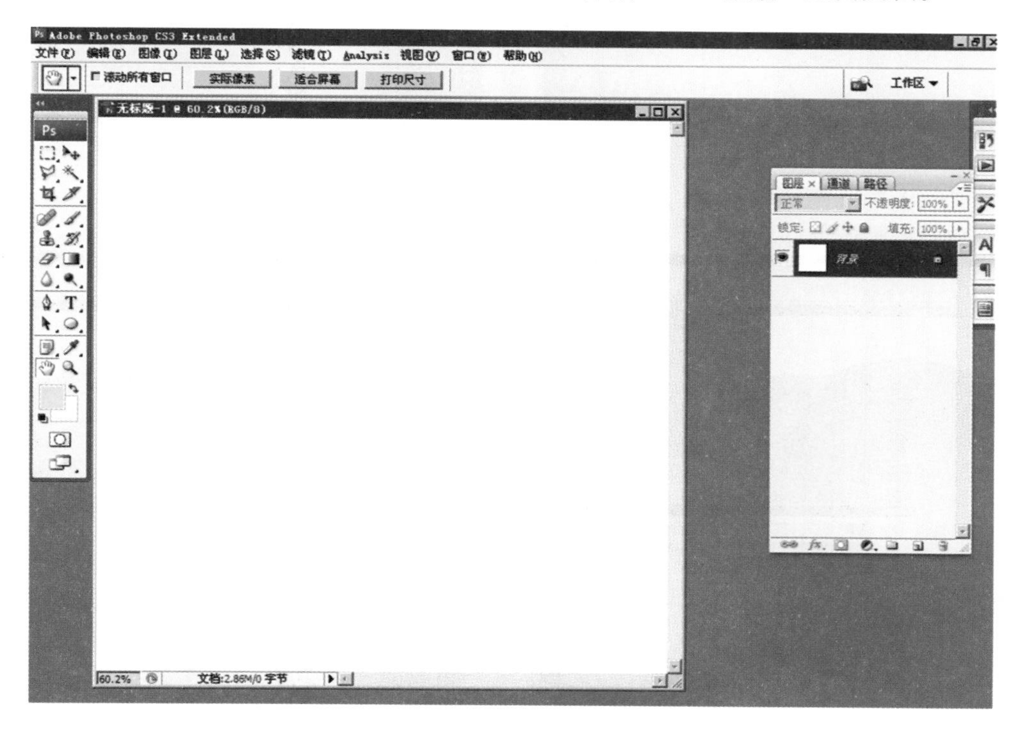

（2）打开数张图片素材。

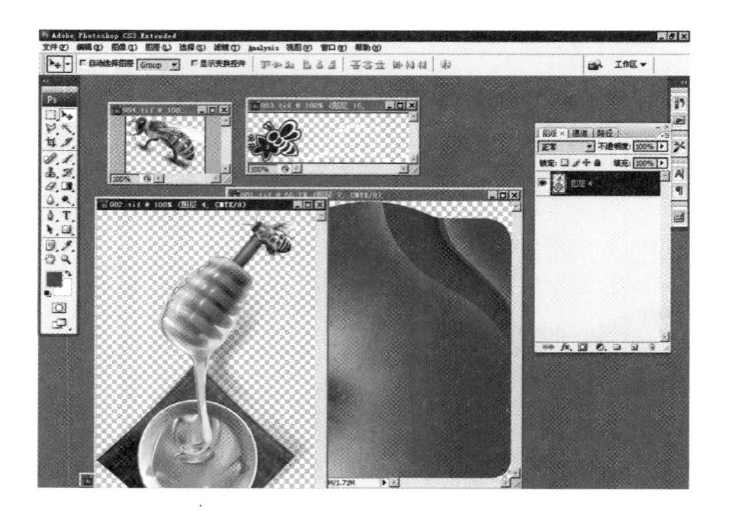

（3）按“Ctrl”点击图层1，载入选区。

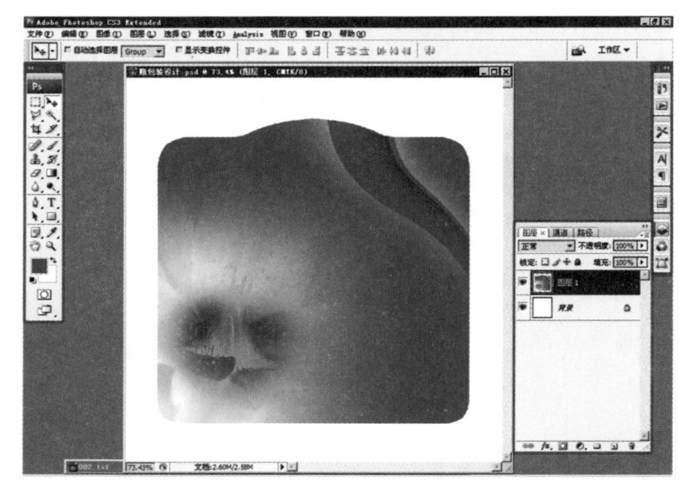

（4）将选区保存为工作路径。

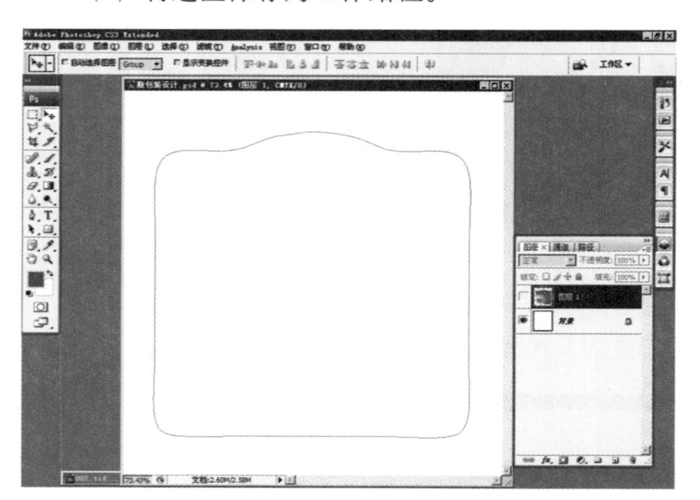

（5）按“Ctrl+T”放大图形大小。

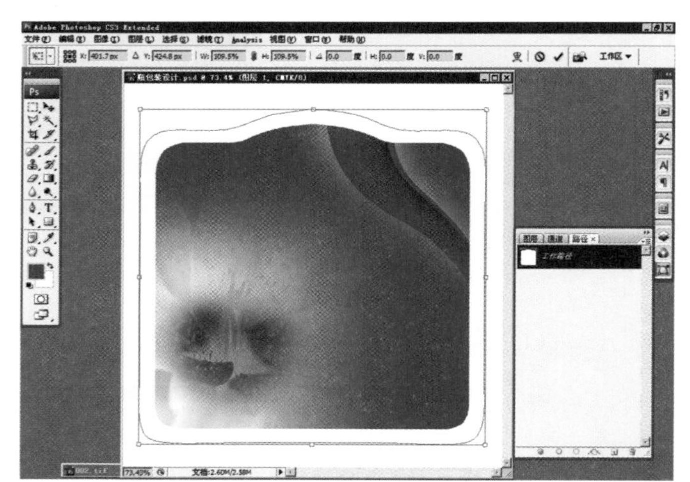

6.按“Ctrl+Shift+N”新建“图层2”。

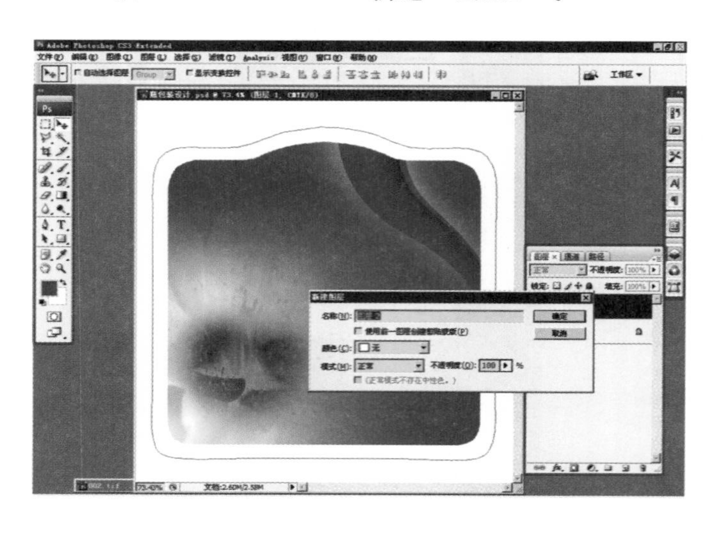

（7）选择画笔，调节画笔大小。

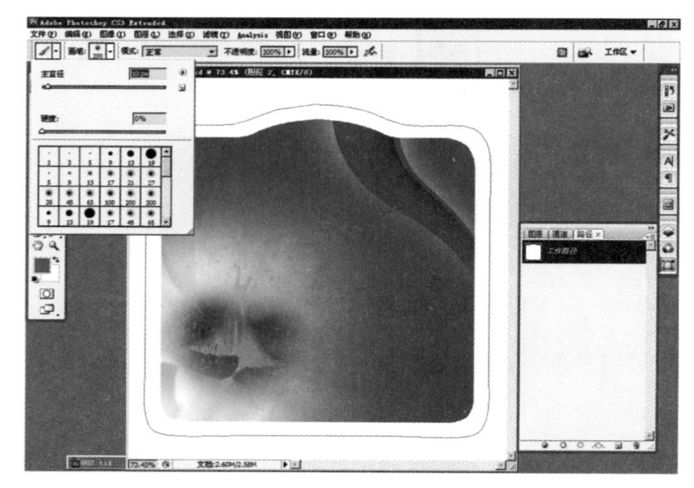

（8）点击 “路径”|“描边路径”。

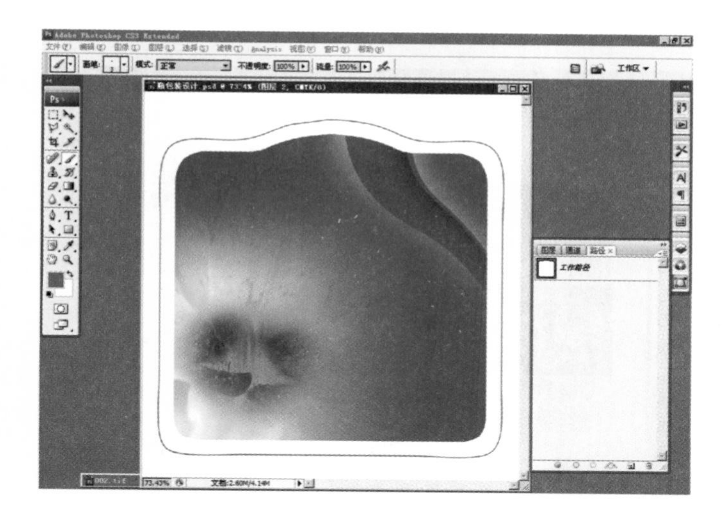

（9）导入蜂蜜图片，调整图片大小。

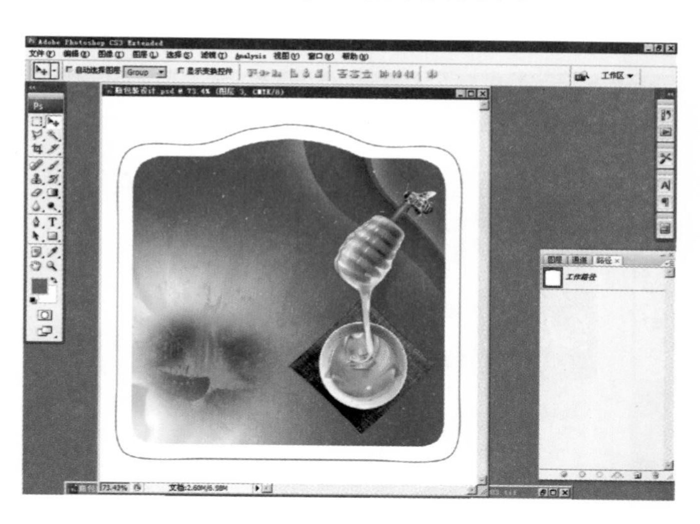

（10）按“Ctrl+B”色彩平衡 — 调节参数。

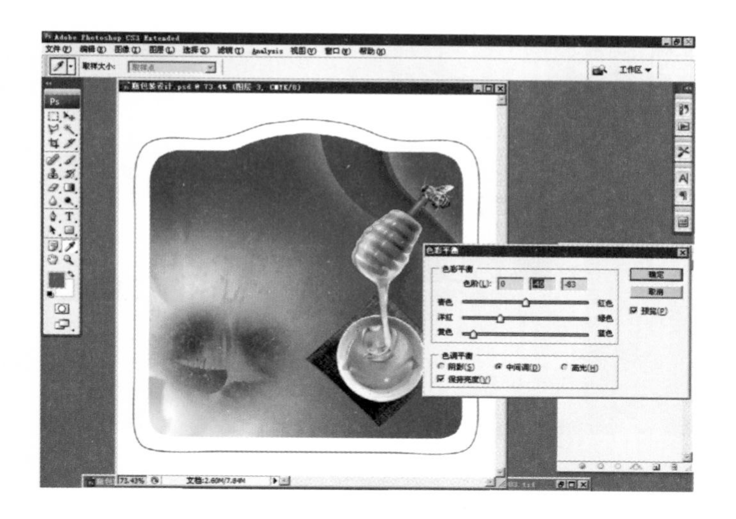

（11）点击“矩形选区工具”绘制矩形选区，填充深紫色。

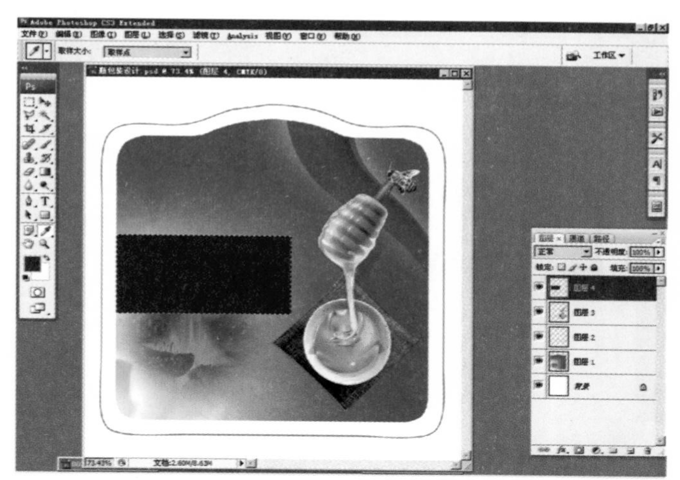

（12）执行“文本工具”，输入文本，调节颜色。

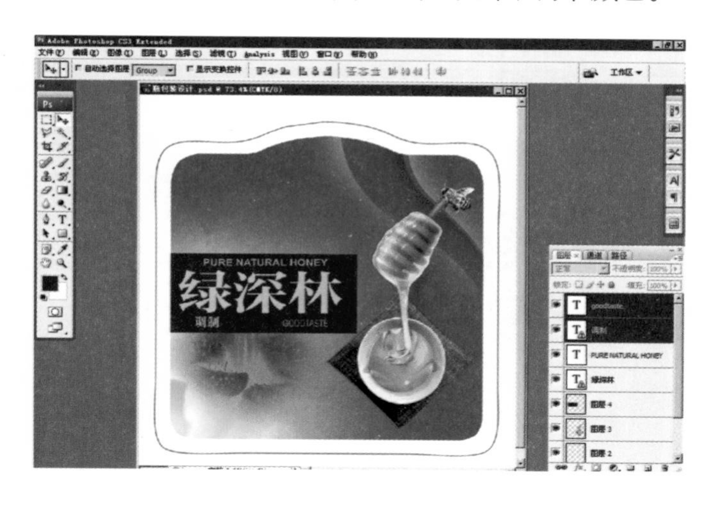

（13）绘制圆形，填充灰色。

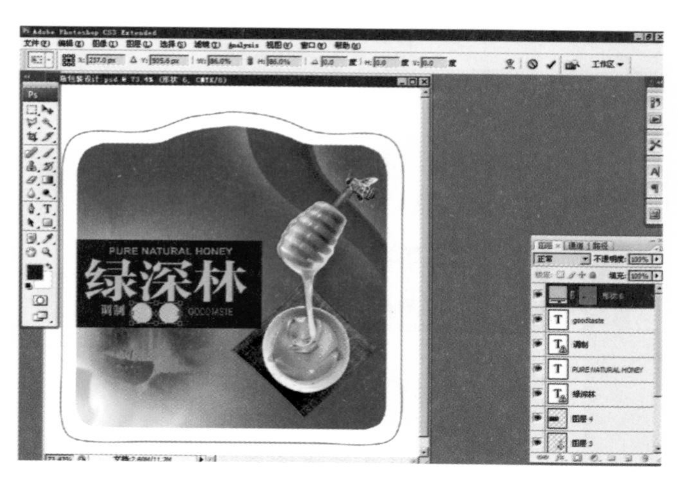

（14）再次输入文本，调节颜色。

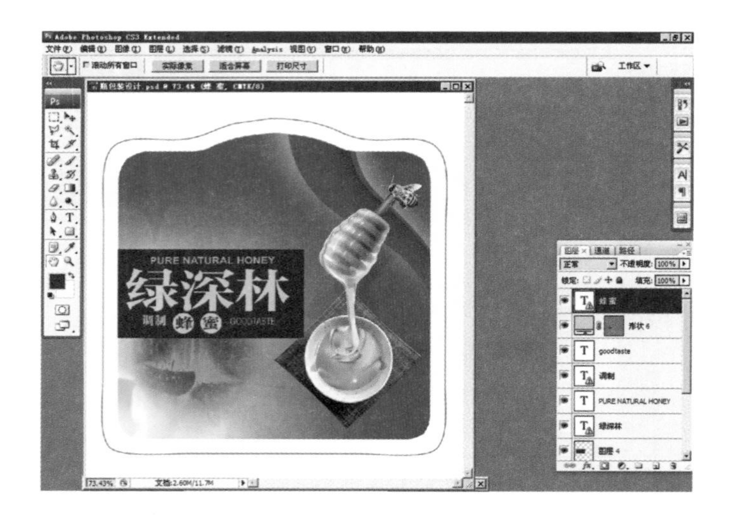

（15）点击“矩形选区工具”绘制矩形选区，填充土黄色。

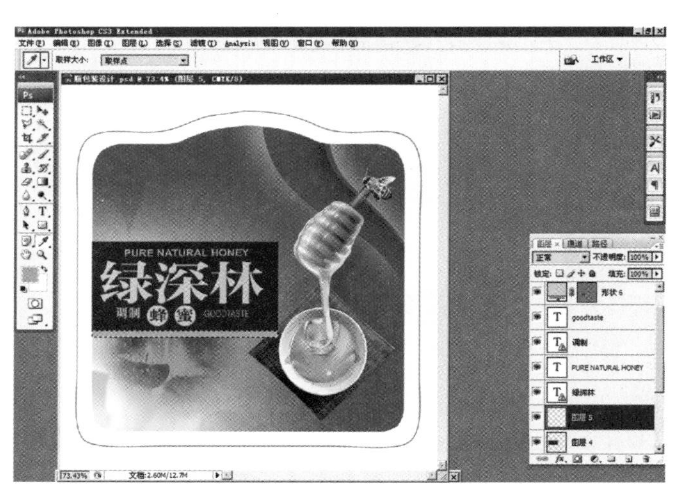

（16）导入蜜蜂图片素材，调整图片位置。

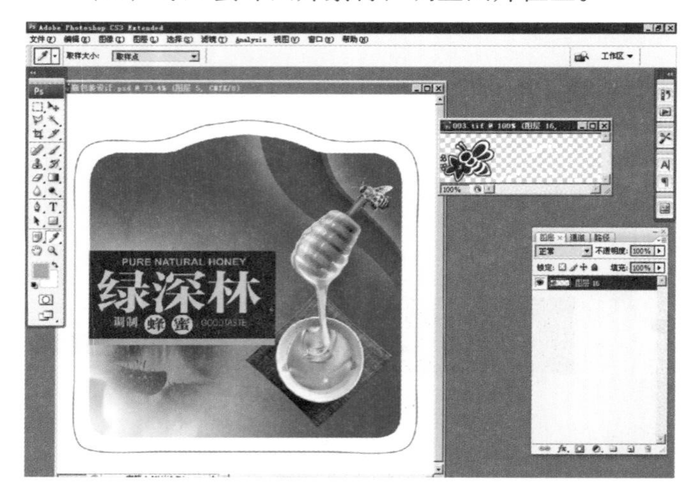

（17）复制小点，输入英文字母。

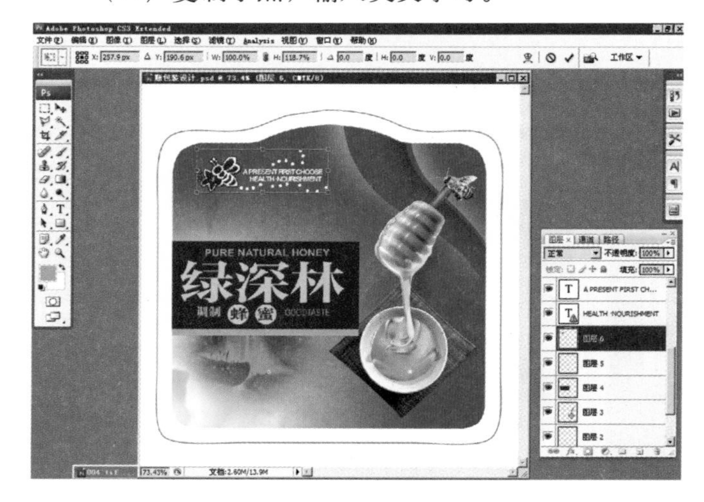

（18）导入一张小蜜蜂图片，按“Ctrl+T”变换图像大小。

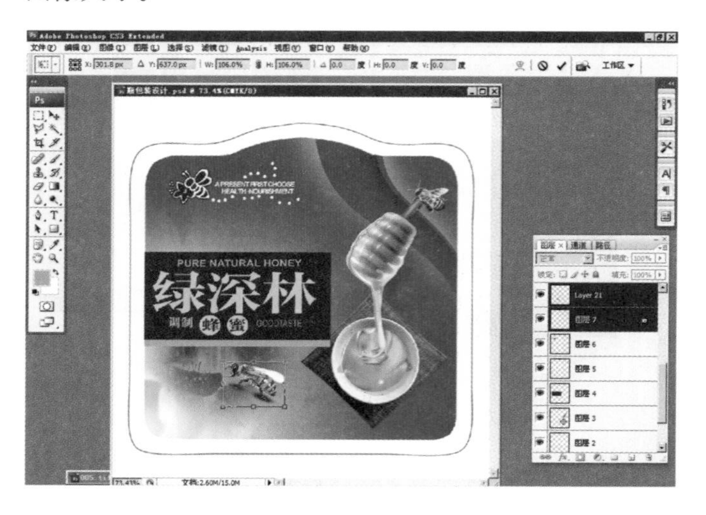

（19）执行“文本工具”，输入文本。

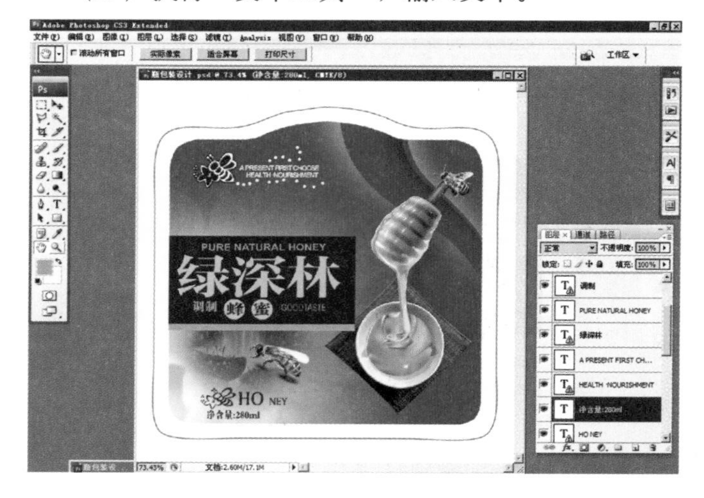

（20）调整文本大小，间距、颜色。

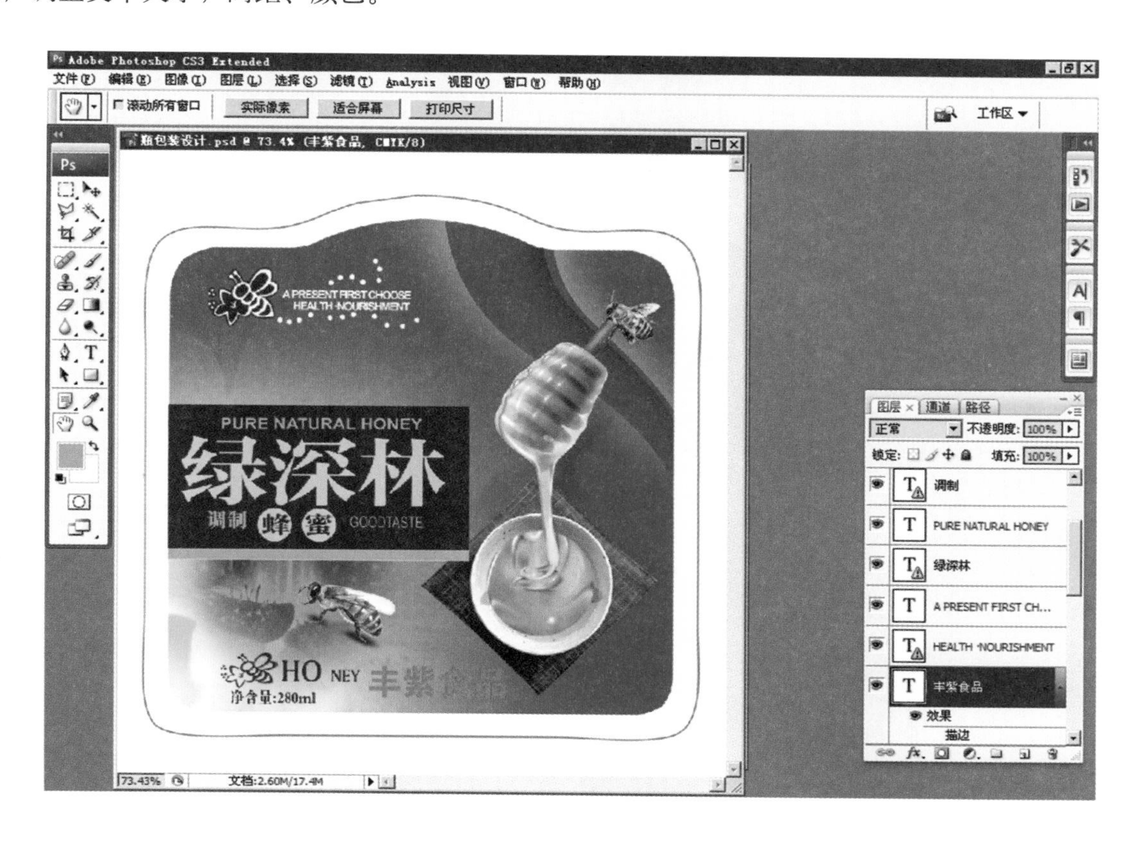

（21）双击文字图层，点击“描边”调节参数，直到完成。

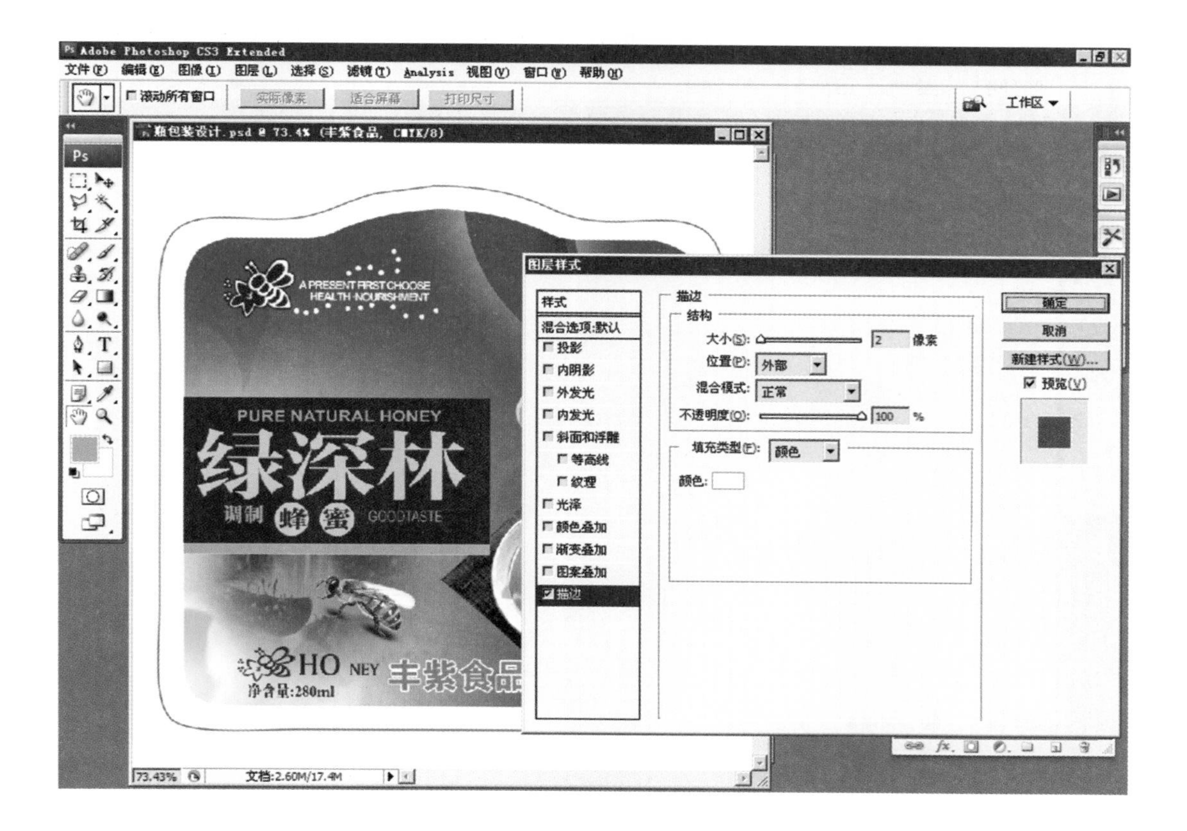

4.2 流行音乐DVD

(1) 执行“文件”|“新建”命令，建立一个“1000像素×1000像素”空白文档。

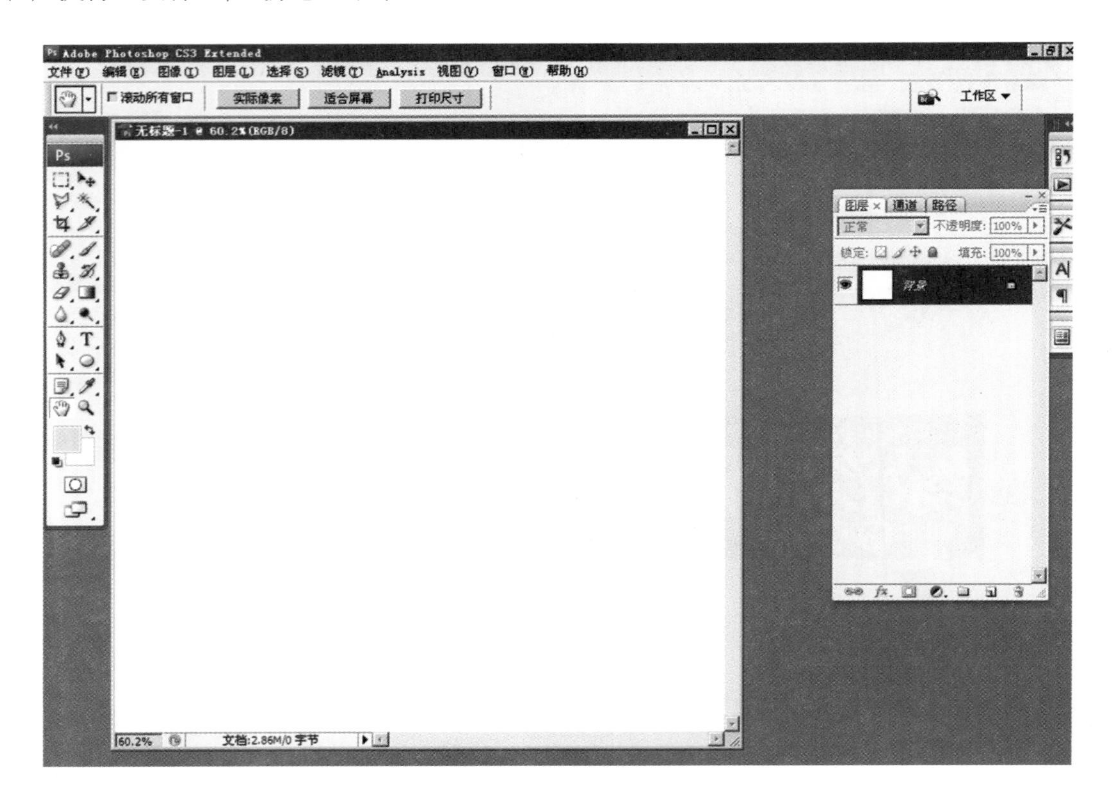

（2）按“ctrl+r”显示标尺，拉出2条水平、2条垂直辅助线。

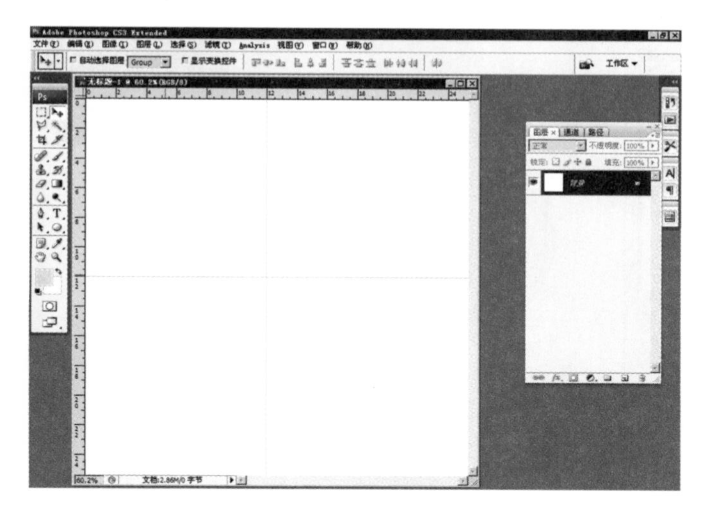

（3）点击“圆形选区工具”绘制圆形选区，调整大小。

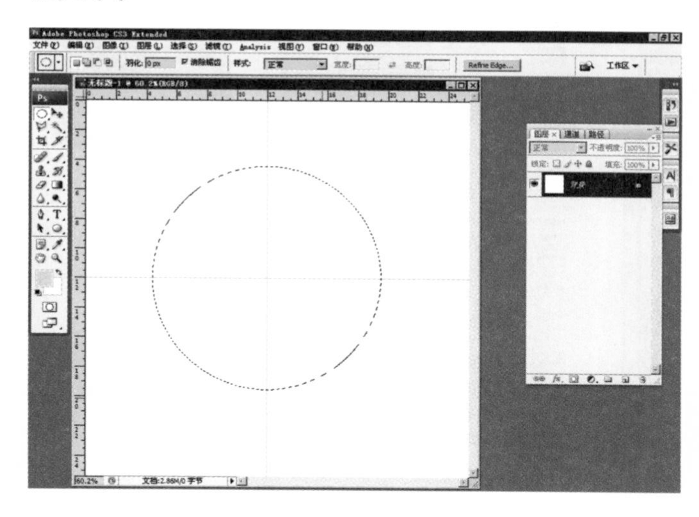

（4）按Ctrl+Shift+N”新建“图层1”。

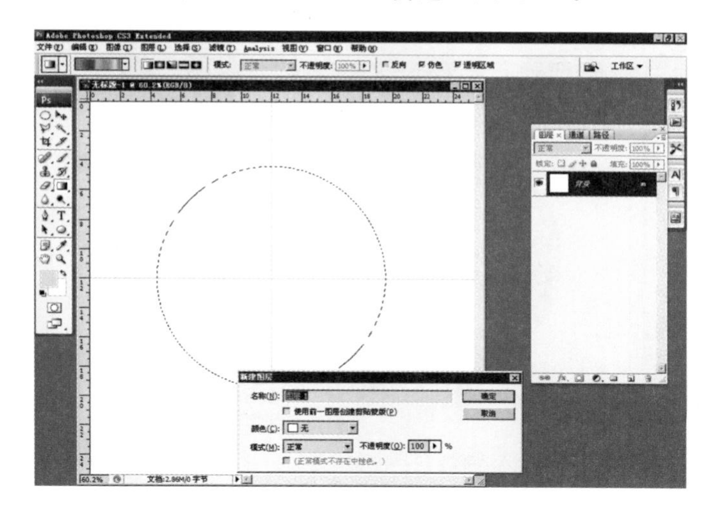

（5）执行“渐变工具”七彩色谱渐变效果。

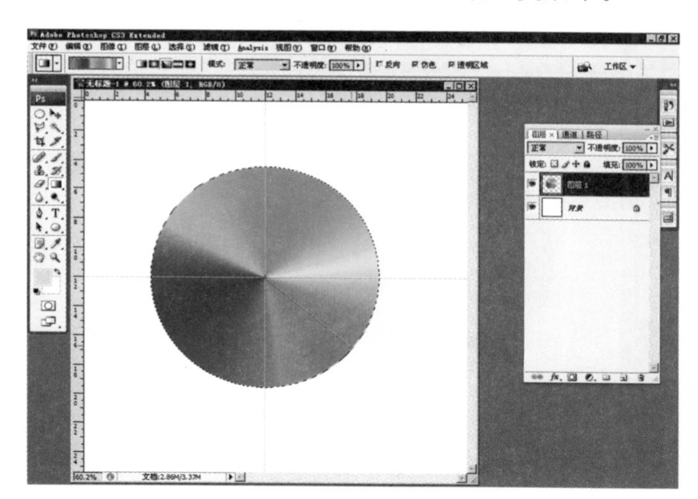

（6）执行菜单“选择”|“变换选区”命令。

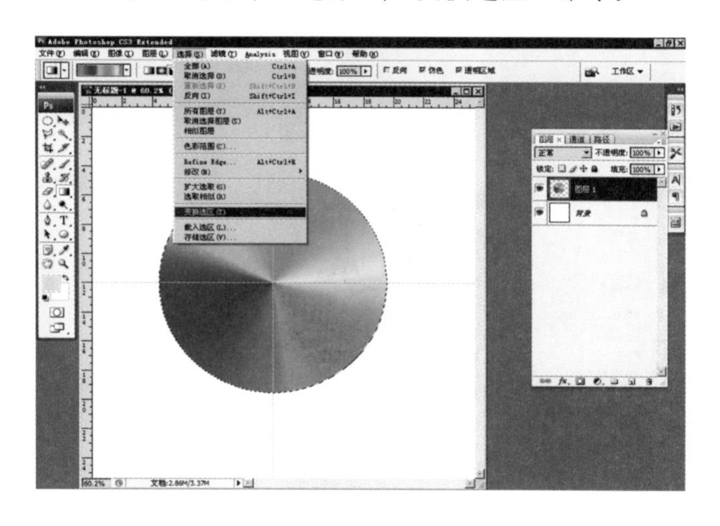

（7）调节变换选区大小。

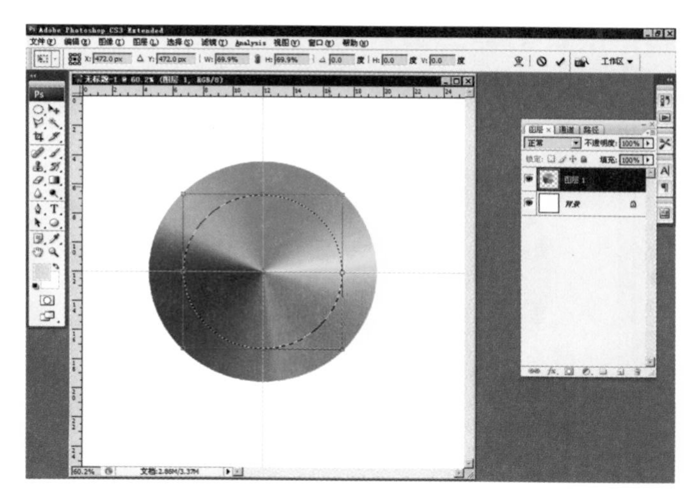

（8）按“Ctrl+Shift+J”剪切新图层。

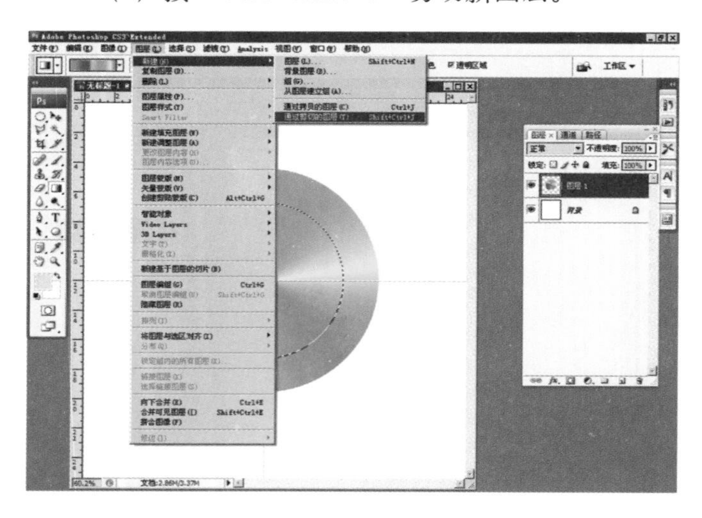

（9）调节“不透明度为50”。

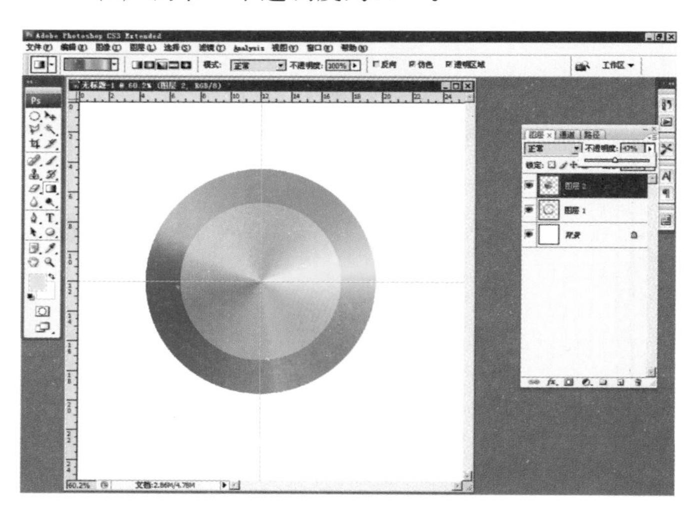

（10）按“ctrl+t”缩小图像大小。

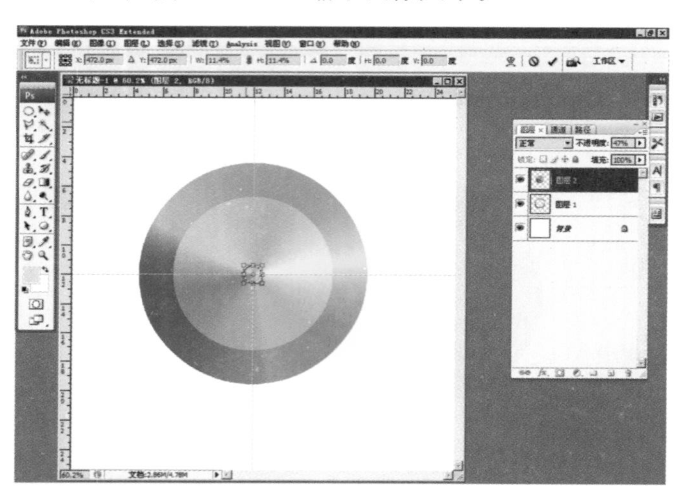

（11）点击菜单“编辑”|“描边”，设置描边宽度为2。

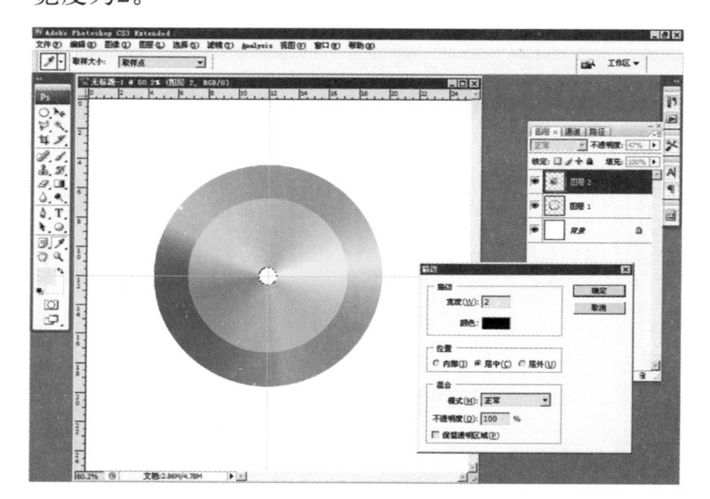

（12）复制图层1副本、按“Ctrl+T”放大图像、调节透明度为30。

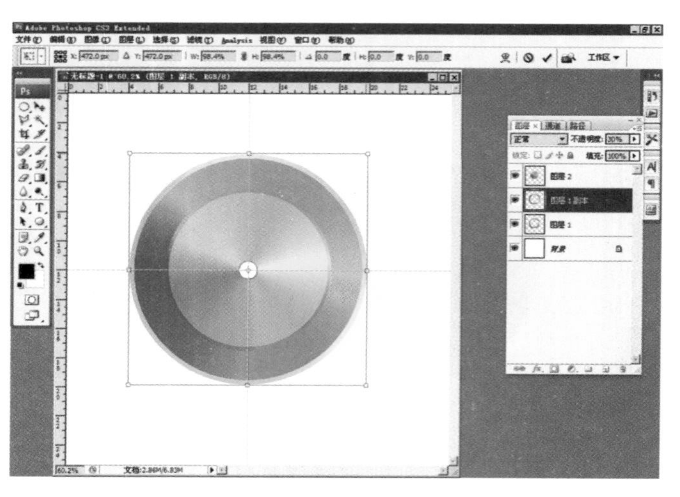

（13）打开一张人物图片，按“Ctrl+A”全部选择图像，按“Ctrl+X”剪切图像。

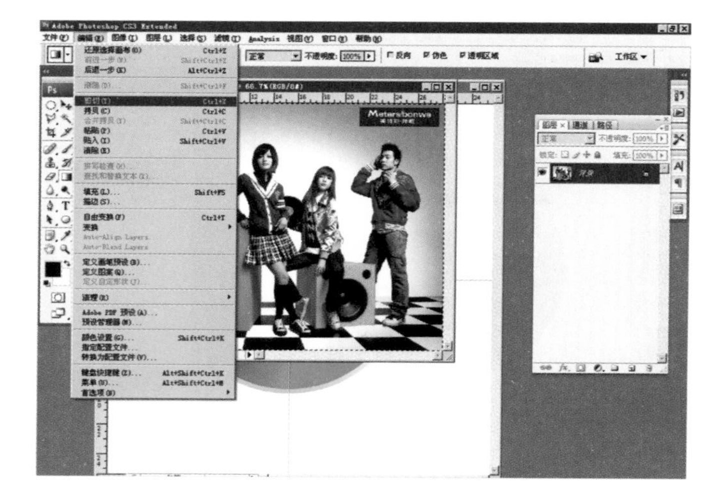

（14）按“Ctrl+Shift+V”粘贴入图像到选区。

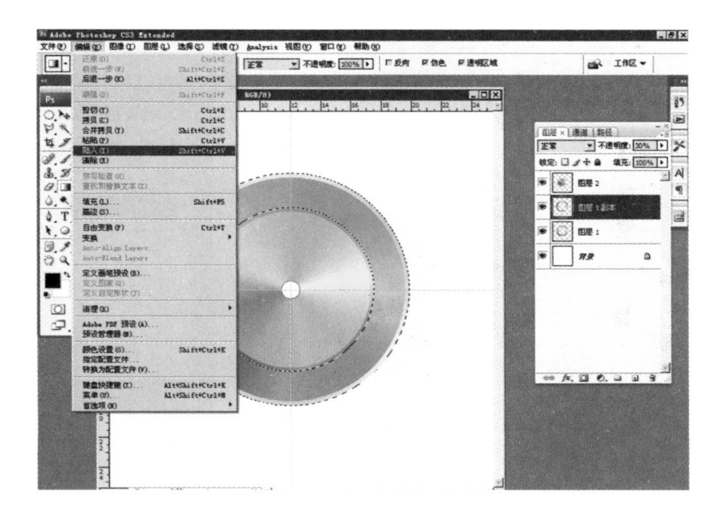

（15）调节“不透明度为40”。

（16）执行“渐变工具”浅黄—白色渐变，背景色渐变。

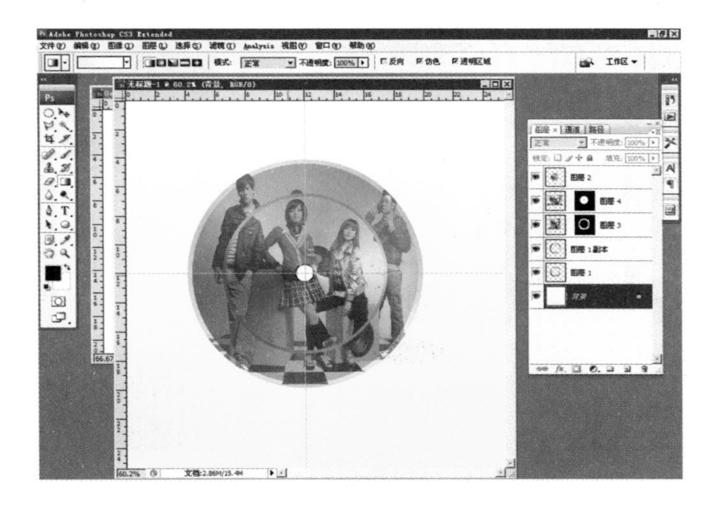

（17）执行“文字工具”输入文字。

（18）选择“变形文字工具”，调节文字。

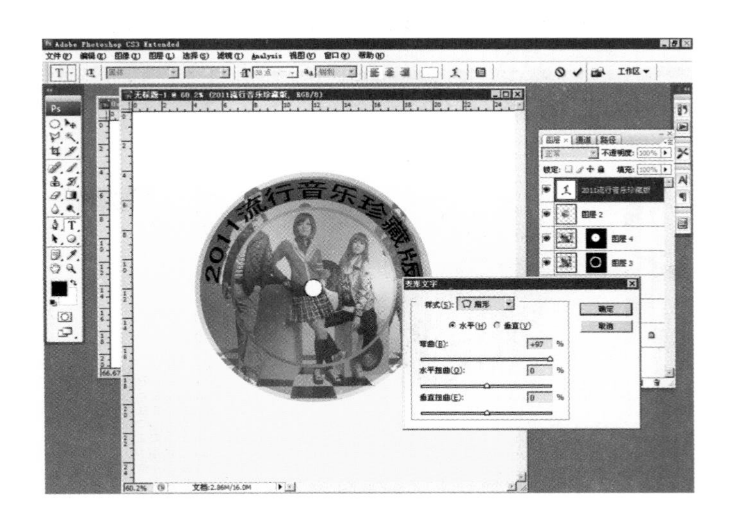

（19）双击文字图层，“描边”参数设置。

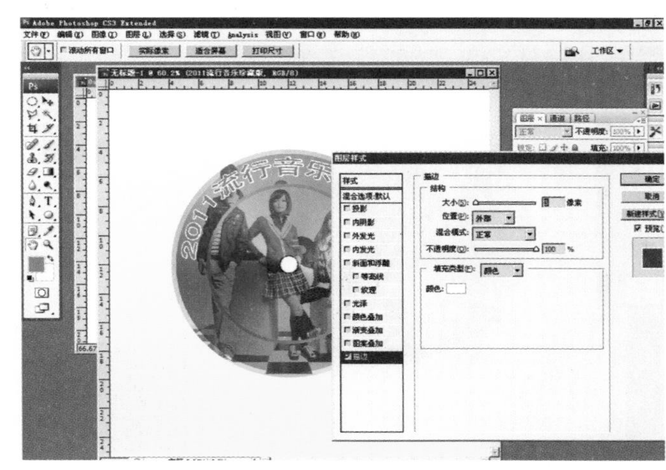

（20）按“Ctrl+E”，合并图层。

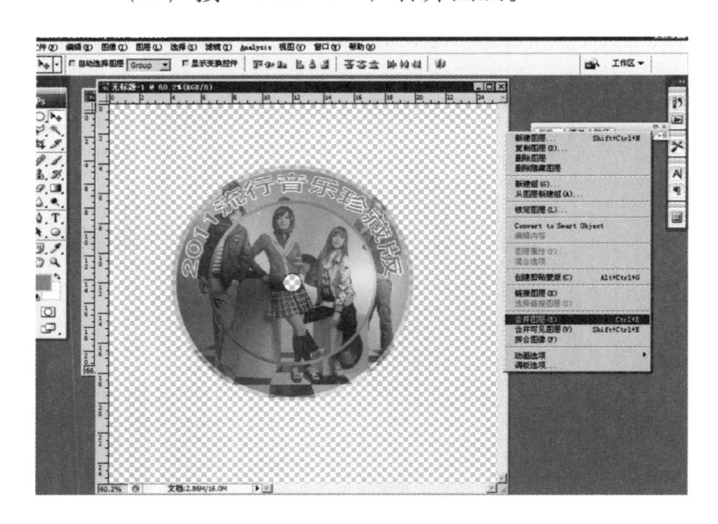

（21）添加背景图片。

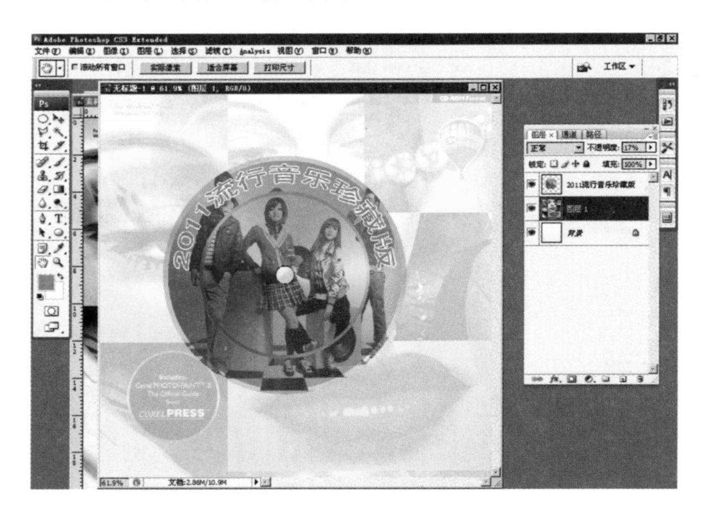

（22）按“Ctrl”点击光盘，载入选区。

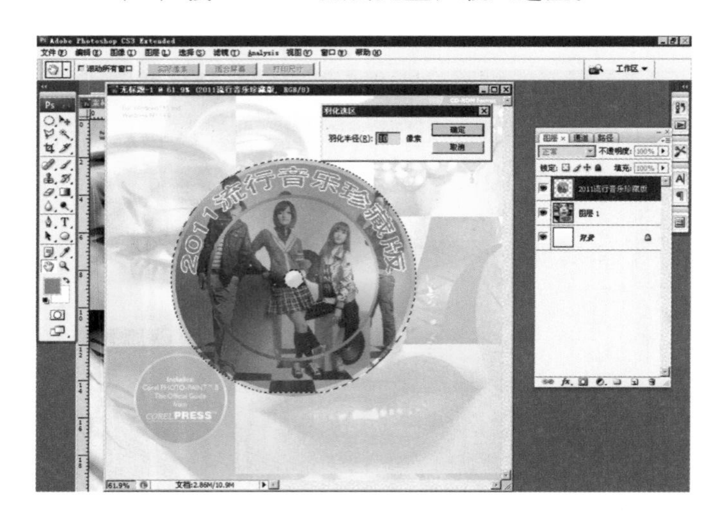

（23）填充黑色，按“Ctrl+T”斜切图像大小。

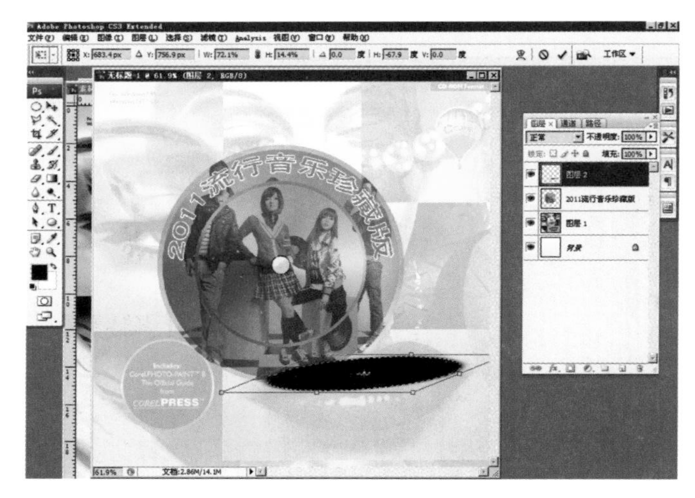

（24）调节“不透明度为50”。

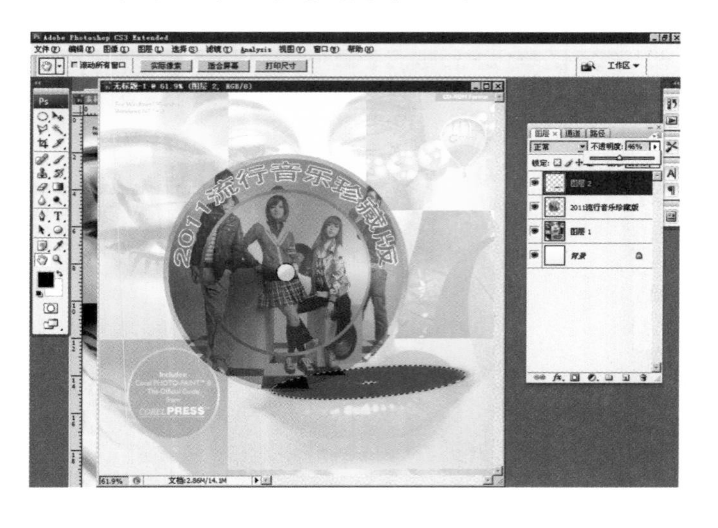

（25）最终完成。

4.3 安安儿童护肤霜

（1）执行“文件”|“新建”，建立一个“600像素×1000像素”空白文档。

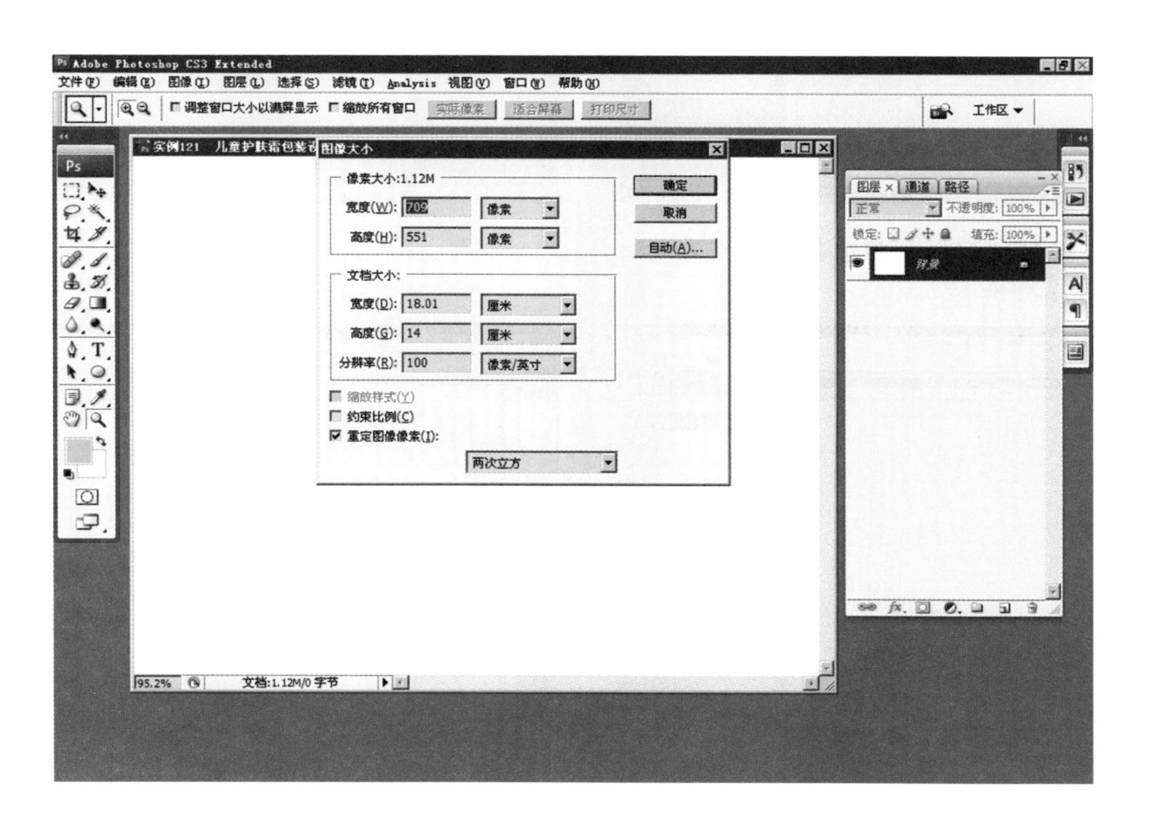

（2）按“ctrl+r”显示标尺，拉出多条水平、垂直辅助线，填充背景为绿色。

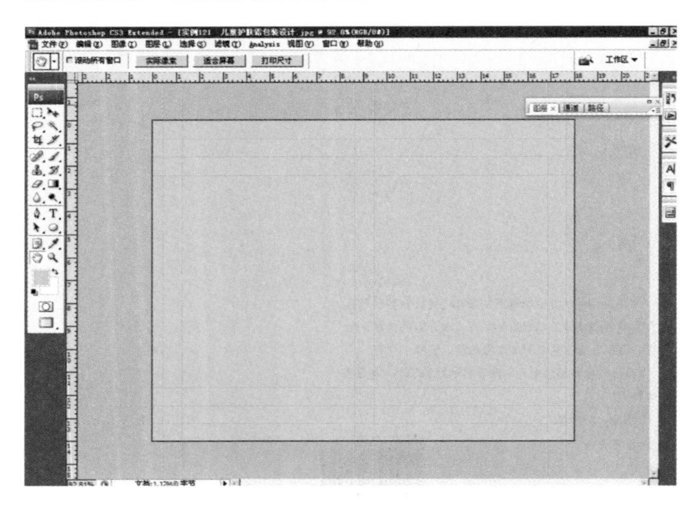

（3）在工具箱中选择“钢笔工具”。

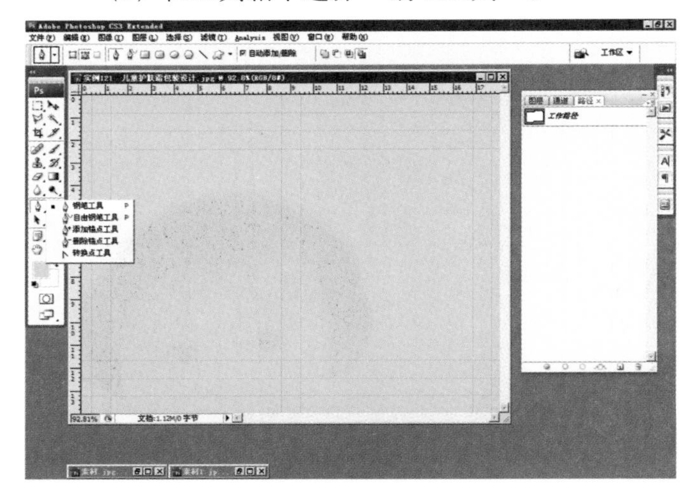

（4）在页面中绘制包装图形路径。

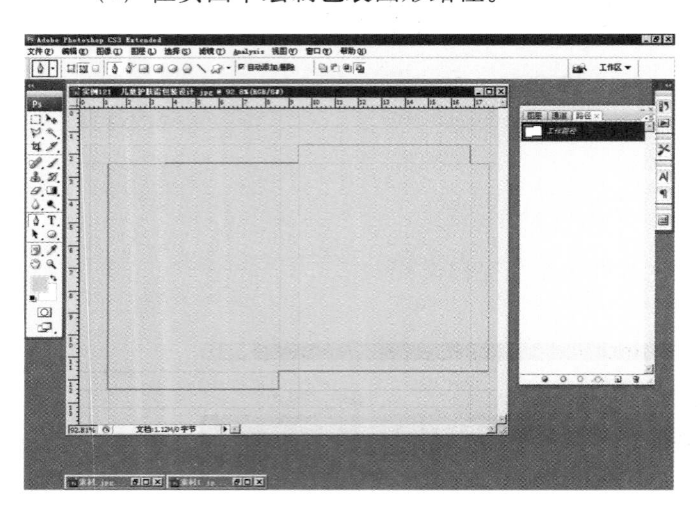

（5）按“Ctrl+Enter”，将路径转换为选区。

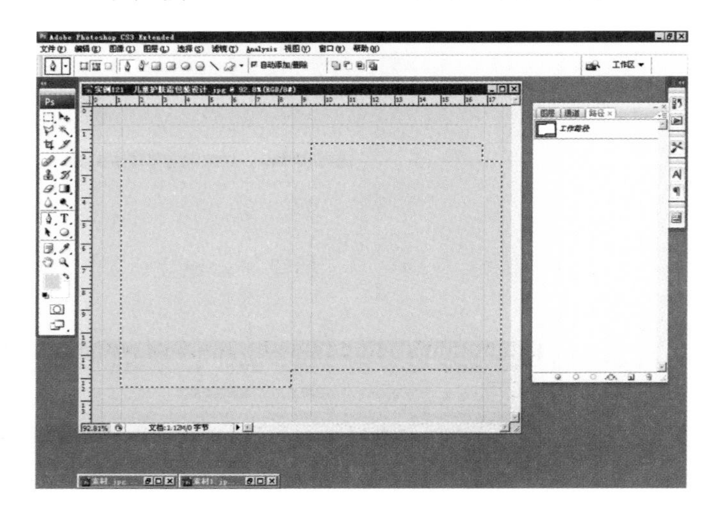

（6）新建 “图层1”，将前景色设置为浅紫色，按“alt+delete”填充。

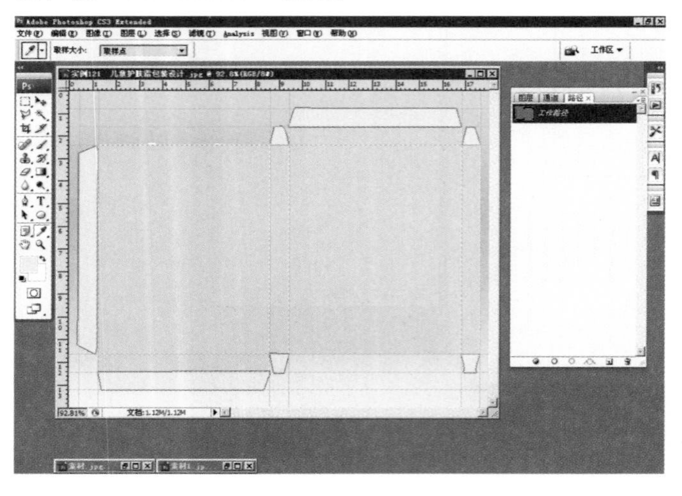

（7）绘出包装边图形路径，将路径转为选区。

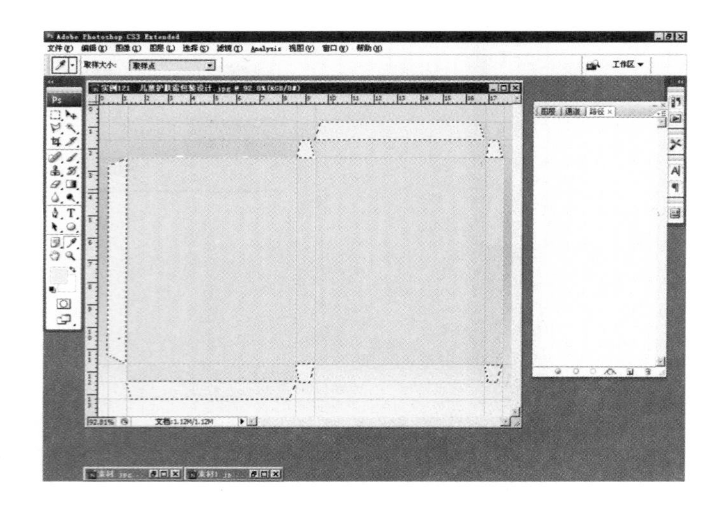

(8) 将前景色设置为白色，按 “alt+delete” 填充。

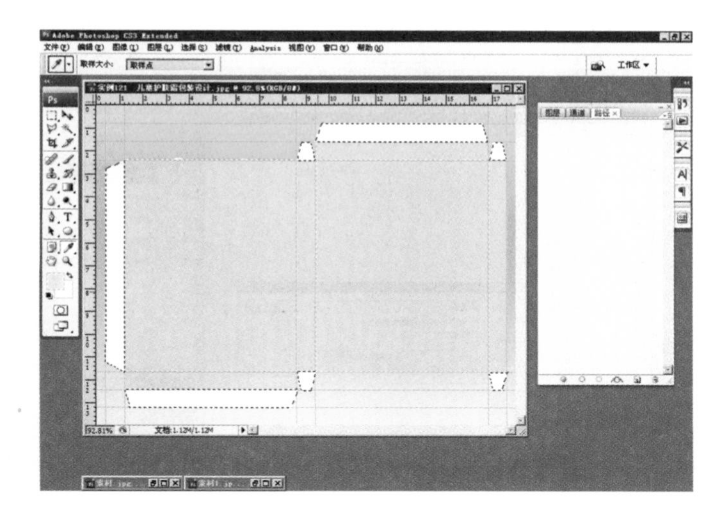

(9) 绘制、填充边界图形如图。

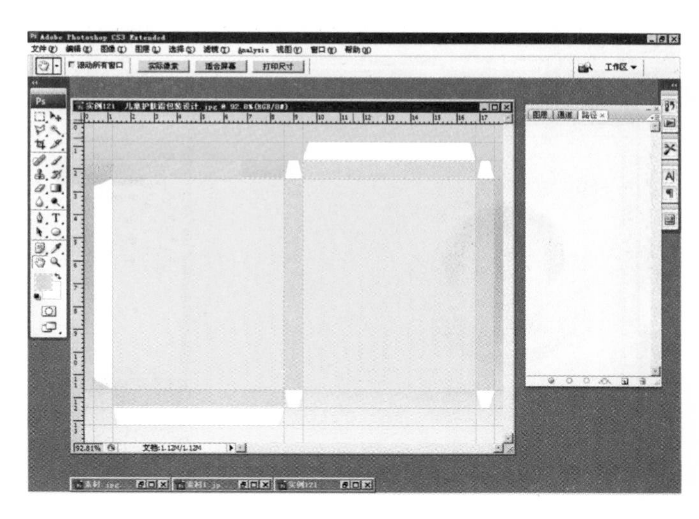

(10) 选择 “圆形套索工具” ，画出一个圆形选区。

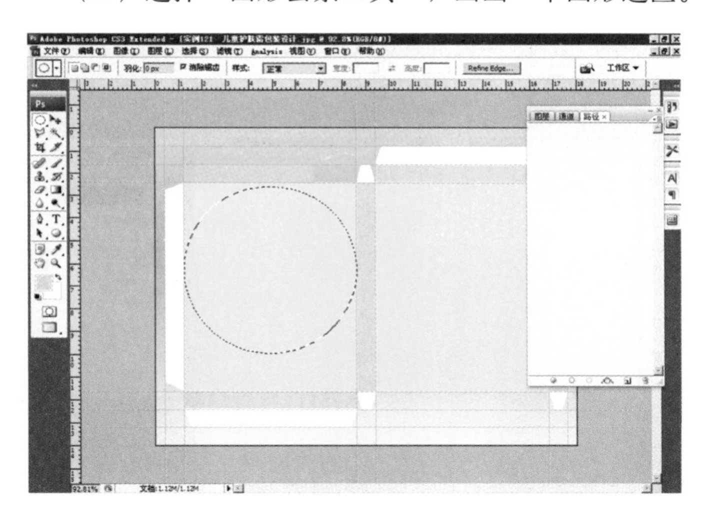

(11) 按ctrl+shift+n” 新建 “图层2” 。

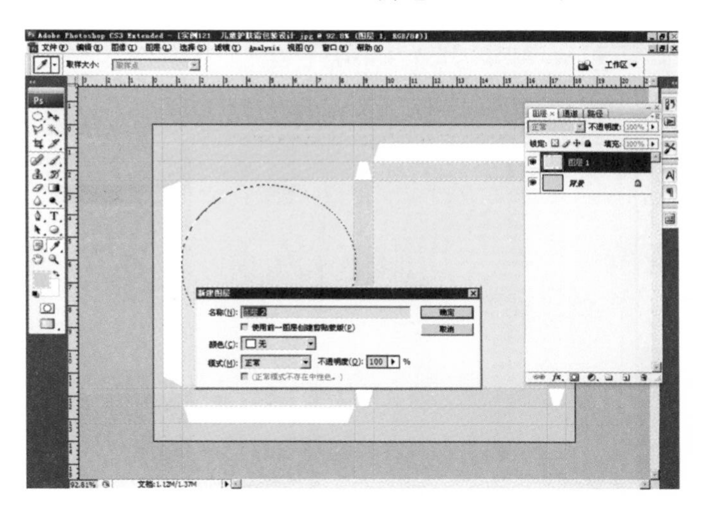

(12) 执行 “渐变工具” 浅蓝 — 白色渐变。

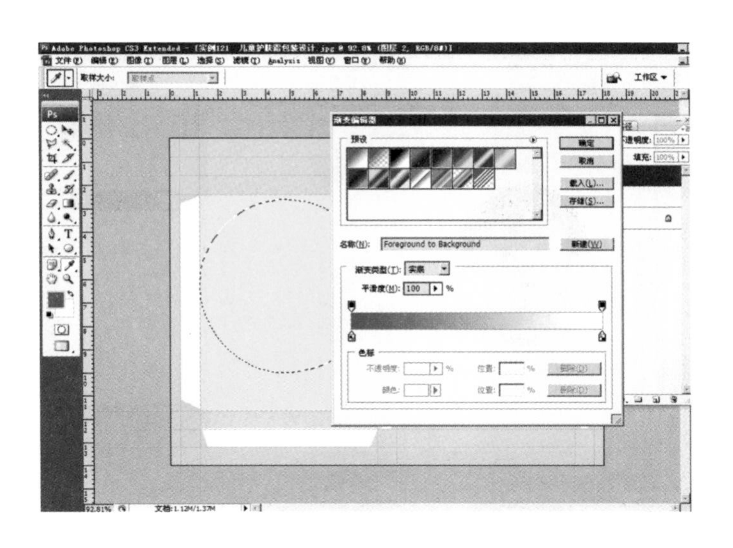

(13) 打开小孩素材图片，拖入当前文档中，自动生成 “图层3” 。

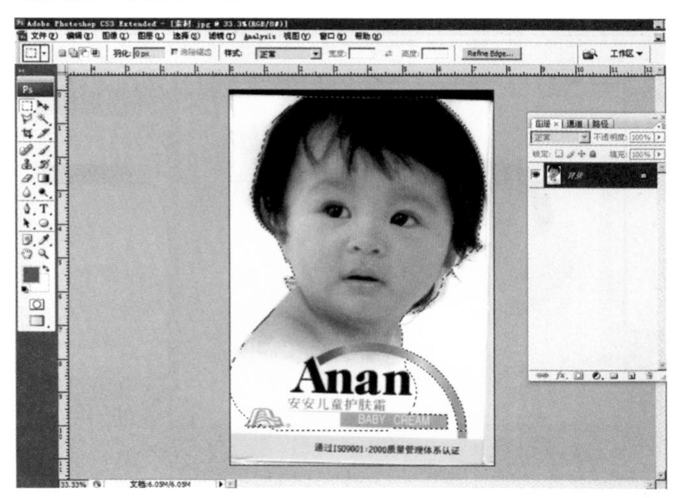

(14) 将人物素材放入选区中，按 “Ctrl+Shift+I” 反向选择，删掉多余部分。

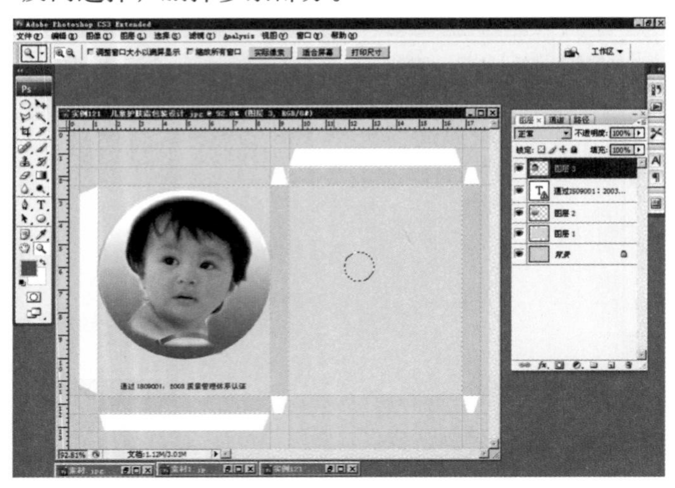

(15) 按ctrl+shift+n”新建“图层4”。

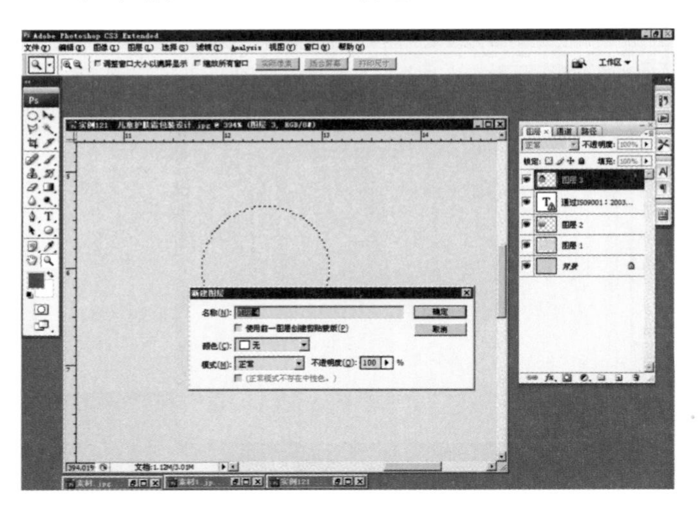

(16) 在“图层4”上，画出圆形选区。

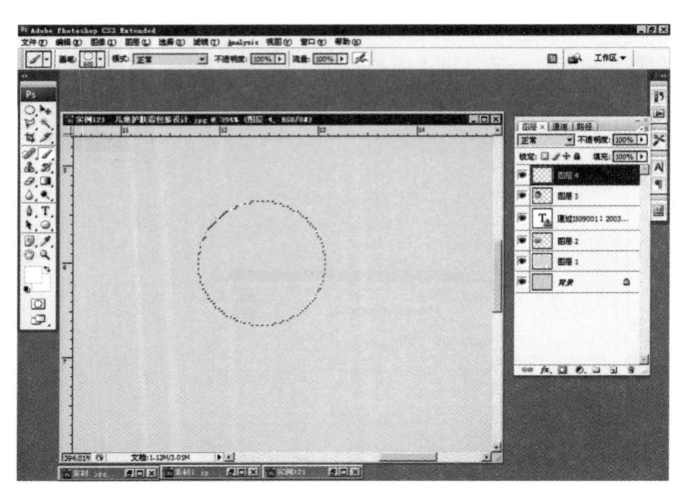

(17) 用画笔绘出圆形气泡。

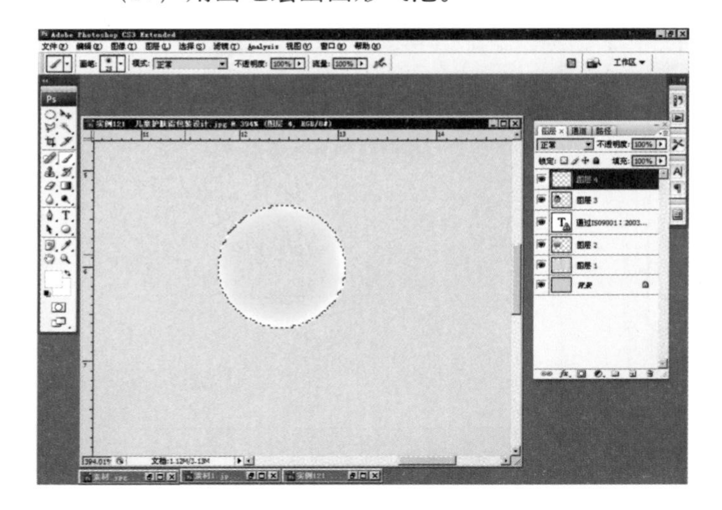

(18) 用画笔绘出数个圆形气泡，调整位置。

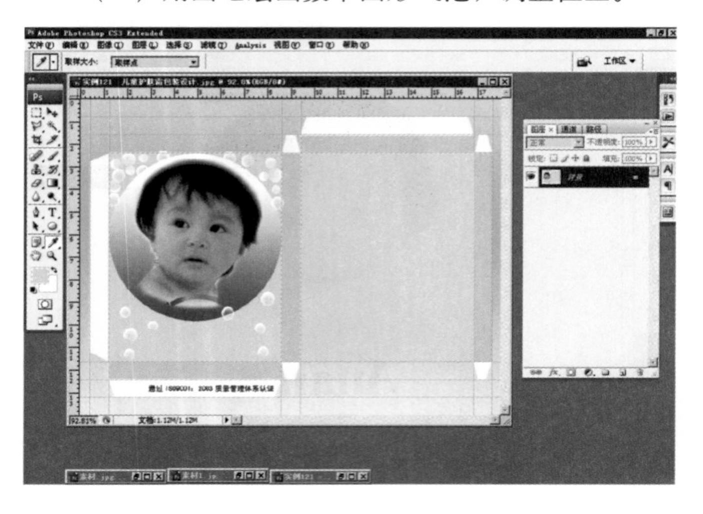

(19) 执行“文字工具”，输入文本，添加渐变、阴影效果。

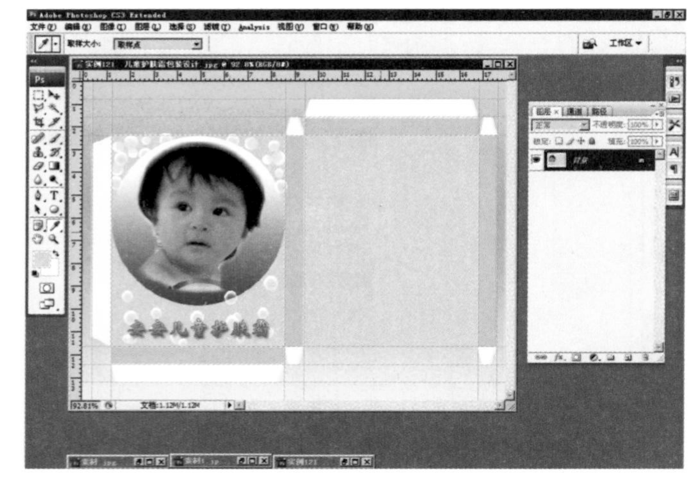

（20）执行“文字工具”，输入多行文本，调整位置，填充黑色，直到完成。

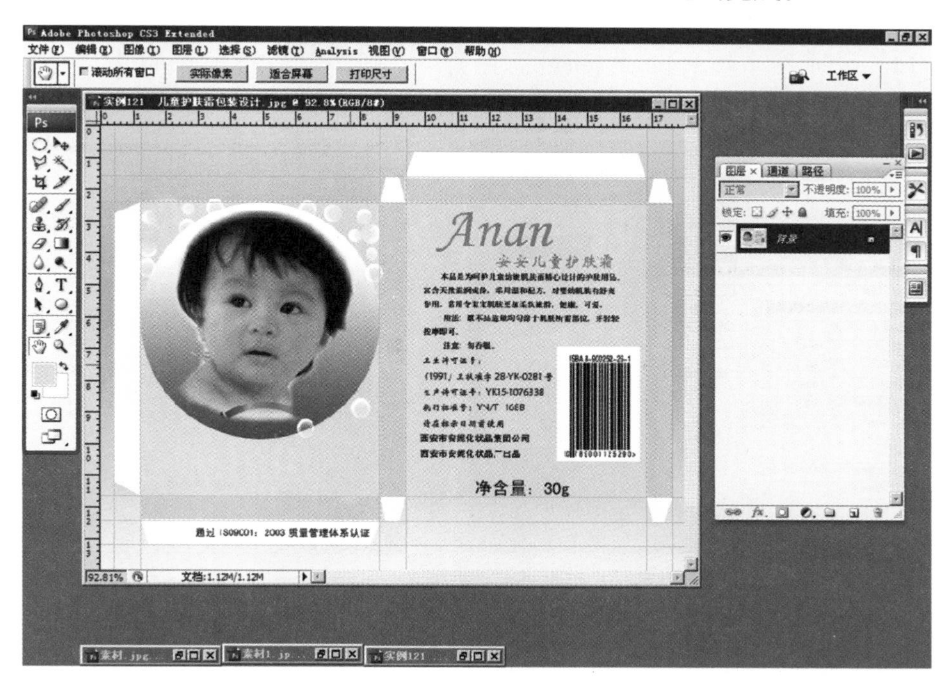

4.4 化妆品包装

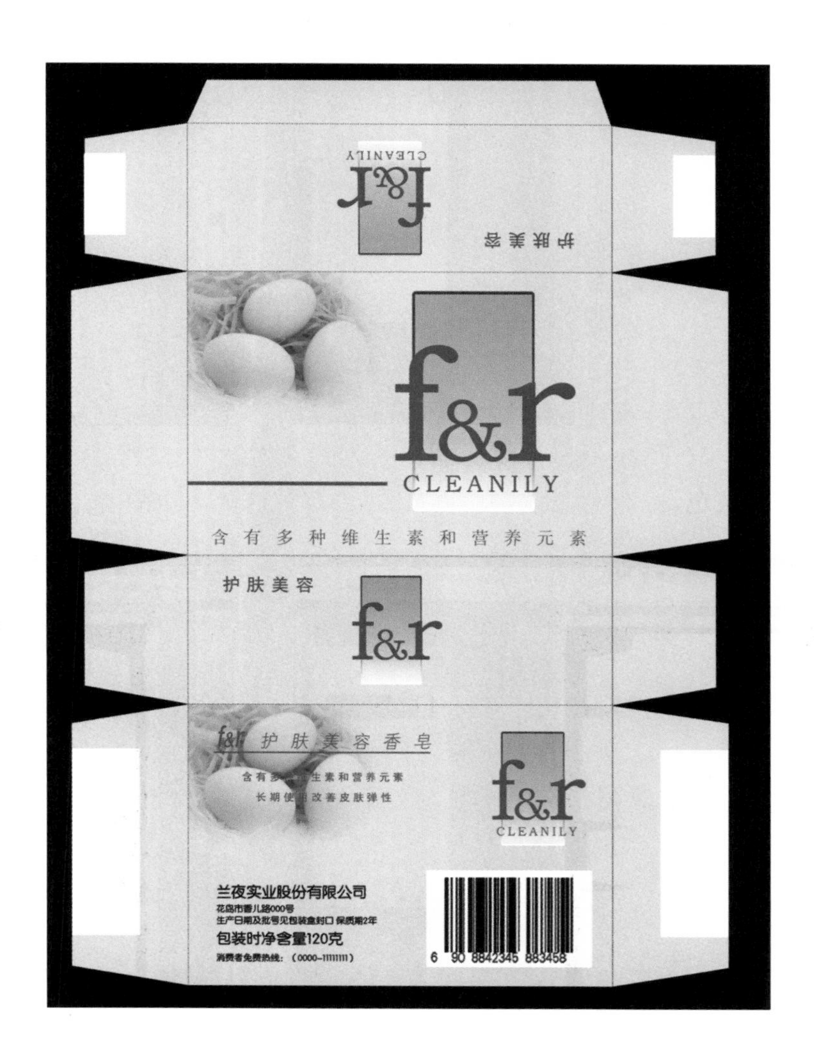

（1）执行“文件”|“新建”命令，建立一个A4空白文档。

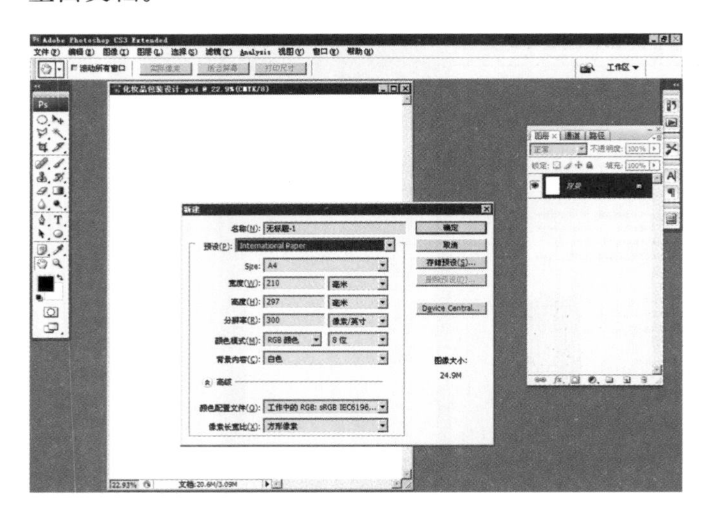

（2）按“Ctrl+R”显示标尺，拉出多条水平、垂直辅助线。

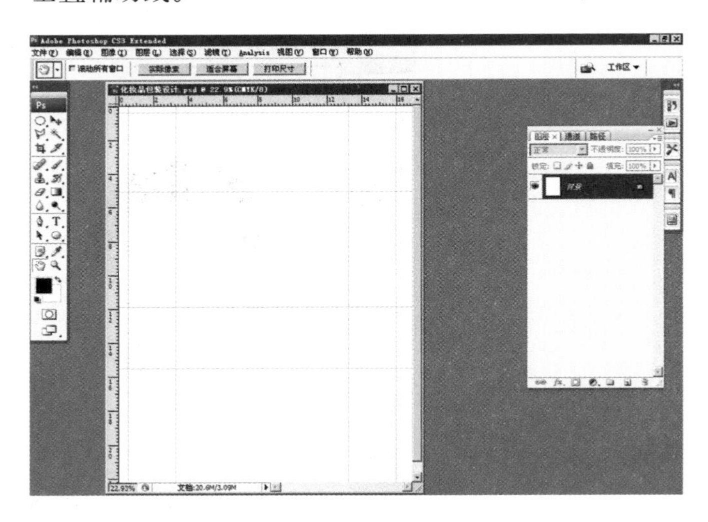

（3）选择工具箱的“钢笔工具”。

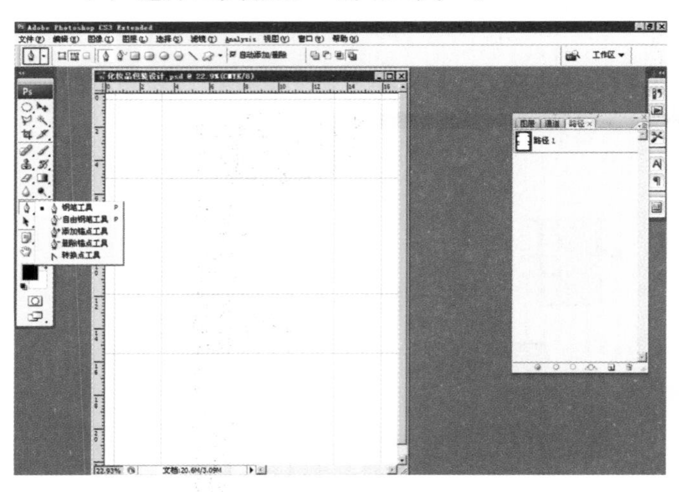

（4）用“钢笔工具”绘制图像路径。

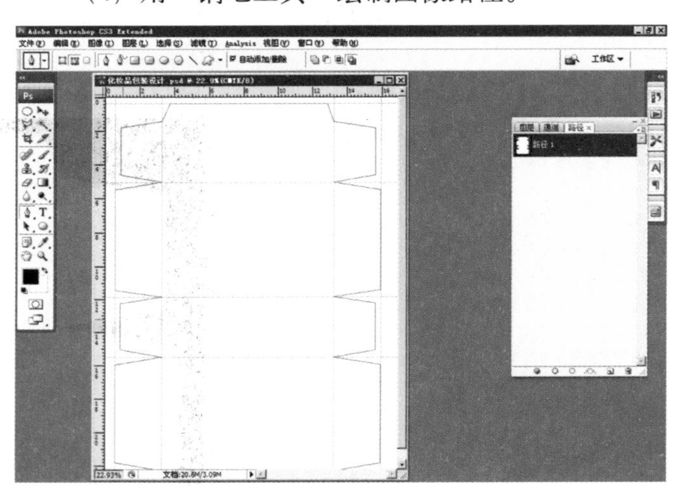

（5）填充浅黄色。

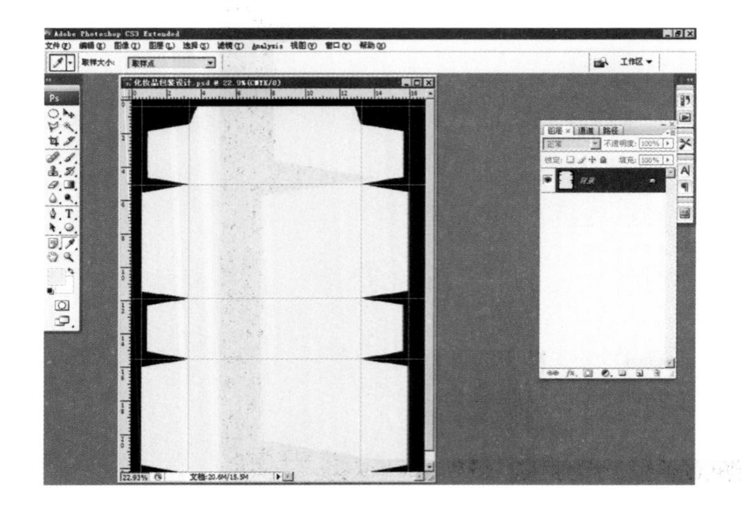

（6）再次用“钢笔工具”绘制其他路径。

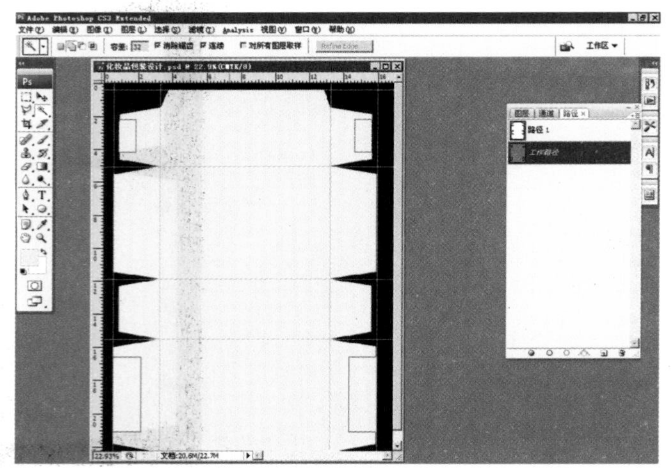

（7）填充白色如图。

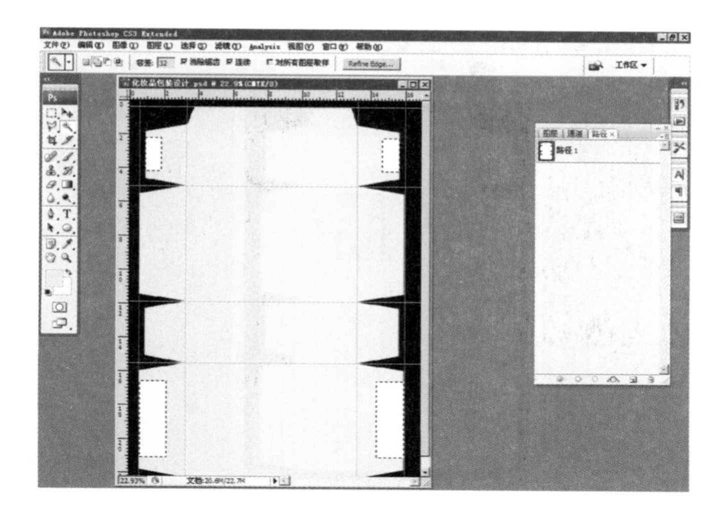

（8）打开鸡蛋素材，按“Ctrl+A”全选图像。

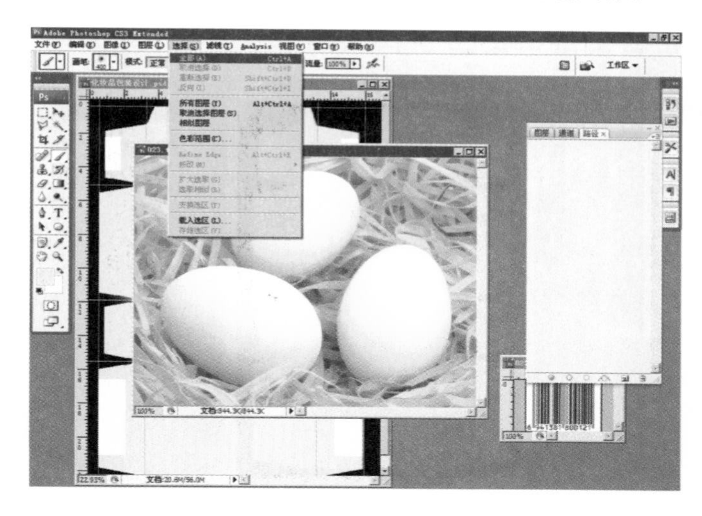

（9）按“Ctrl+Alt+D”羽化选区为20。

（10）导入鸡蛋素材图片，按“Ctrl+T”缩放图像大小。

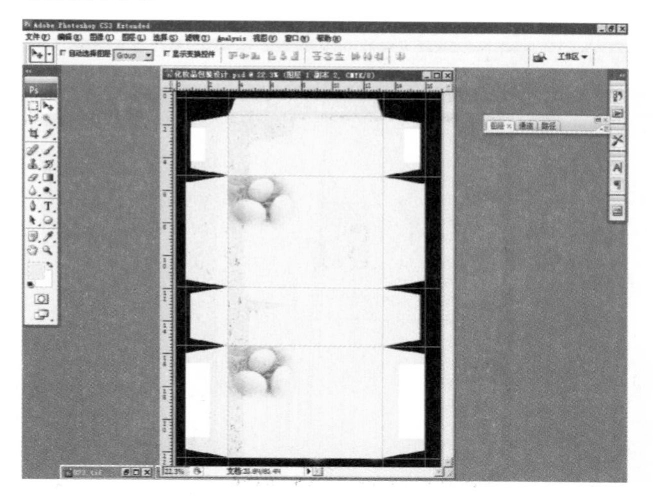

（11）选择“矩形工具”，绘出图形，进行渐变效果。

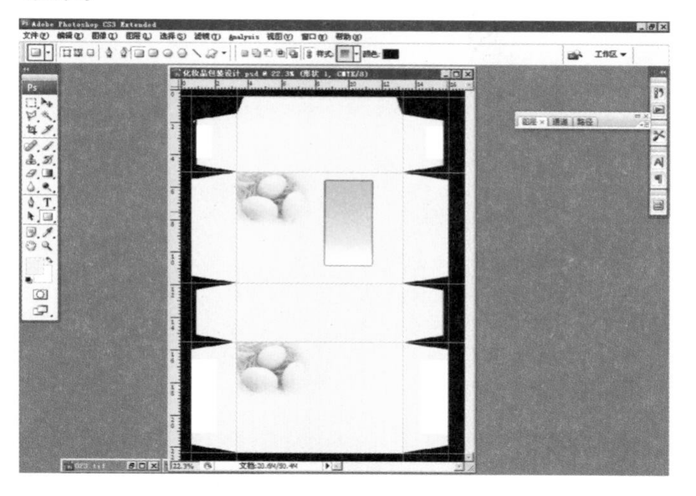

（12）执行“文本工具”，输入文本，调节文本大小。

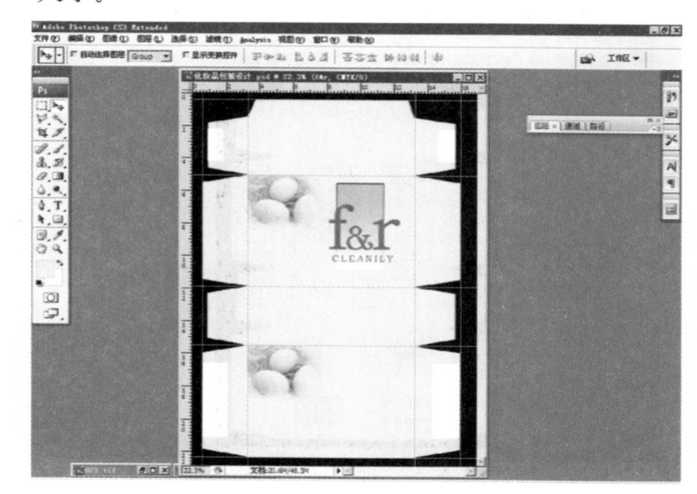

（13）绘出一些小细节。

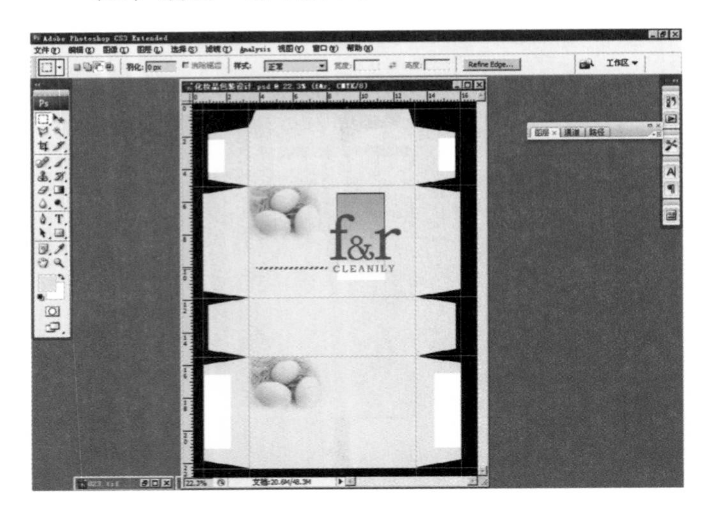

（14）填充颜色，调整大小。

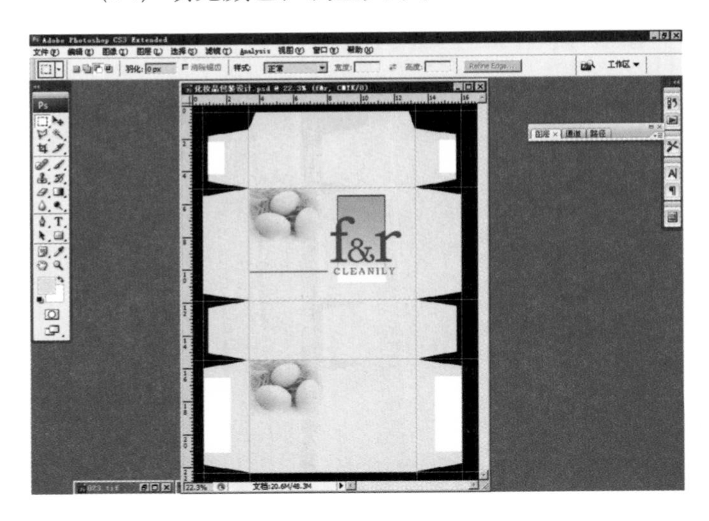

（15）执行“文本工具”，输入多行文本，调节文本大小颜色。

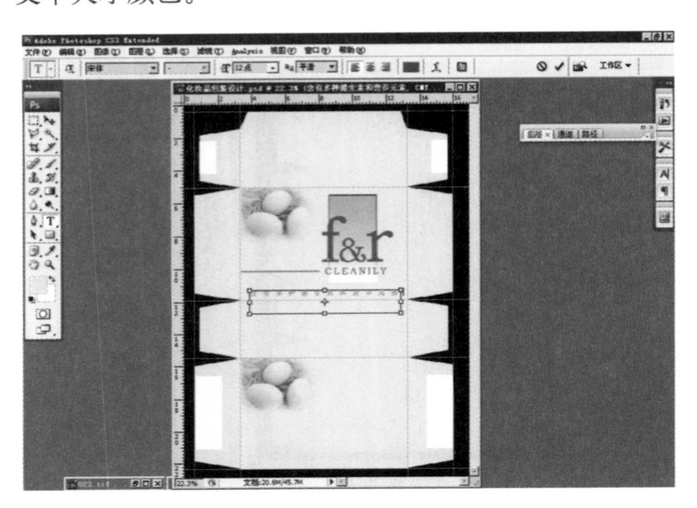

（16）复制细节，调整大小。

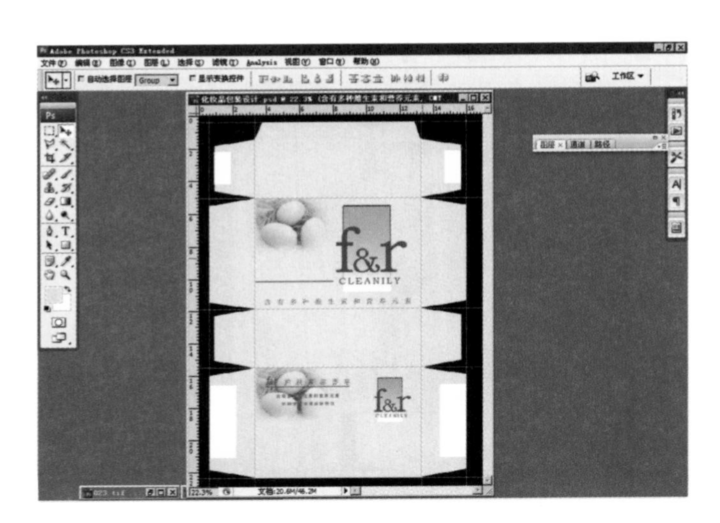

（17）导入条形码，调整整体色调，直到完成。

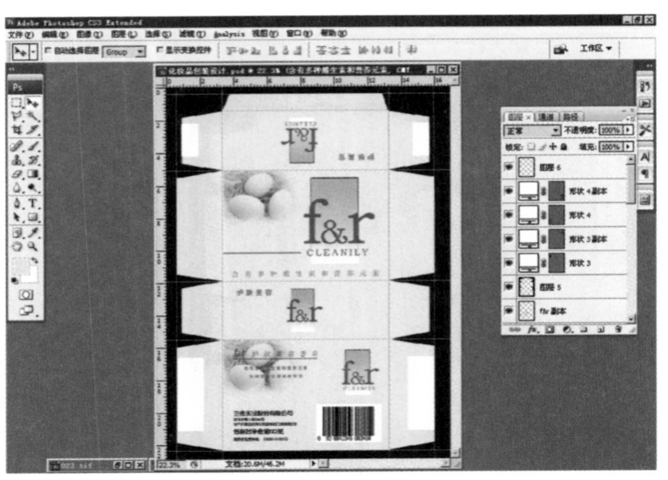

第5章 版式设计篇

5.1 杂志版式设计

（1）执行“文件”|“新建”，建立一个“1000像素×1000像素”空白文档。

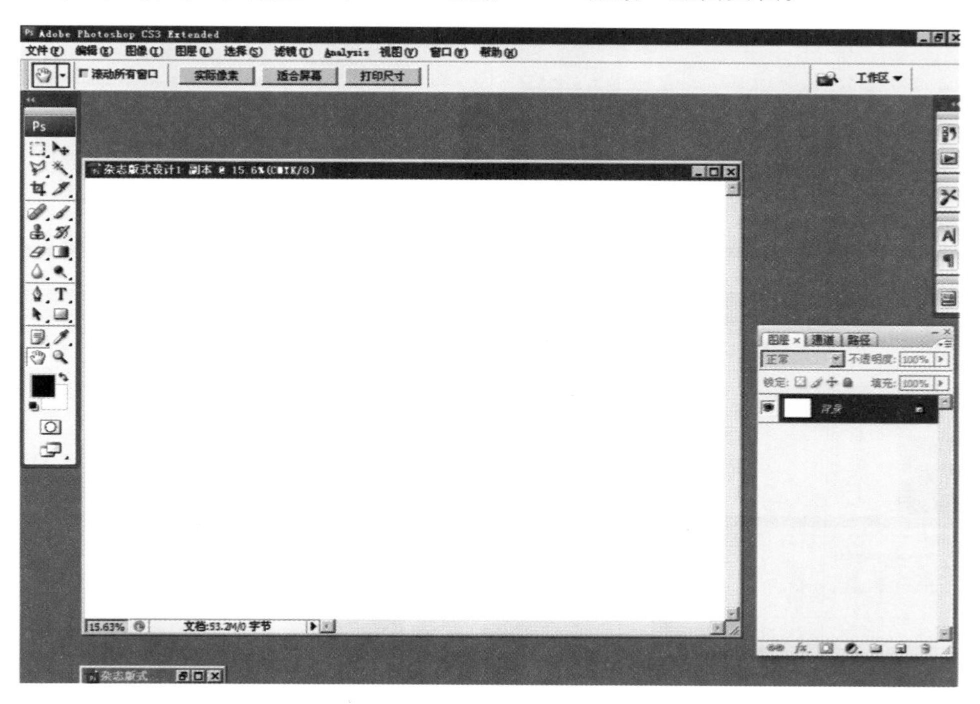

（2）按“Ctrl+R”显示标尺，拉出一条垂直辅助线。

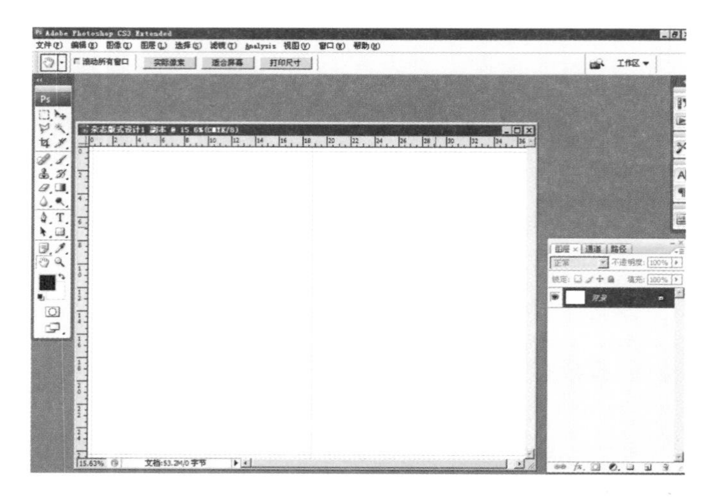

（3）导入人物图片，调整位置。

（4）按“文本工具”输入“多行文本”。

（5）按“文本工具”输入“多行文本”，点击“矩形选区工具”绘制矩形选区，调整大小。

（6）按Ctrl+Shift+N”，新建“图层2”。

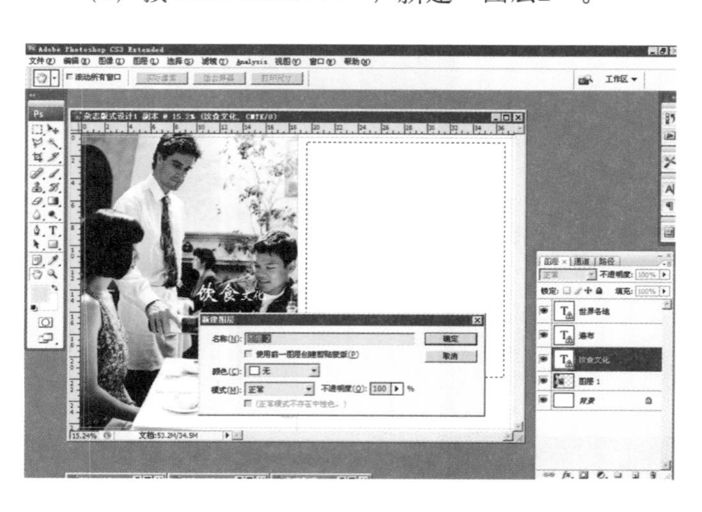

（7）填充“图层2”为浅蓝色。

（8）按“文本工具”输入“多行文本”，调节文字大小，文字颜色。

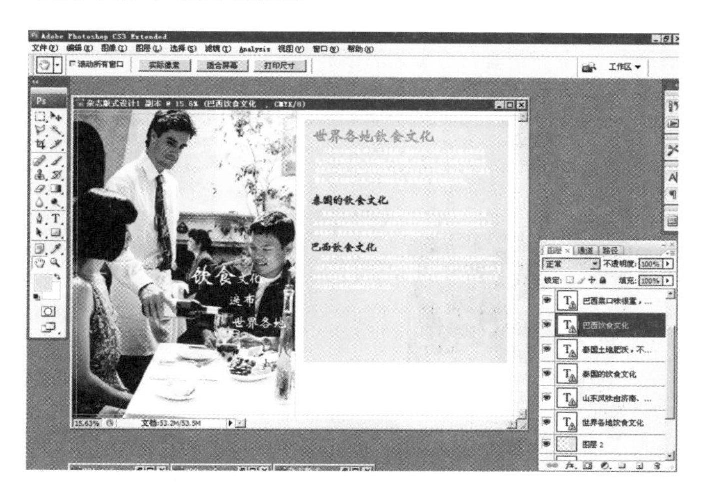

（9）选择“自定形状工具”画一个图形路径。

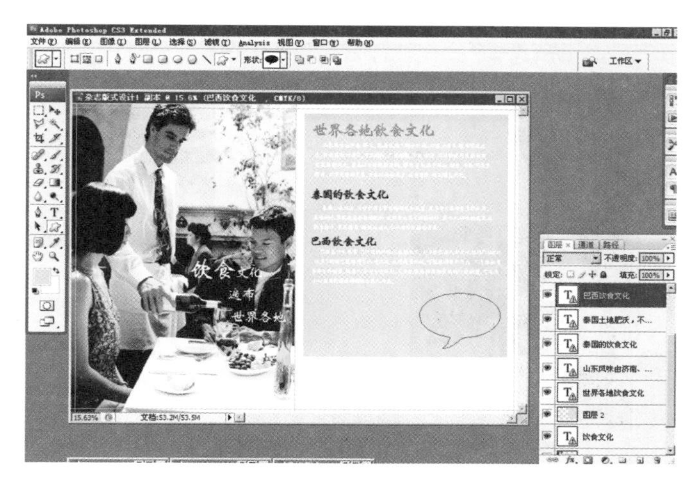

（10）按“Ctrl+Enter”，将路径转换为选区，新建图层3。

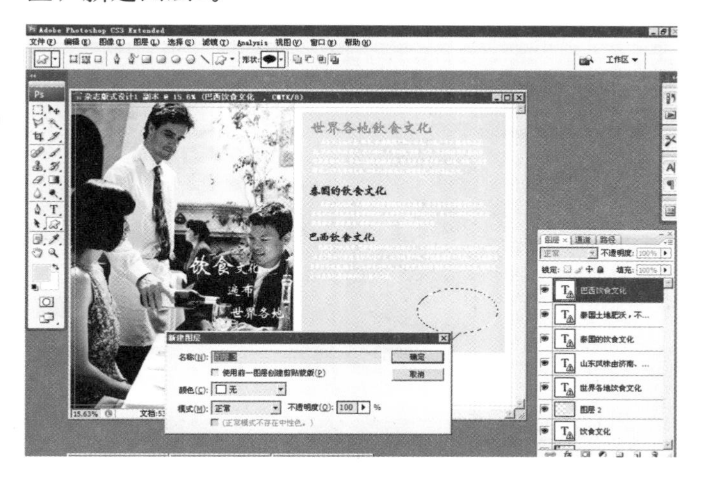

（11）填充红色，双击图层3，调节“斜面和浮雕”参数。

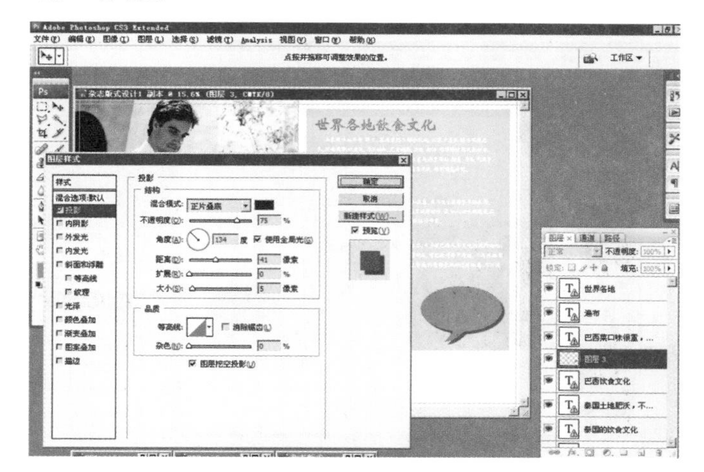

（12）选择“圆角矩形形状”画一个图形路径。

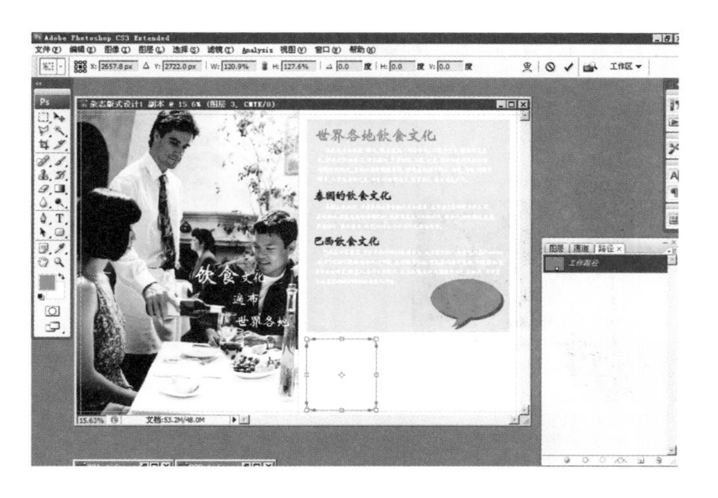

（13）按Ctrl+Shift+N”新建“图层4”。

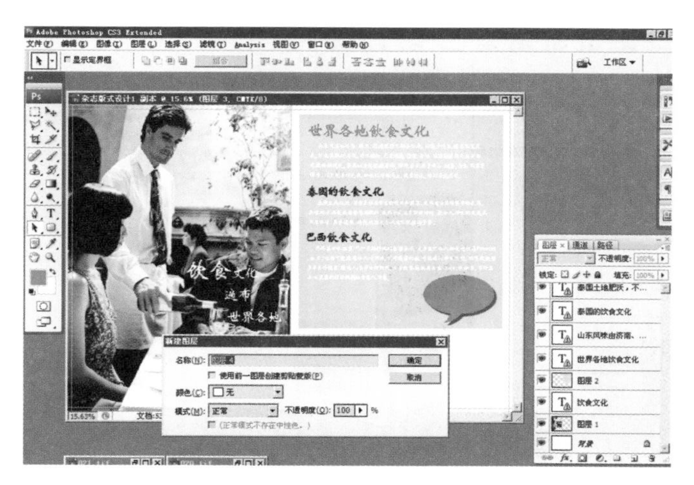

（14）按“Ctrl+Enter”，将路径转换为选区，按“Alt+Enter”前景色填充。

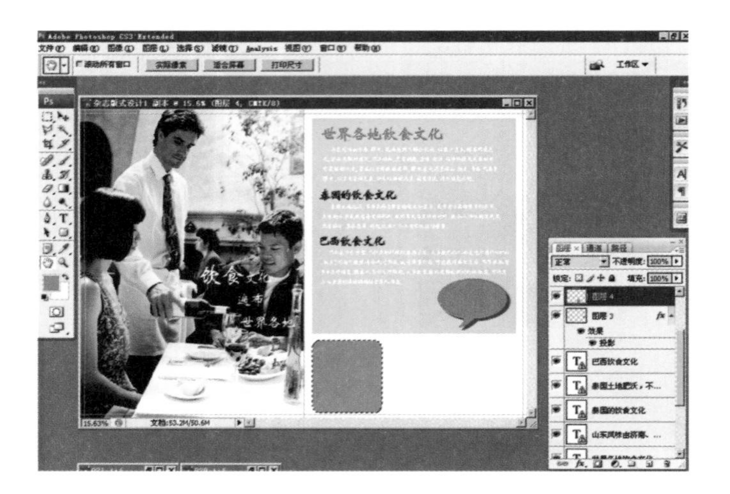

（15）按“文本工具”输入“多行文本”，调节文字大小，文字颜色。

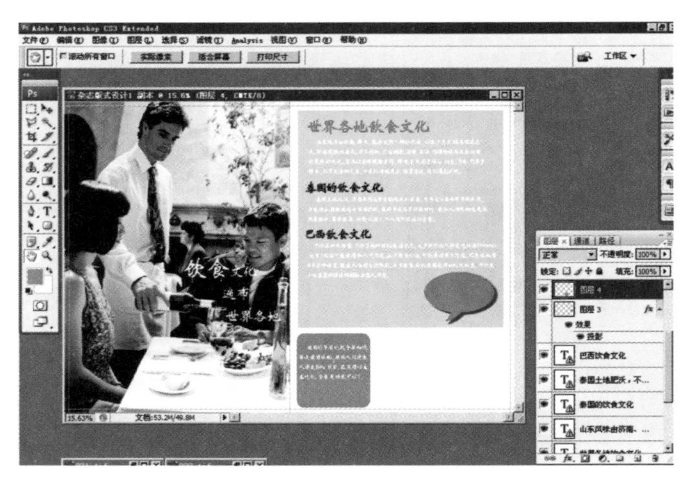

（16）选择“圆角矩形形状”，画一个图形路径。

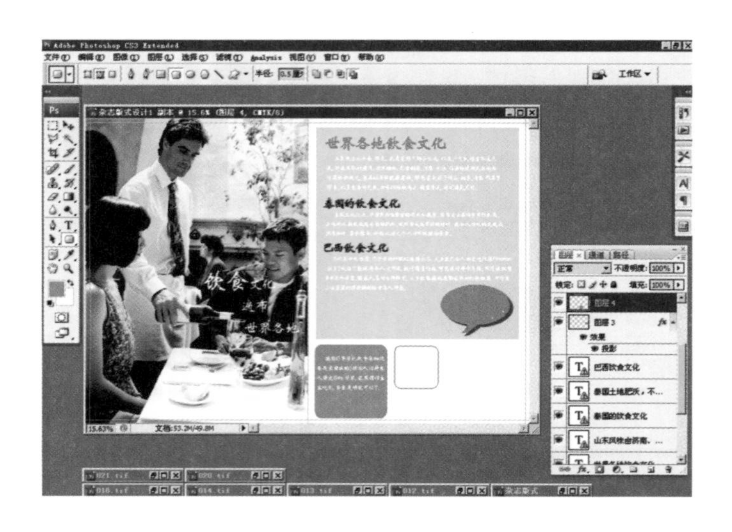

（17）选择素材图像，执行菜单“编辑”|“拷贝”命令。

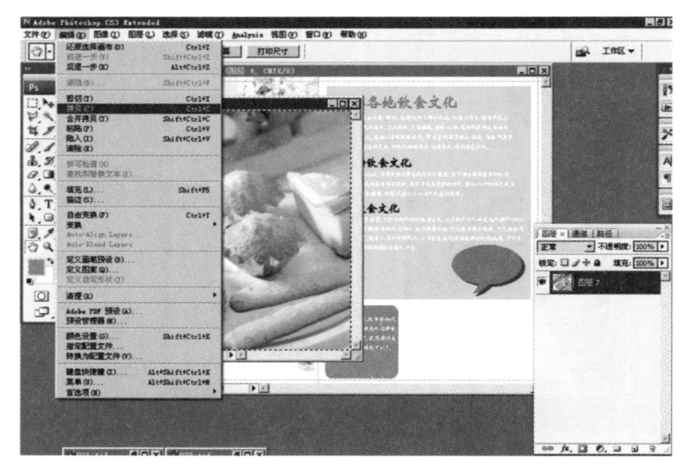

（18）按“Crl+Shift+V”，将图片粘贴入选区内。

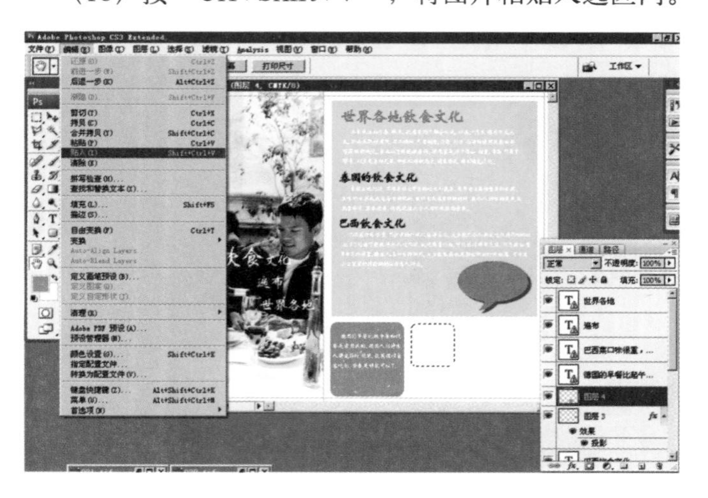

（19）图片粘贴入选区内，如下图。

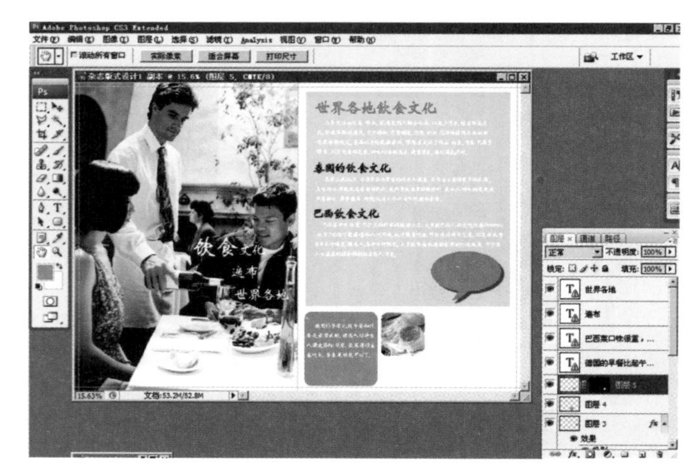

（20）重复以上几步，填充其他图片。

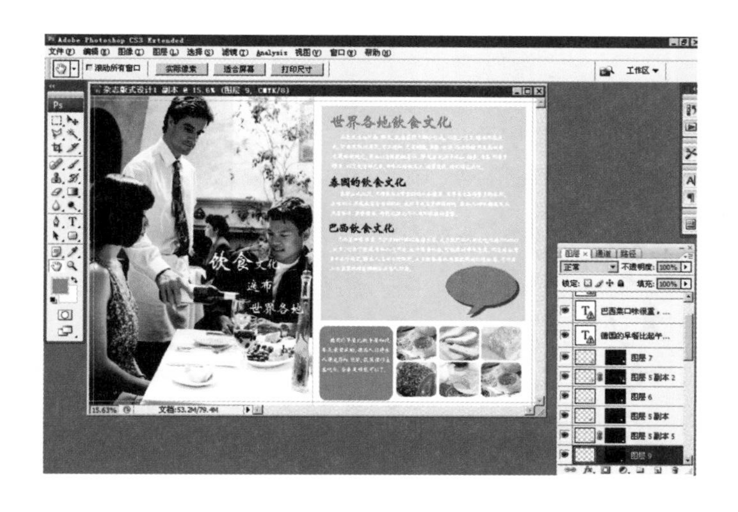

（21）按“Ctrl+Enter”，将路径转换为选区，按“Alt+Enter”填充。

（22）输入“文本”，调节文字大小，文字颜色，最终完成。

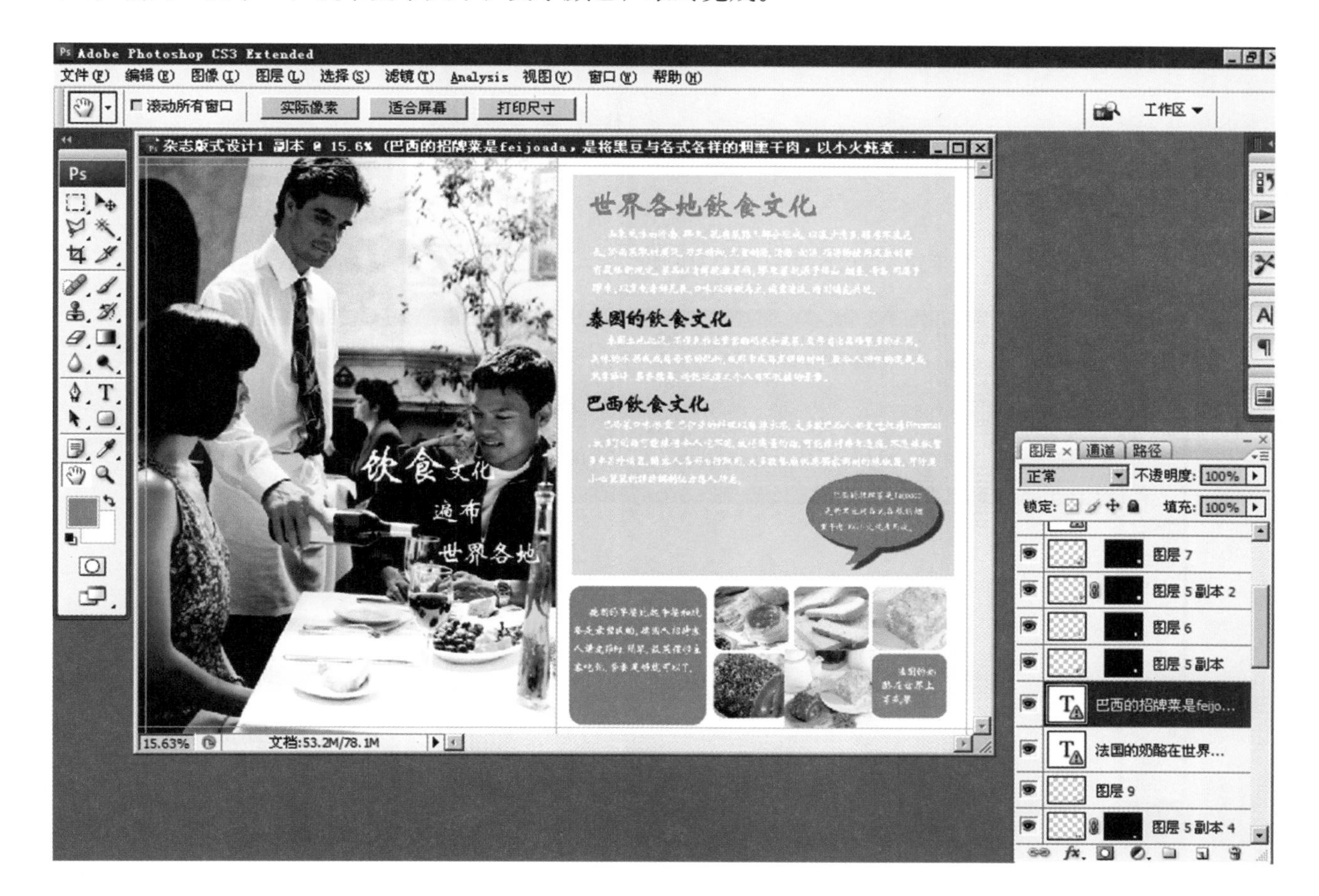

5.2 小说封面设计

（1）执行“文件”|“新建”，建立一个“1000像素×600像素”空白文档。

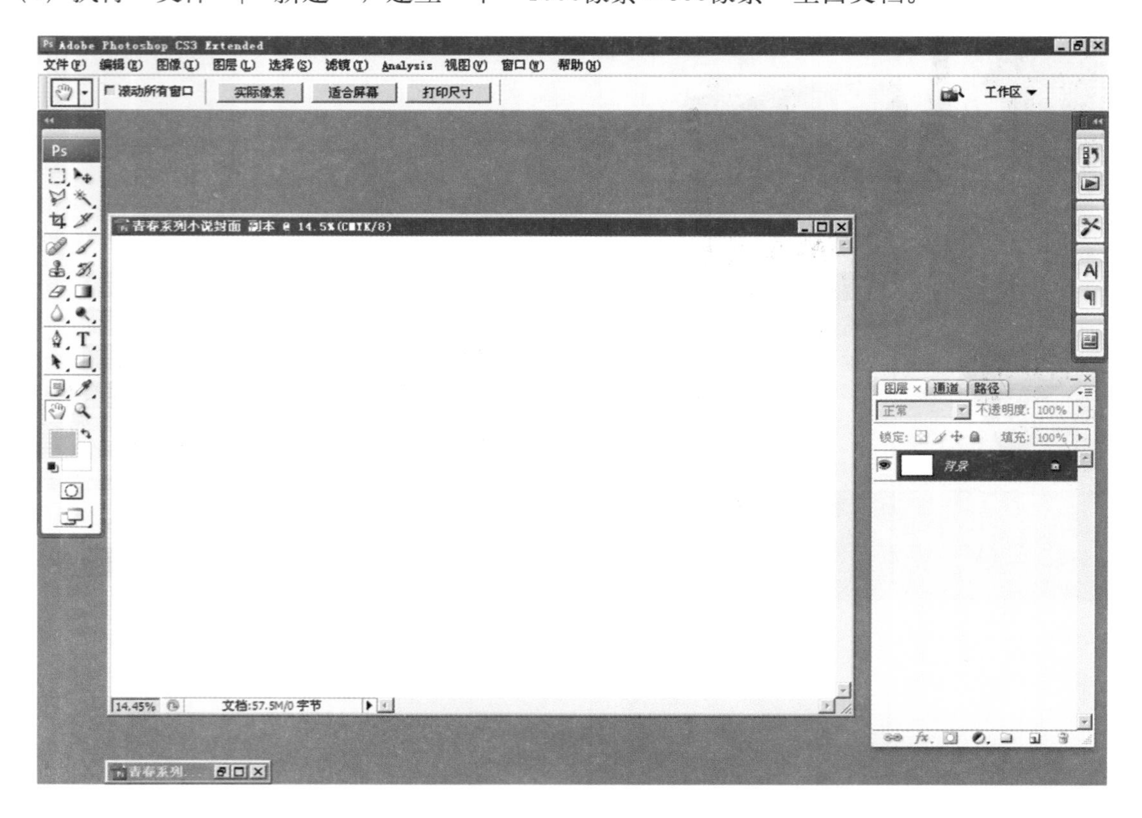

(2) 按“Ctrl+R”显示标尺，拉出三条垂直辅助线。

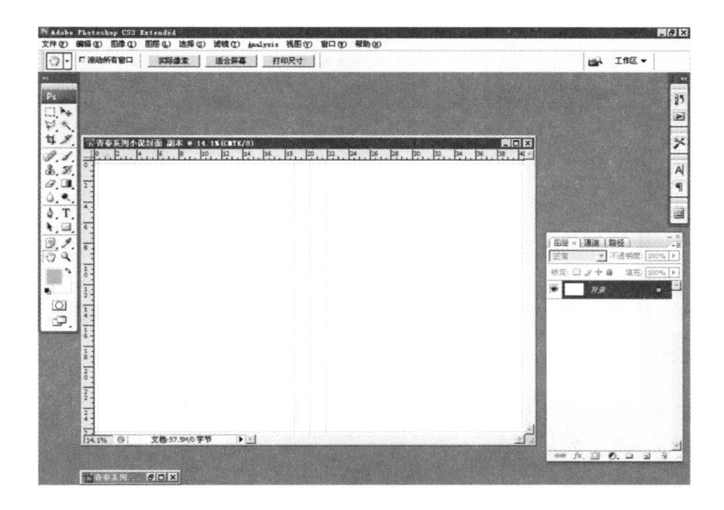

(3) 按“Ctrl+R”显示标尺，拉出三条垂直辅助线。

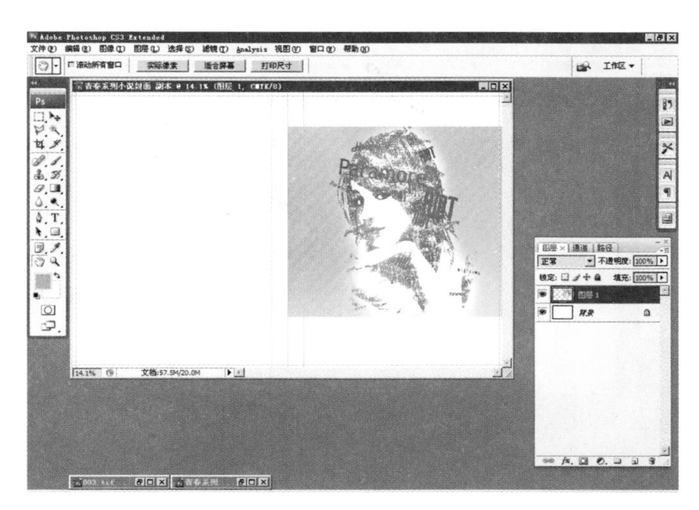

（4）打开一张人物图片素材。

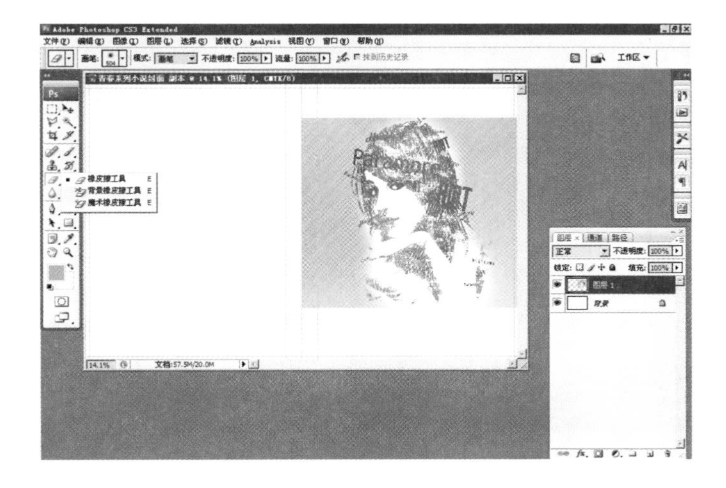

（5）选择“橡皮擦”工具，调节主直径为40，硬度值为0。

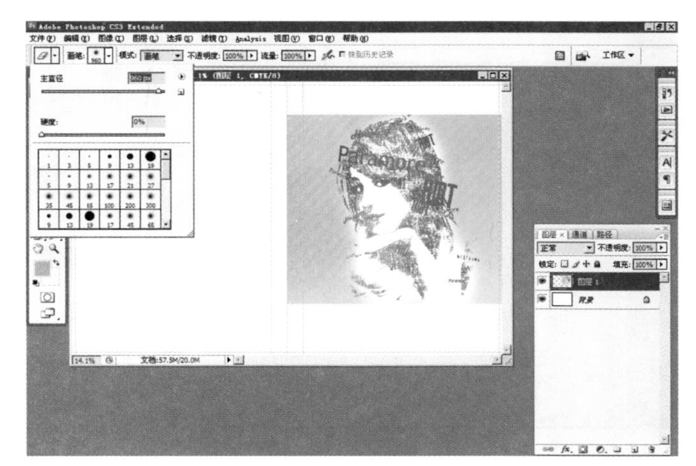

（6）在人物素材边缘擦除，图像边缘羽化效果。

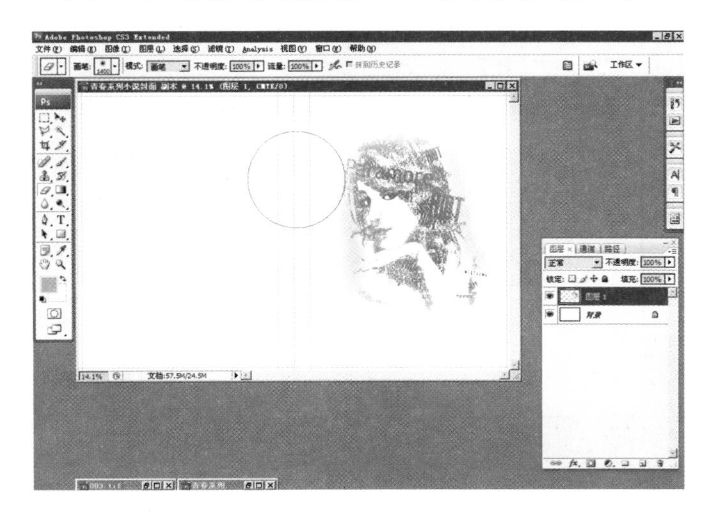

（7）按“Ctrl+T”缩小图像大小。

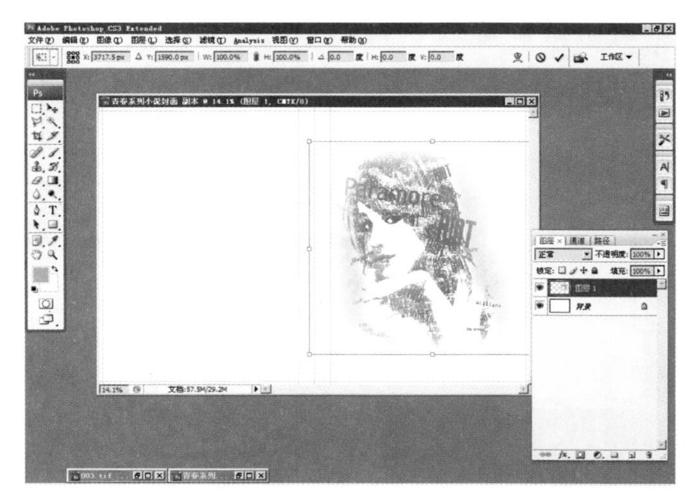

（8）按“文本工具”输入“梦幻女孩”。

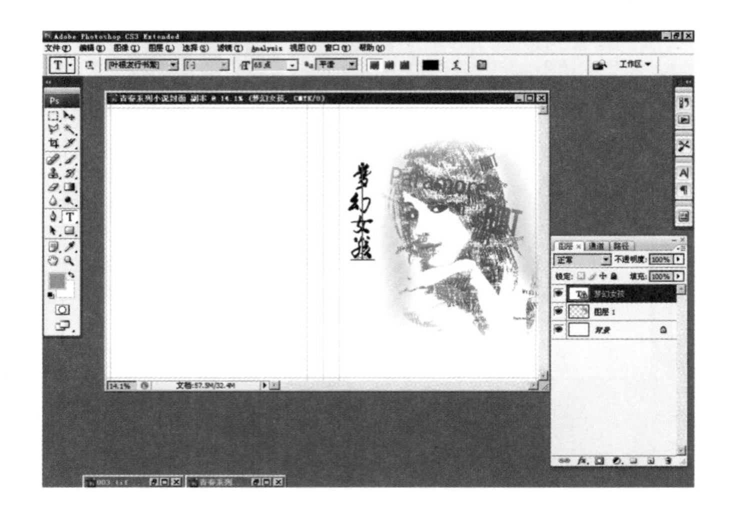

（9）输入多行文本，调节文本位置。

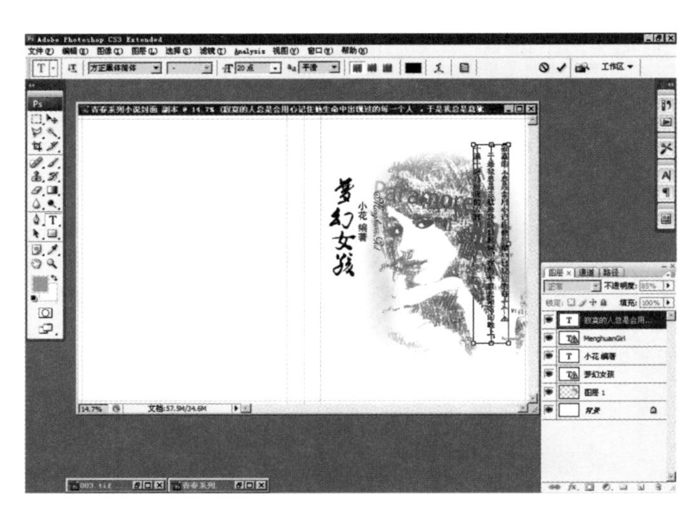

（10）导入素材，调节色调。

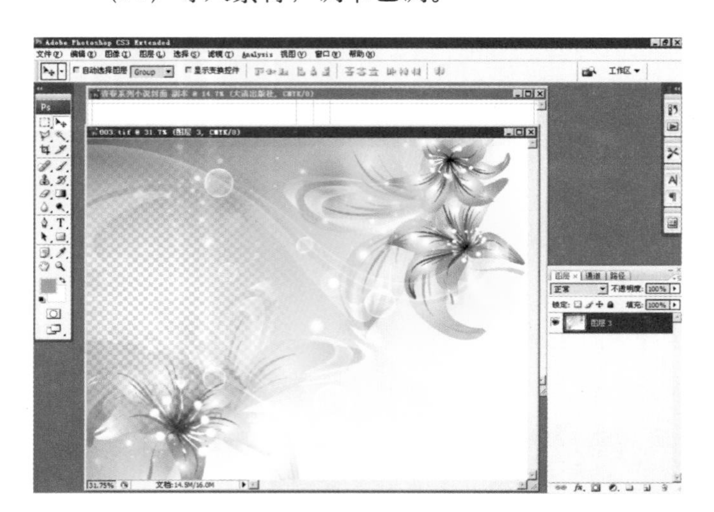

（11）调整花卉位置，画出矩形选区。

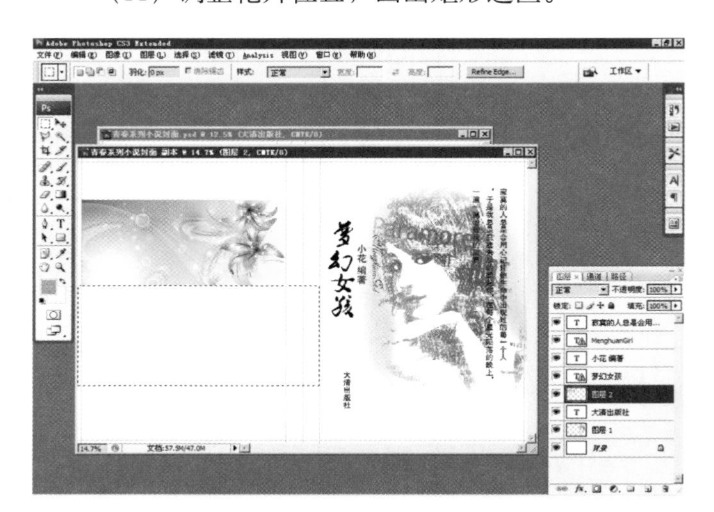

（12）按“Ctrl+M”调节图片颜色。

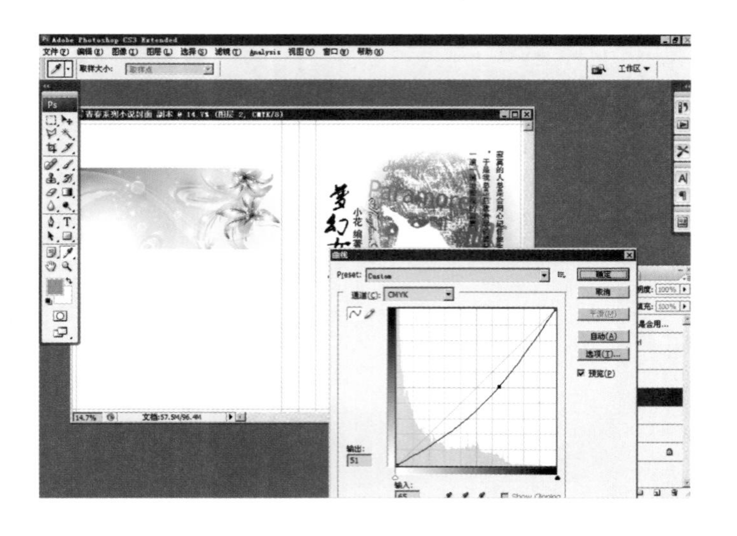

（13）按“文本工具”输入“多行文本”。

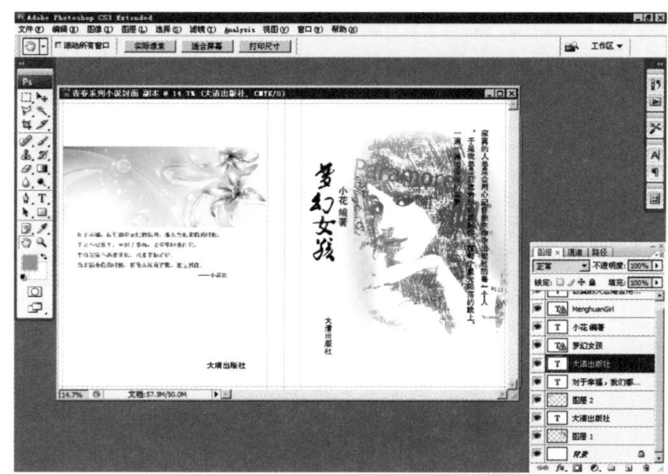

（14）按“Ctrl+H”隐藏辅助线。

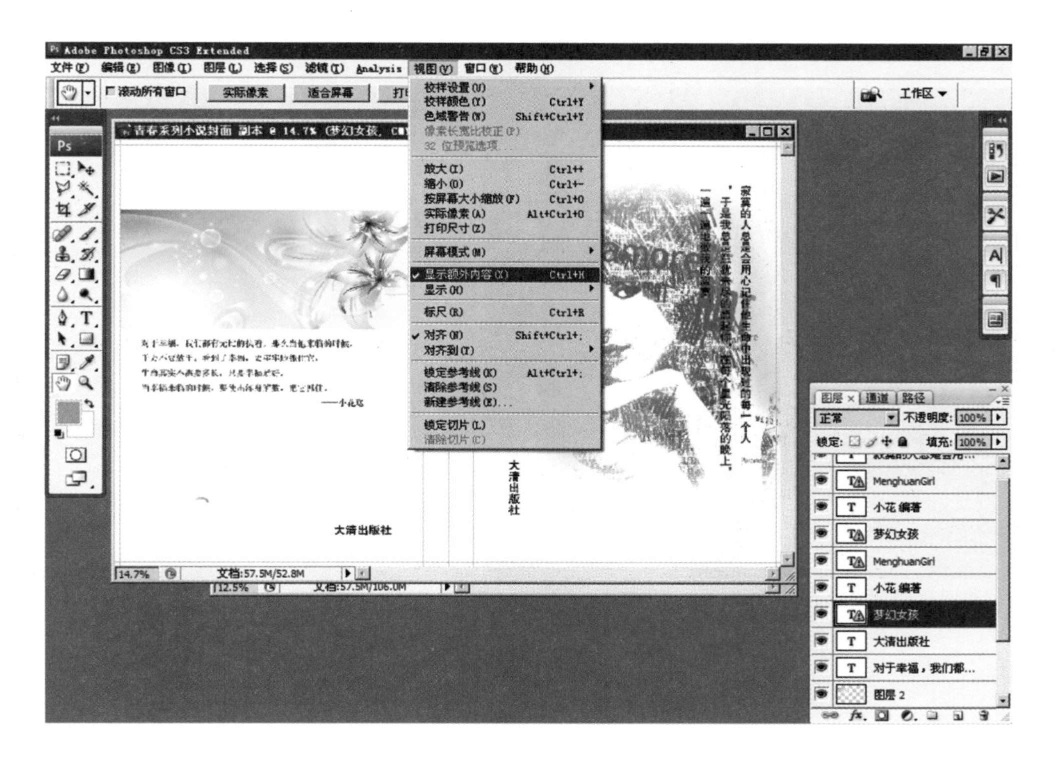

（15）调整图像及文字图层，直至完成。

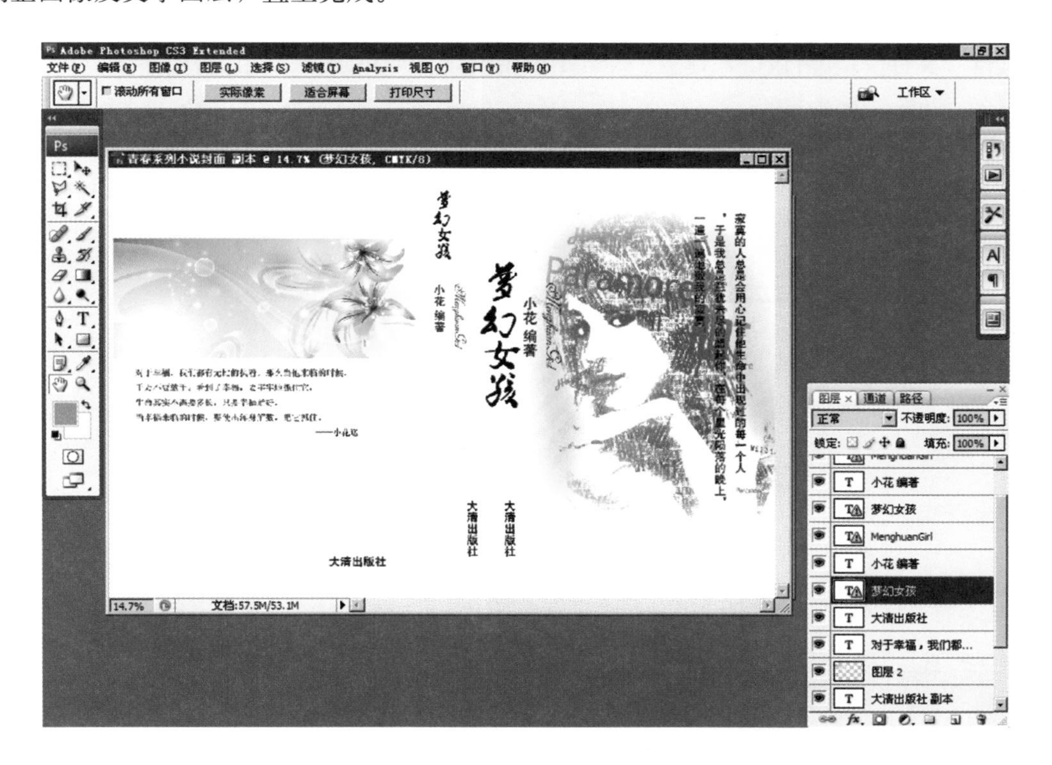

5.3 古书排版设计

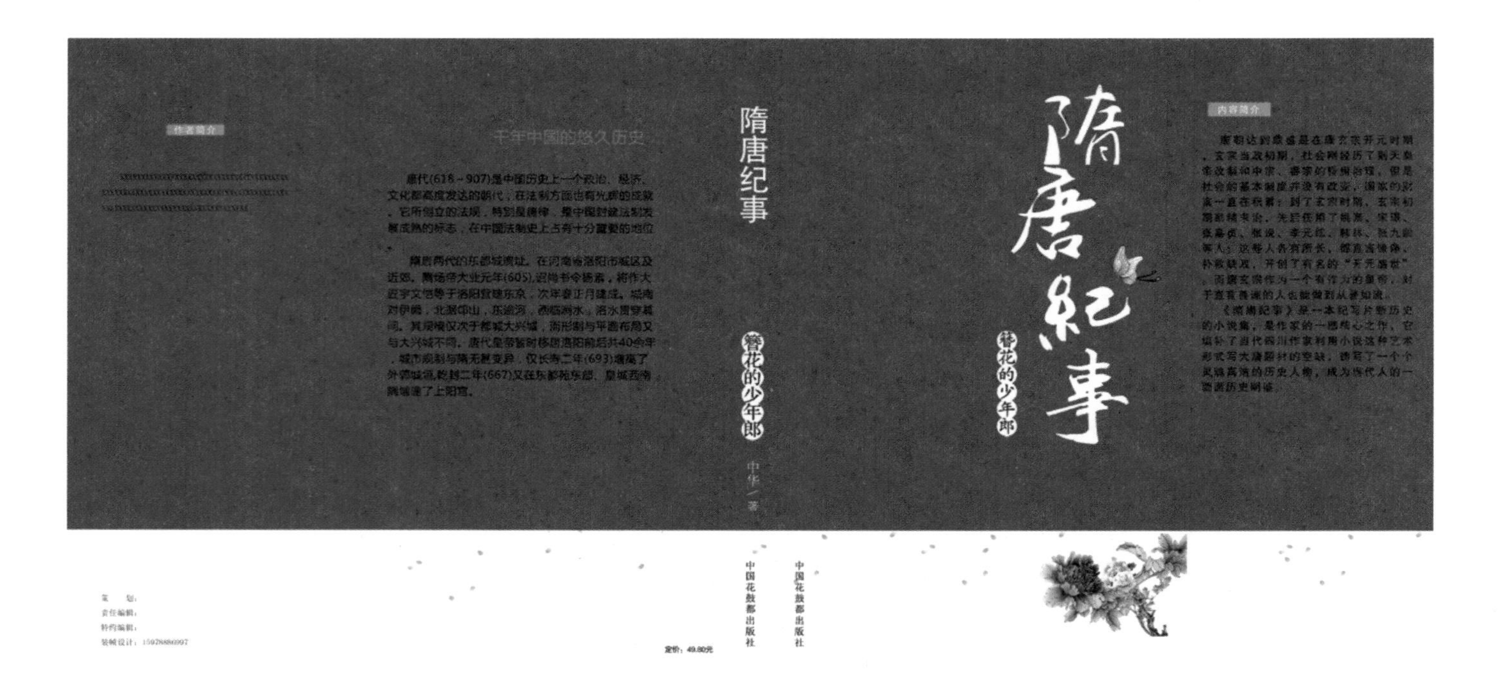

（1）执行“文件”|“新建”，建立一个“1000像素×1000像素”空白文档。

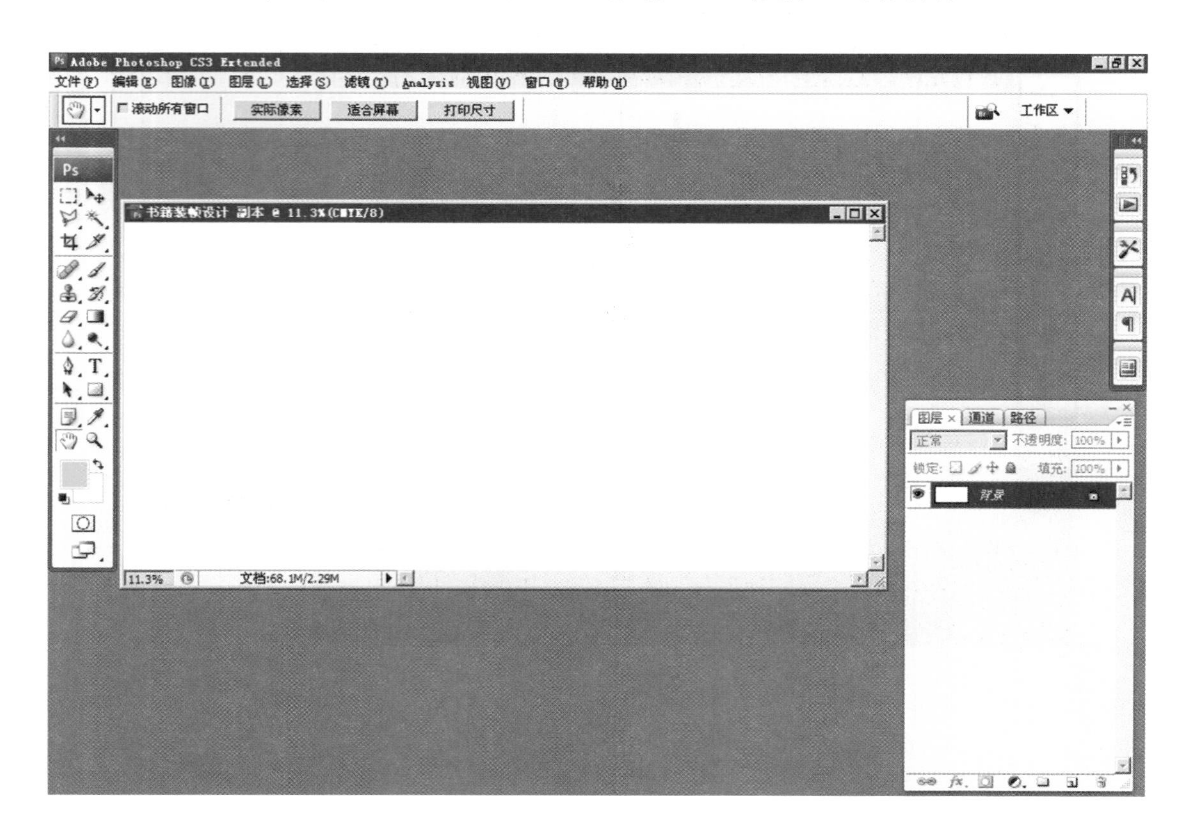

（2）按“Ctrl+R”显示标尺。

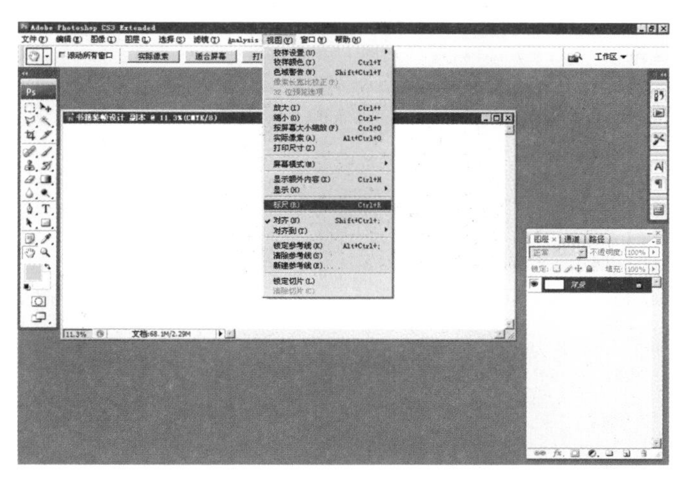

（3）拉出6根辅助线。

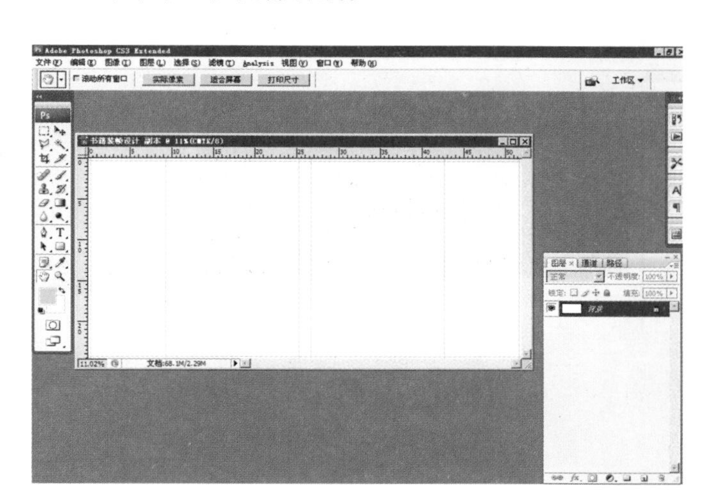

（4）按Ctrl+Shift+N”新建“图层1”。画出矩形选区。

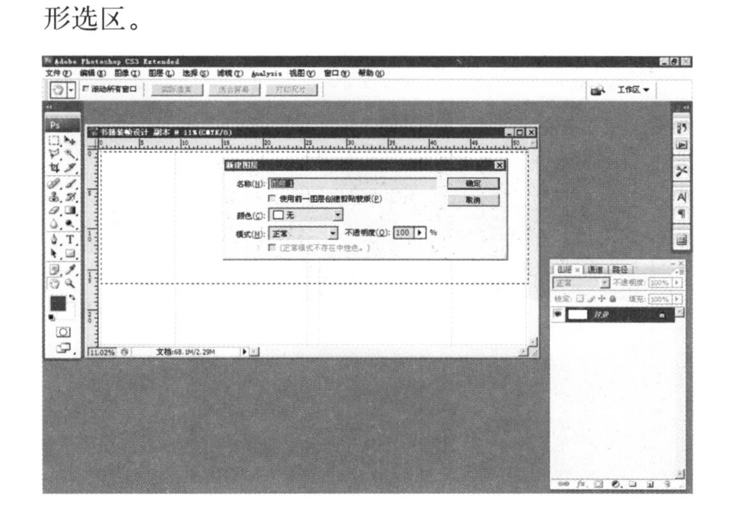

（5）按Ctrl+Delete”填充褐色。

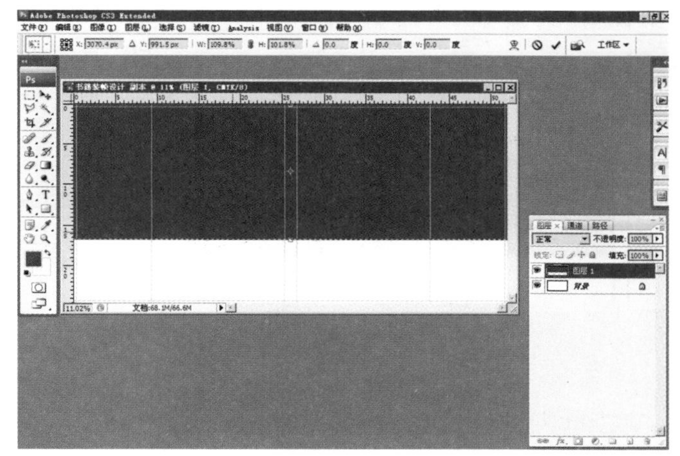

（6）打开素材。

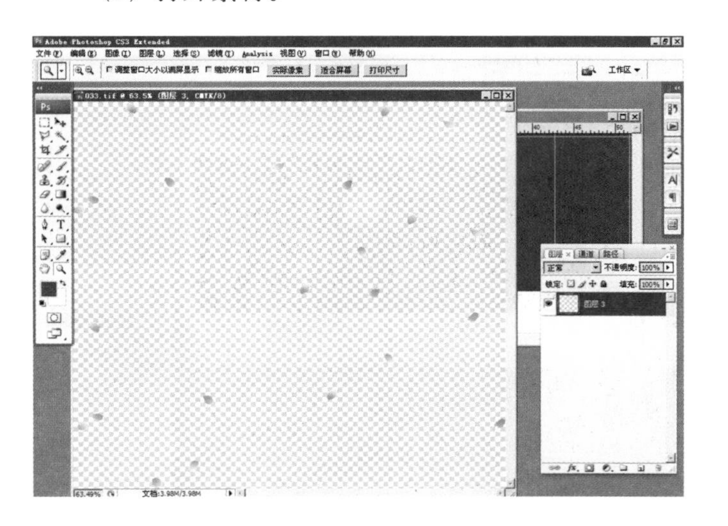

（7）将图片拖到页面中。

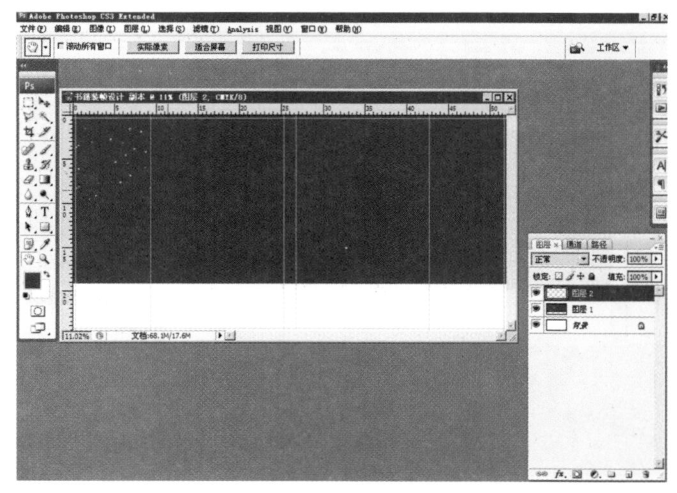

（8）复制多个“花”图片。

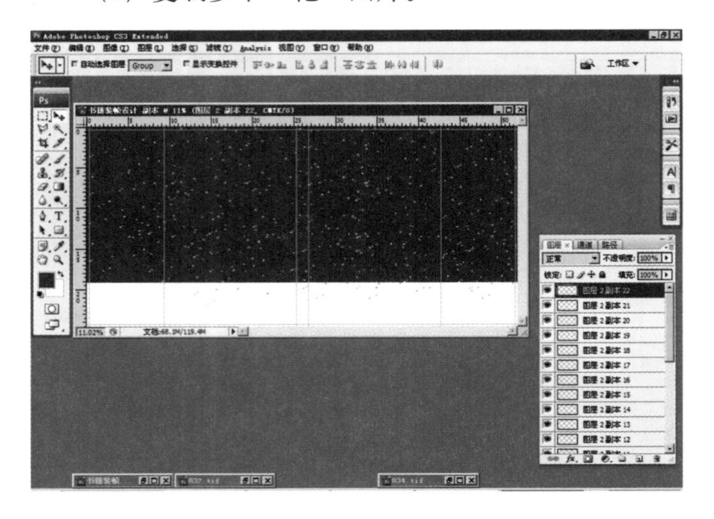

（9）按“Ctrl+E”合并多个“花”图片。

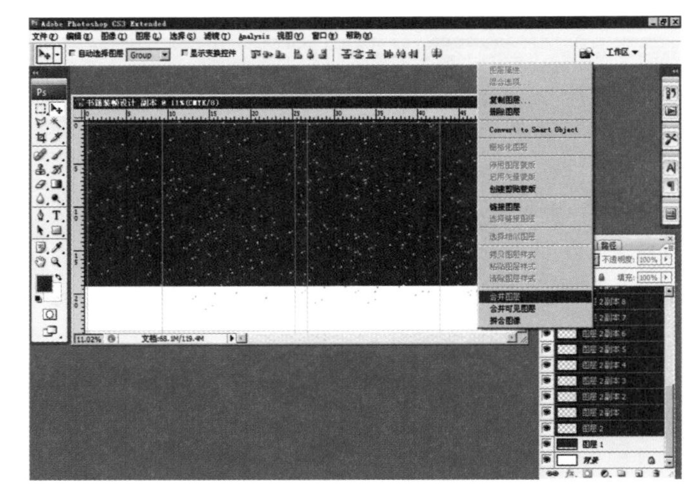

（10）点击“花”图层，选择“线性加深”模式。

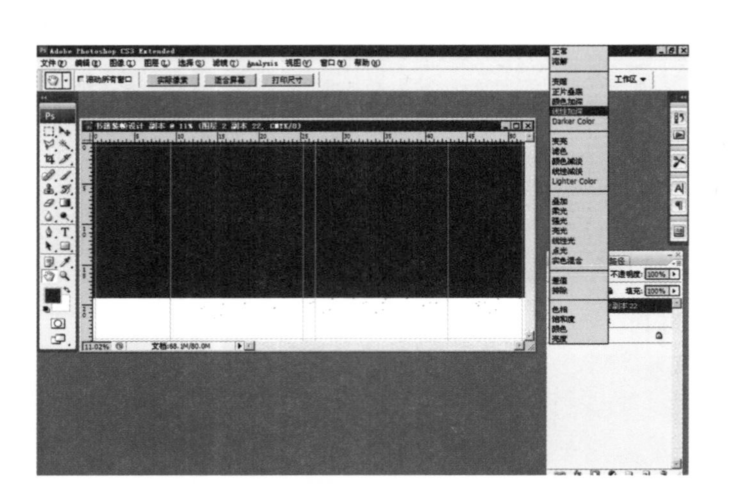

（11）输入文字，调节字体为“行书”。

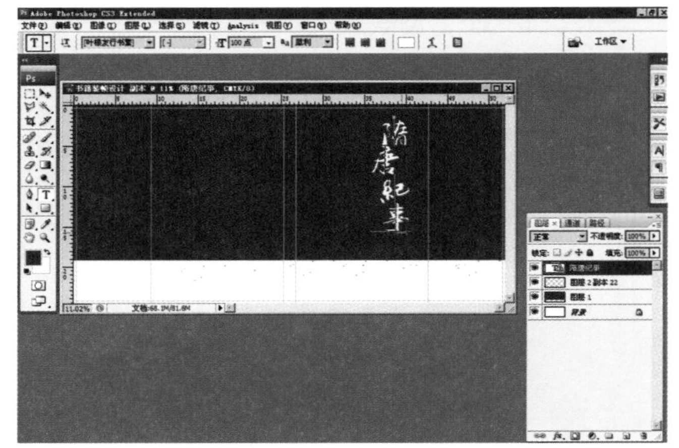

（12）选择“圆形选区工具”，画出圆形选区。

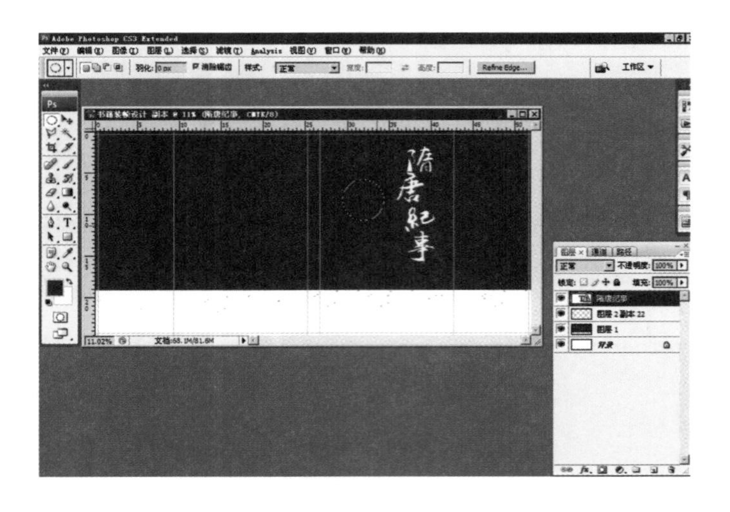

（13）新建 “图层2”，填充白色。

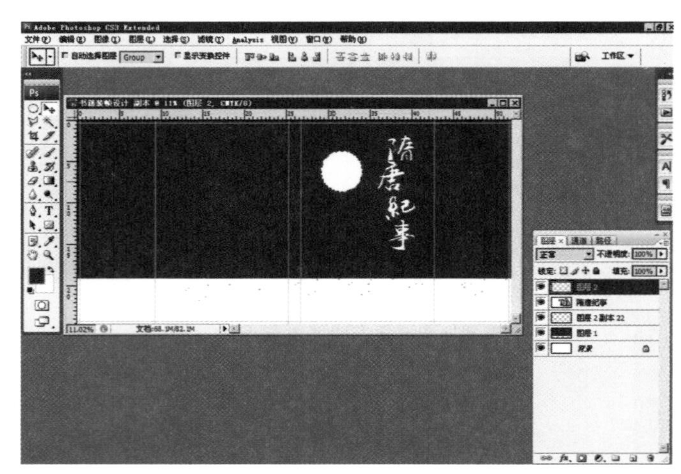

（14）复制多个圆形，按“Ctrl+T”调整图形大小。

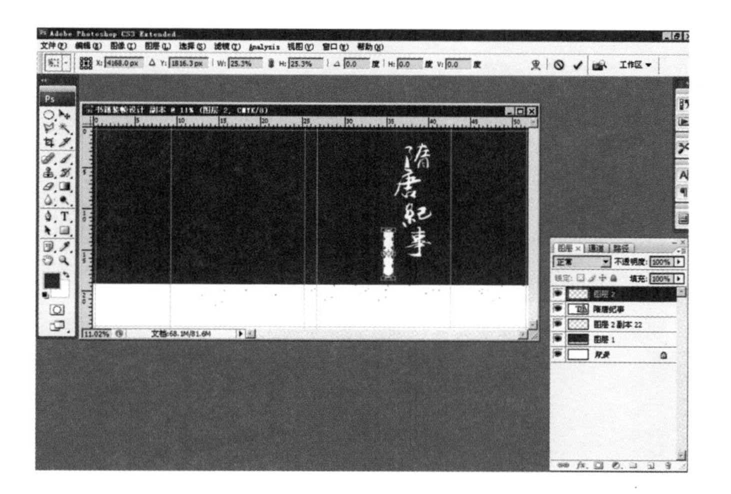

（15）输入文本，字体为黑色。

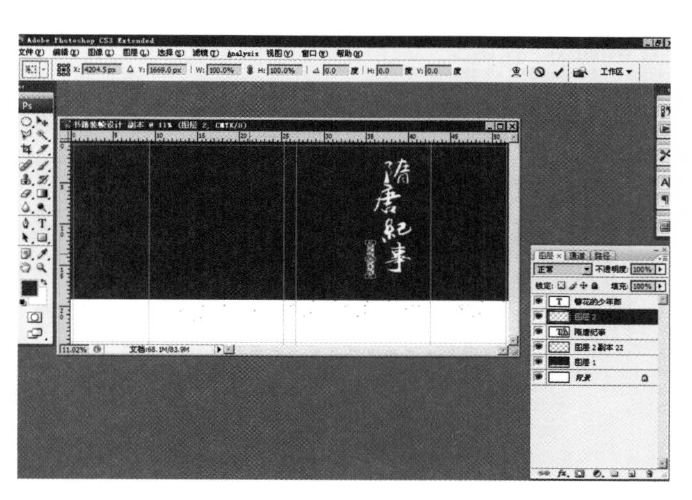

（16）调入素材，移动到合适位置。

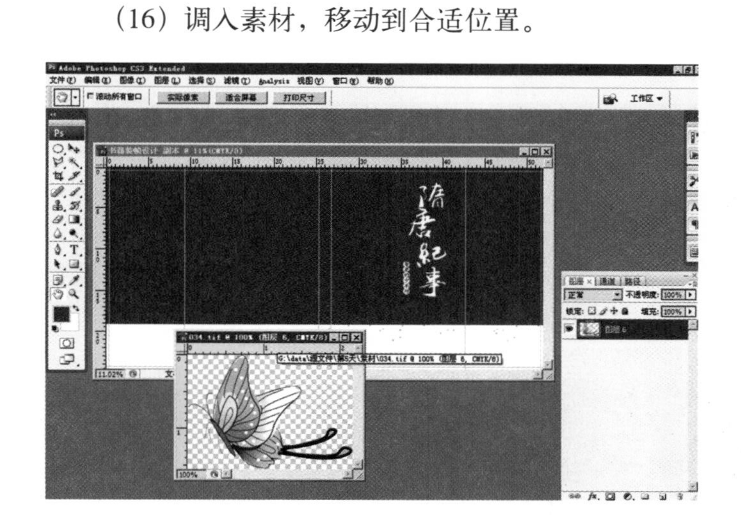

（17）按“Ctrl+Shift+N”新建图层，画一个矩形选区。

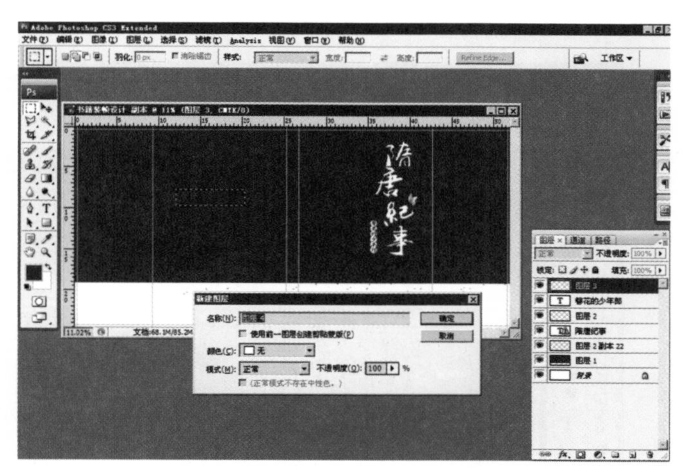

（18）按“Alt+Delete”填充前景色。

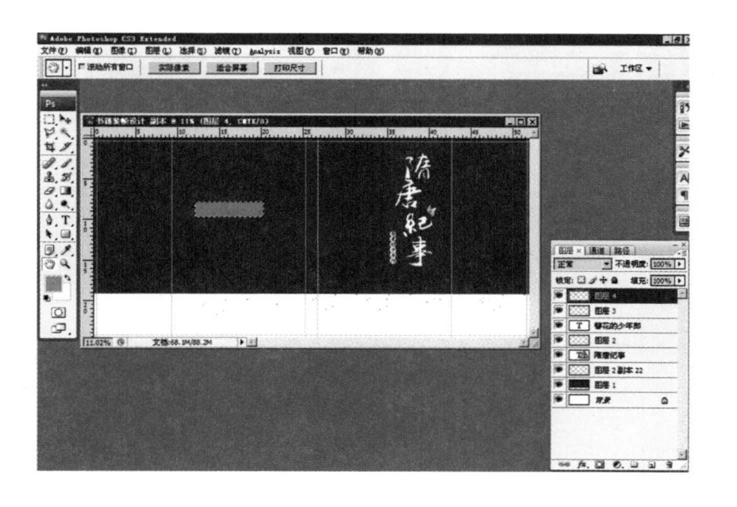

（19）点击“文本工具”输入文字文本。

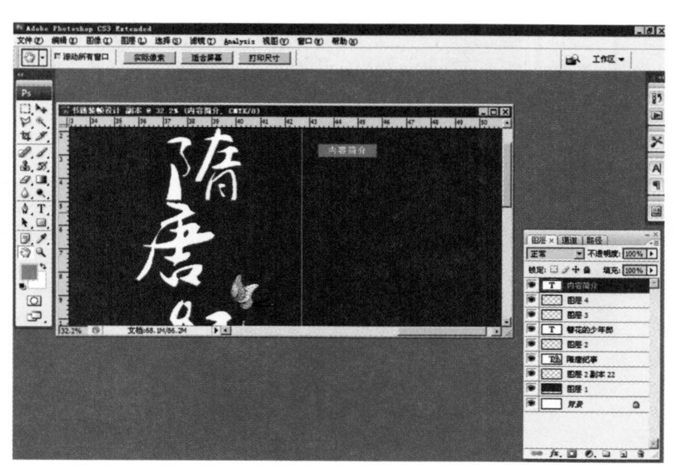

（20）调节文本大小、间距、行距。

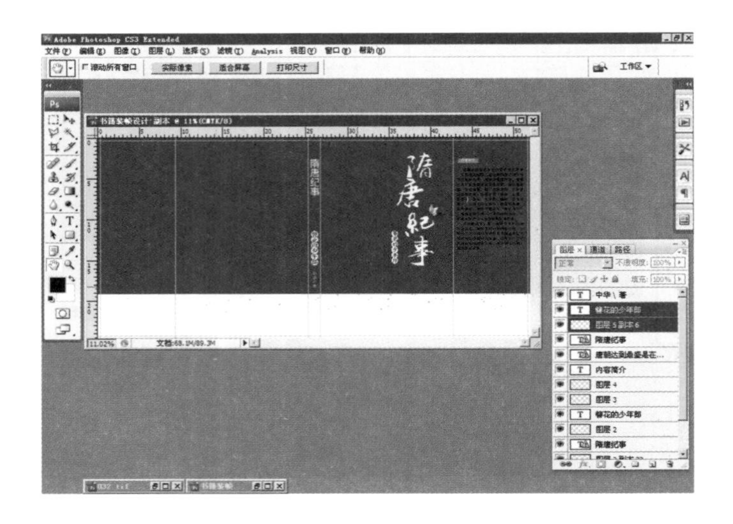

（21）输入多行文本，调节字体颜色为黑色。

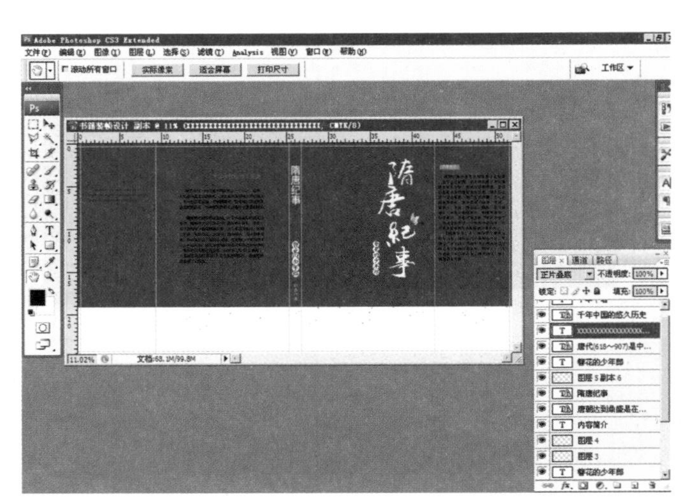

（22）调入花卉，按“Ctrl+T”变换图像，直到完成。

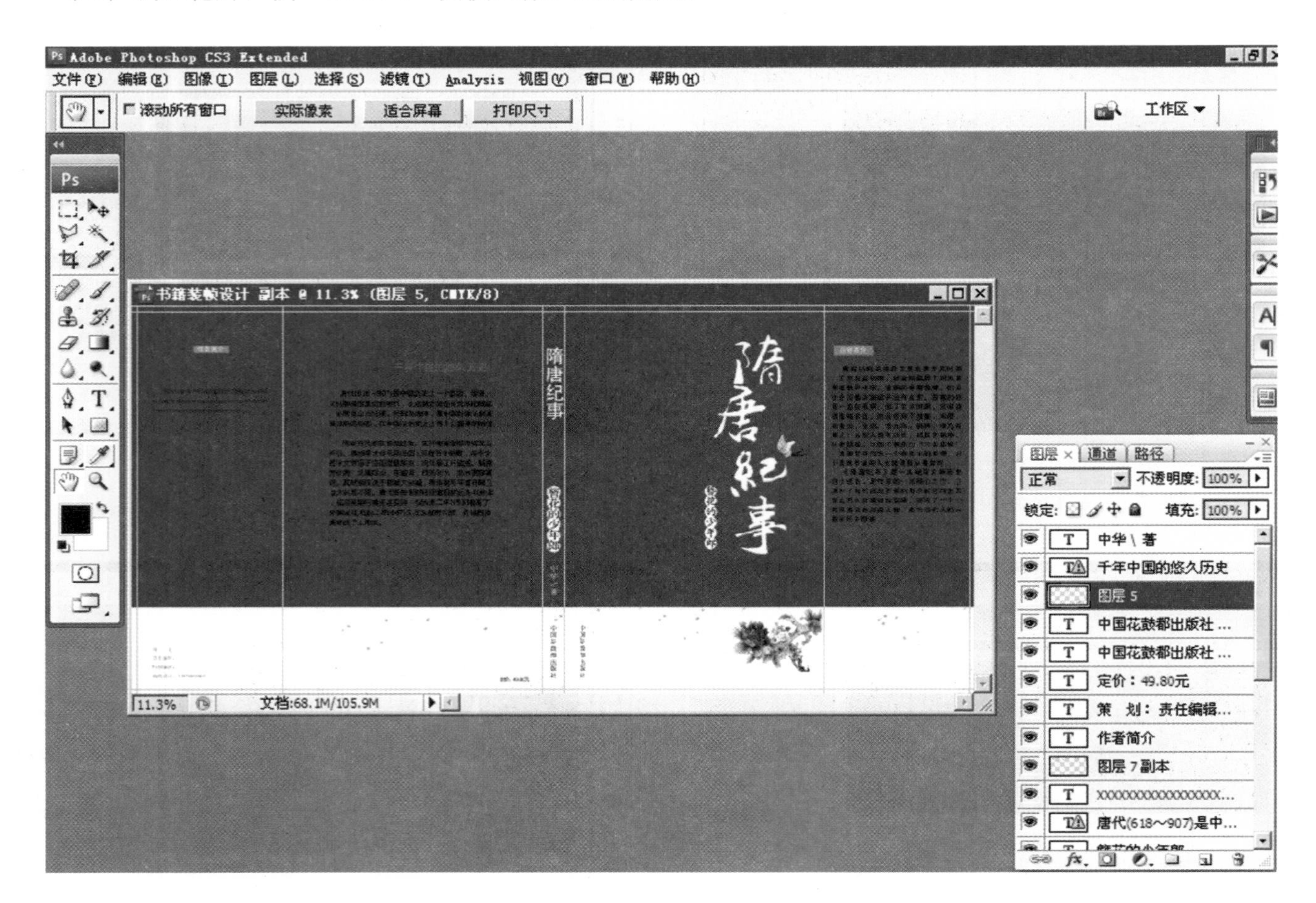

5.4 生活类书籍设计

（1）执行“文件”|“新建”，建立一个A4空白文档。

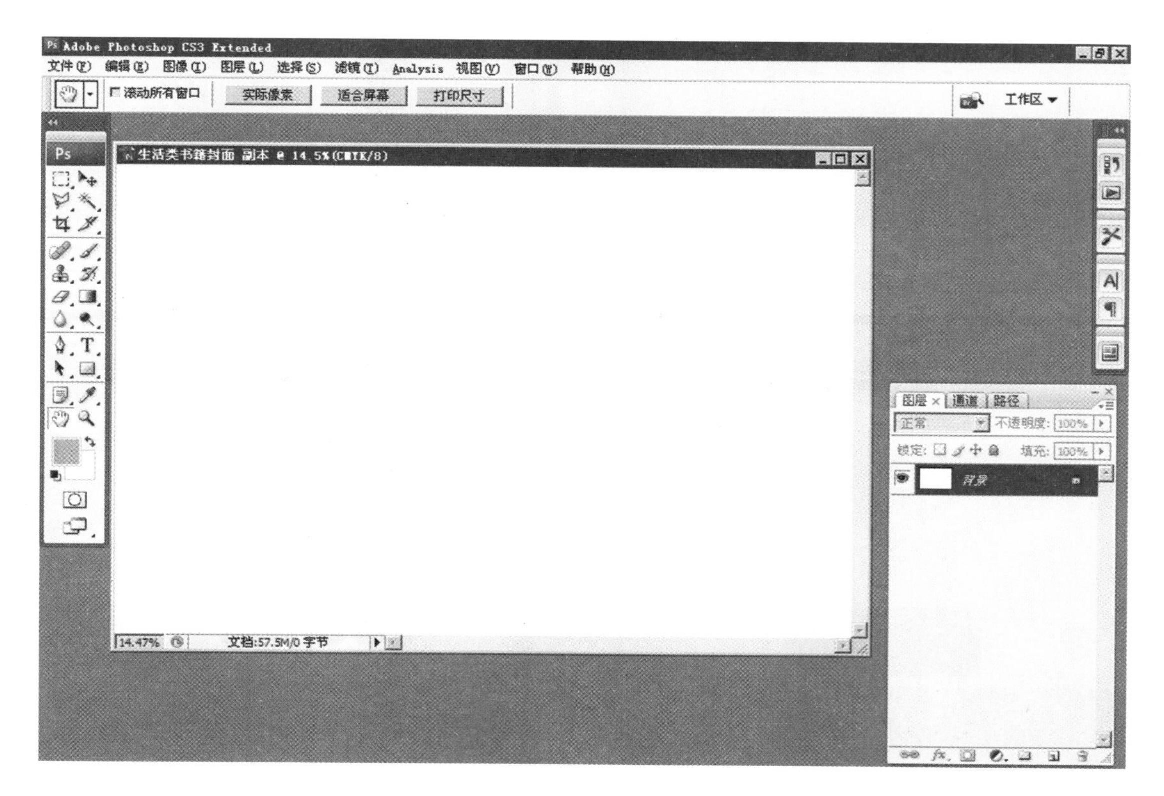

（2）打开人物素材。

（3）点击“矩形选区工具”，绘制矩形选区，按“Ctrl+Alt+D”羽化选区为15。

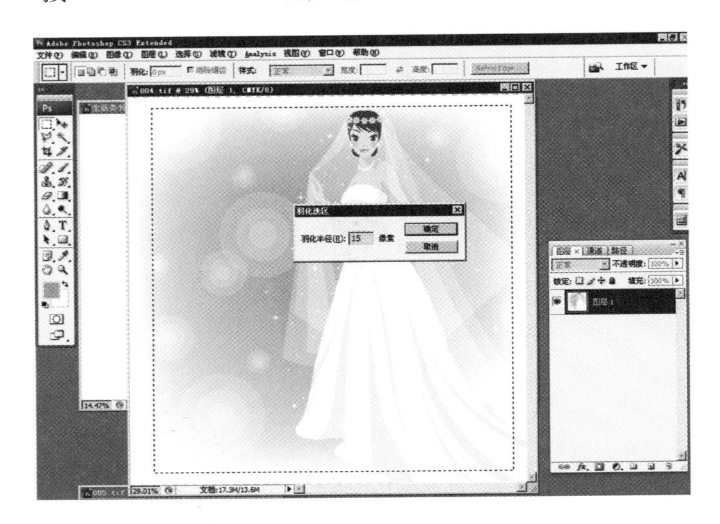

（4）拉出3根辅助线，移进图像。

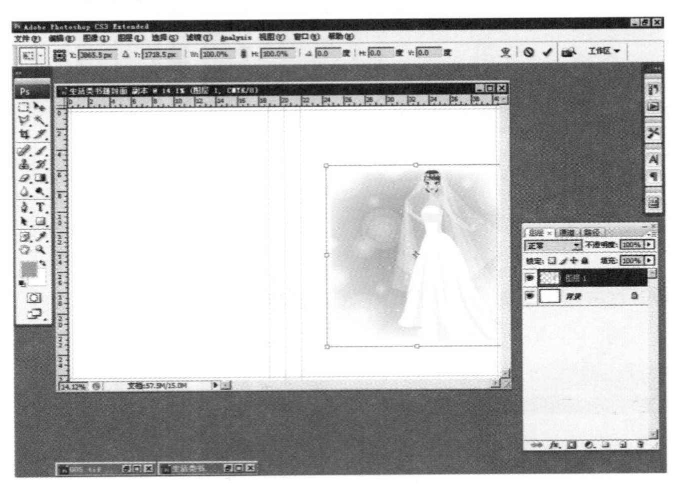

（5）按Ctrl+Shift+N”新建“图层1”，画出矩形选区。

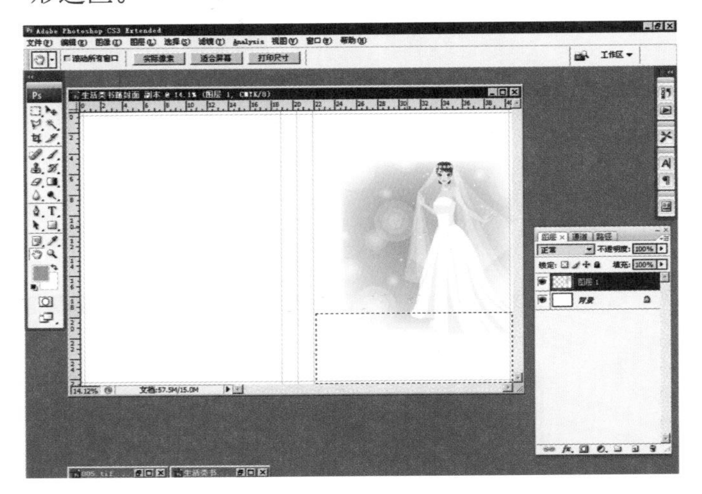

（6）填充背景为红色，选择圆形画笔。

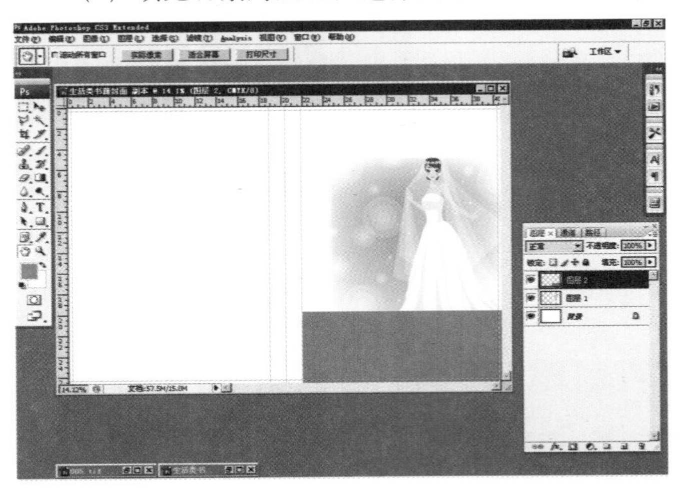

（7）调节画笔间距、大小。

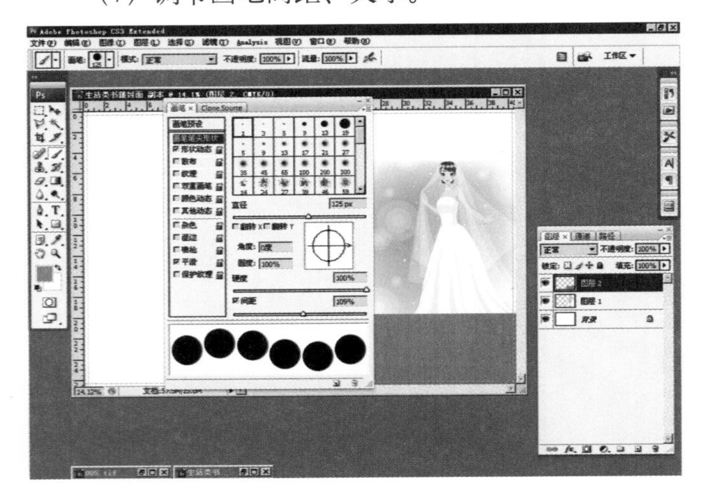

（8）选择画笔，按“Shift”绘制红点阵列。

（9）输入文字文本。

（10）输入其他文字文本，填充文本颜色。

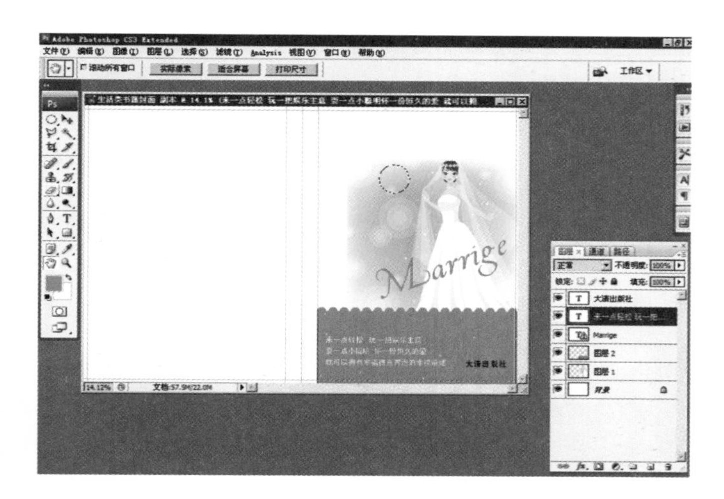

（11）按Ctrl+Shift+N”，新建“图层3”。

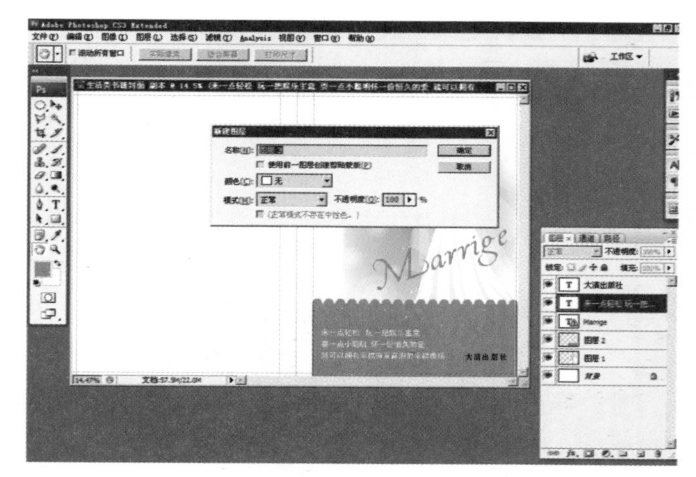

（12）画出圆形选区，填充红色。

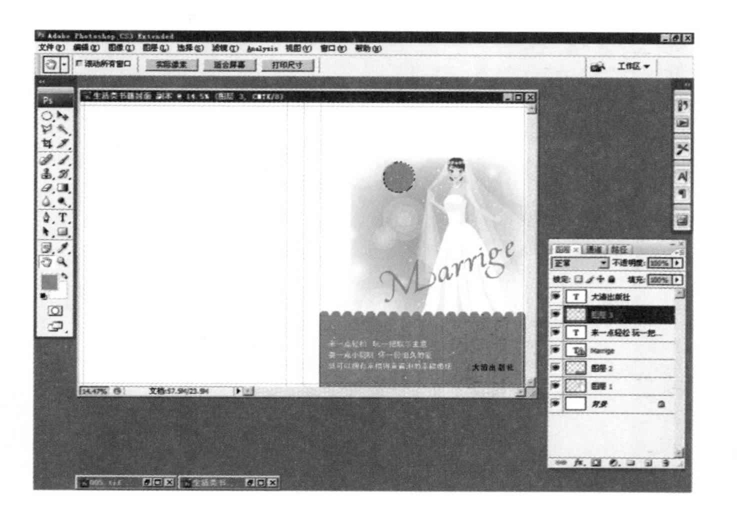

（13）输入文字文本，调整颜色。

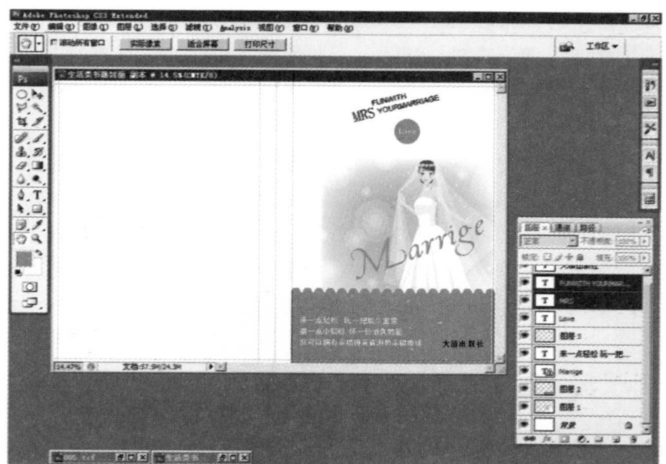

（14）再次输入文字文本，调整颜色。

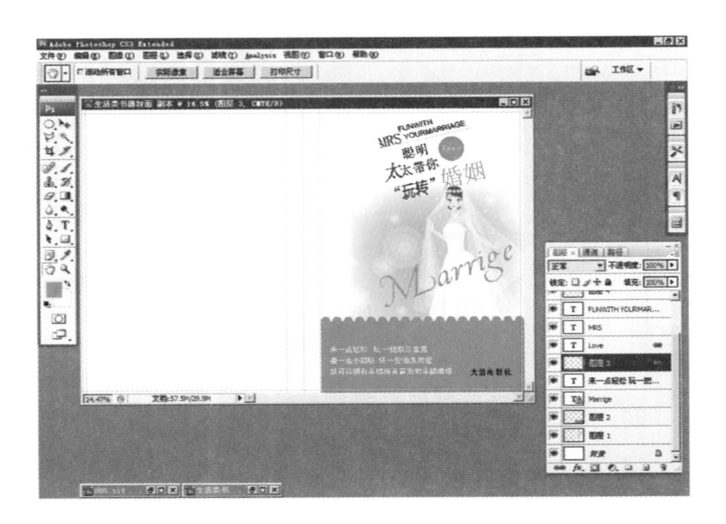

（15）再次输入文字文本，调整颜色。

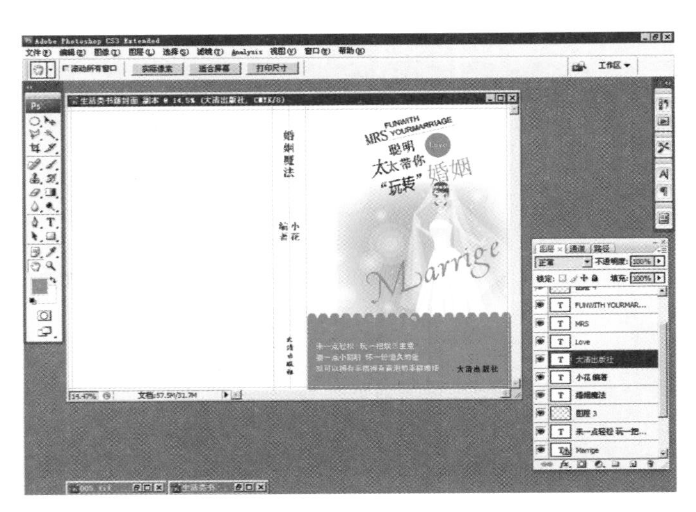

（16）点击“矩形选区工具”绘制矩形选区。

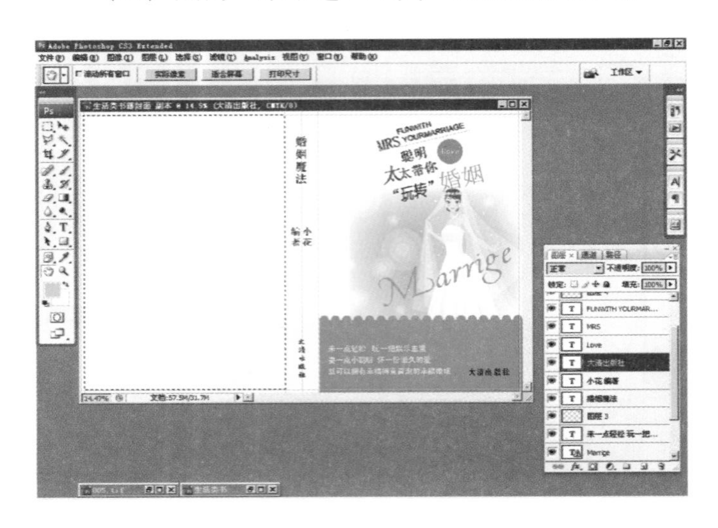

（17）按Ctrl+Shift+N”新建“图层5”。

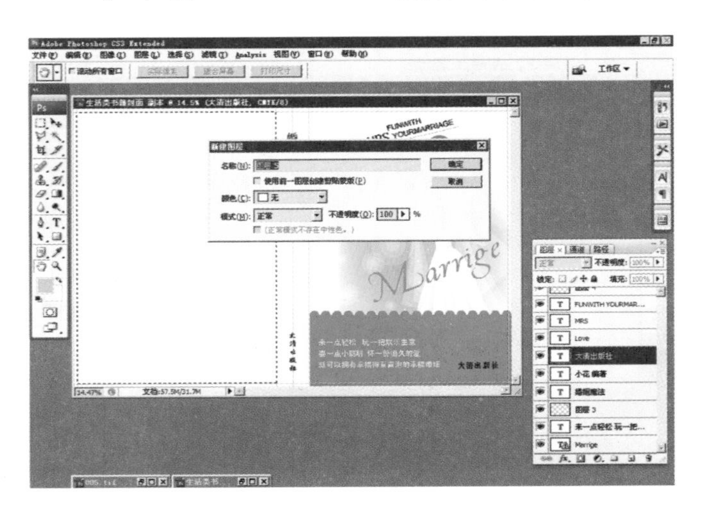

（18）填充浅红色。

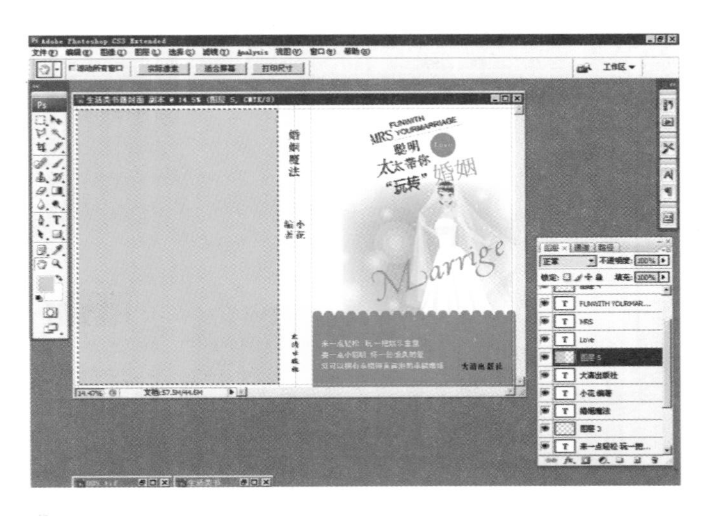

（19）打开人物素材。

（20）选择图像调整到适合位置。

（21）输入文字，调整色调直到完成。

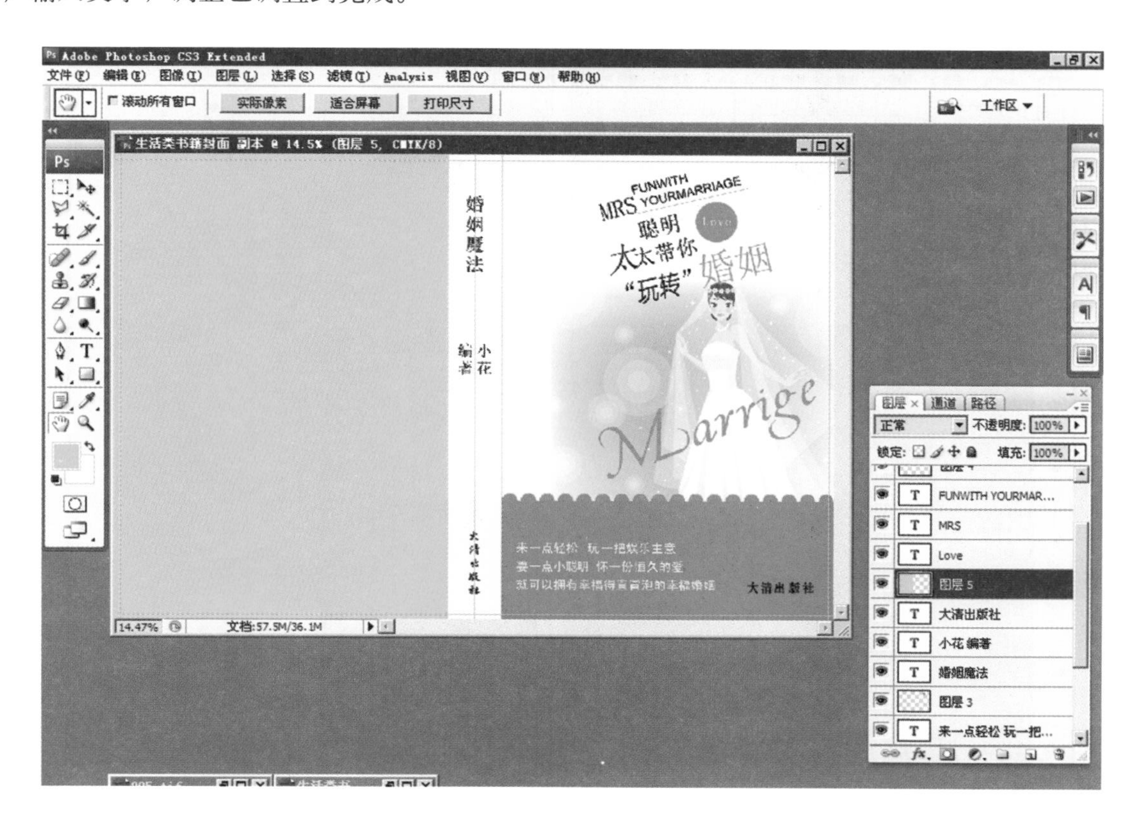

第6章 特效设计篇

6.1 火焰文字

（1）执行“文件”|“新建”命令，建立一个“1000像素×1000像素”空白文档。

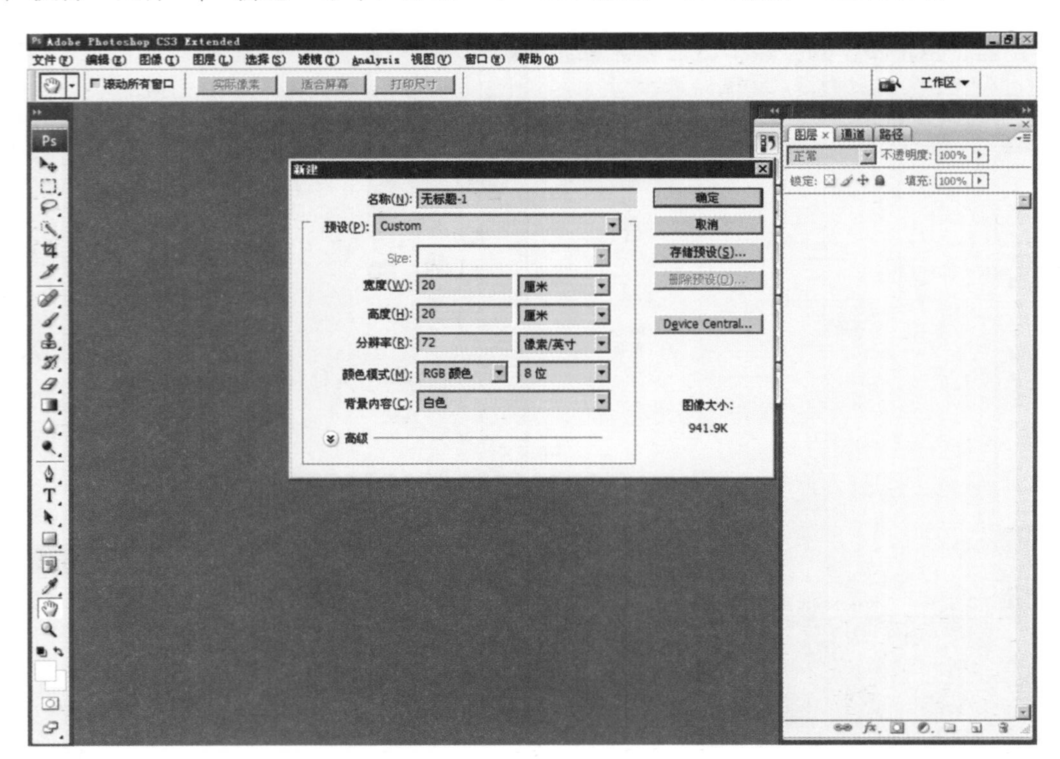

(2) 将背景色填充黑色，输入白色“火焰字”文字。

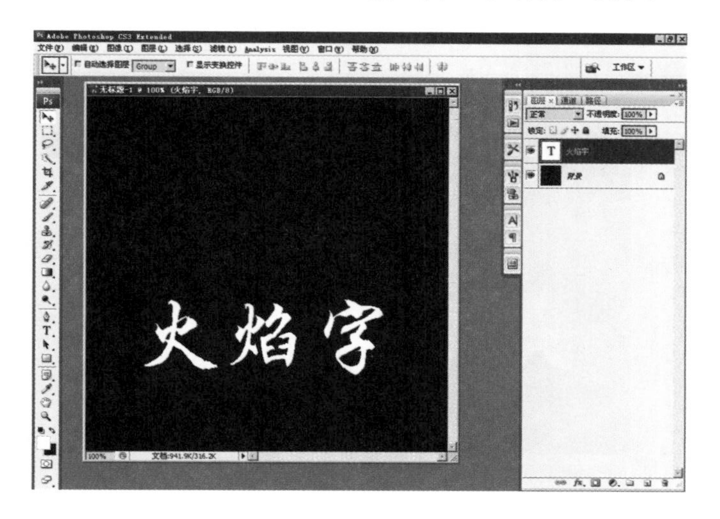

(3) 按Ctrl+E，合并图层，旋转画布“顺时针90”度。

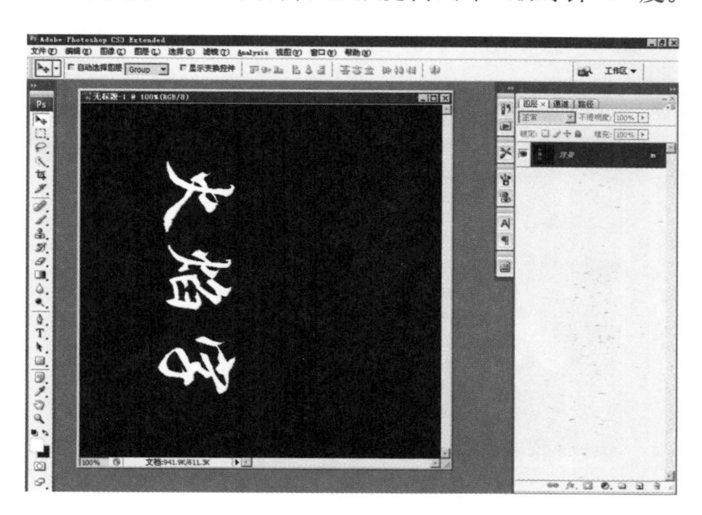

（4）点击菜单“滤镜”|“风格化”|“风”命令。

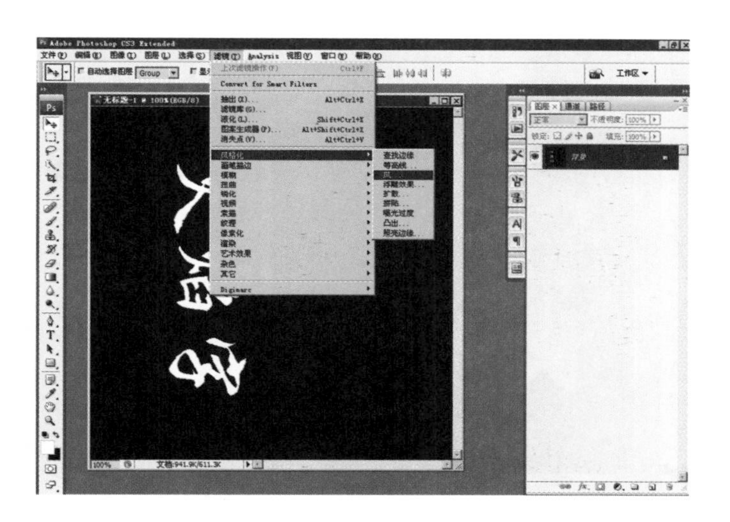

（5）调节“风”效果。

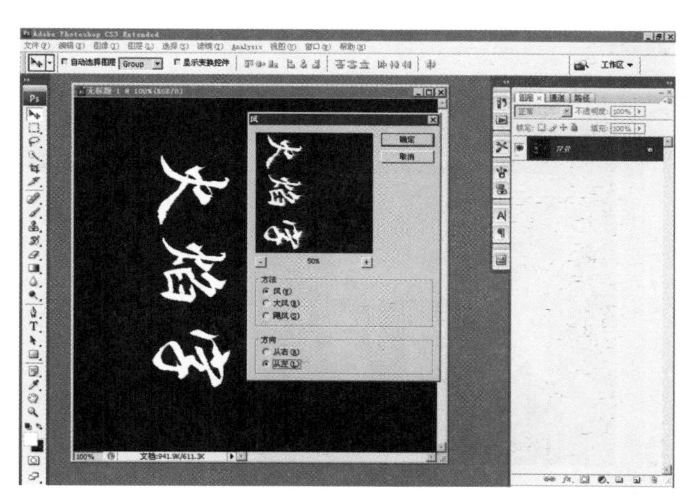

（6）按“Ctrl+F”，重复“风”效果。

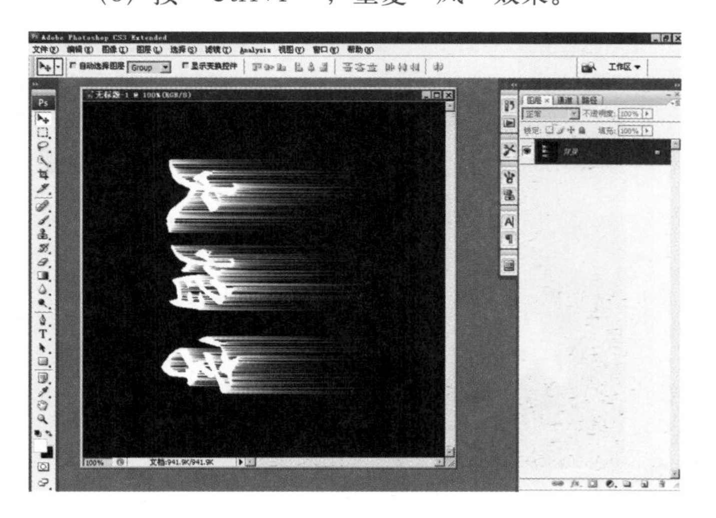

(7) 执行菜单“旋转画布”|“逆时针90”命令。

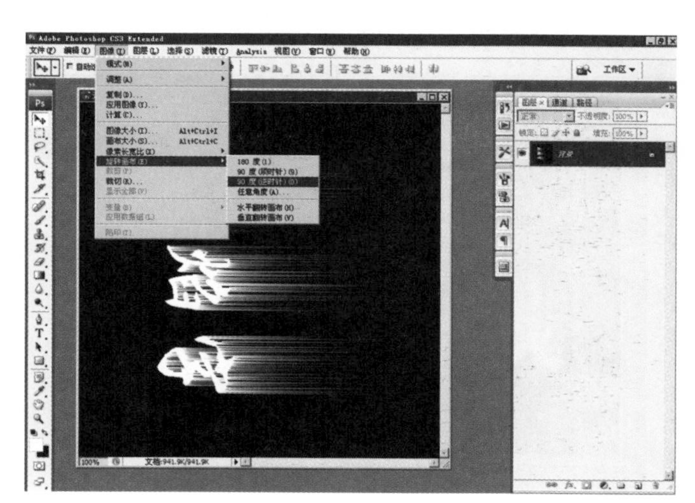

（8）点击菜单“滤镜”|“扭曲”|“波纹”命令。

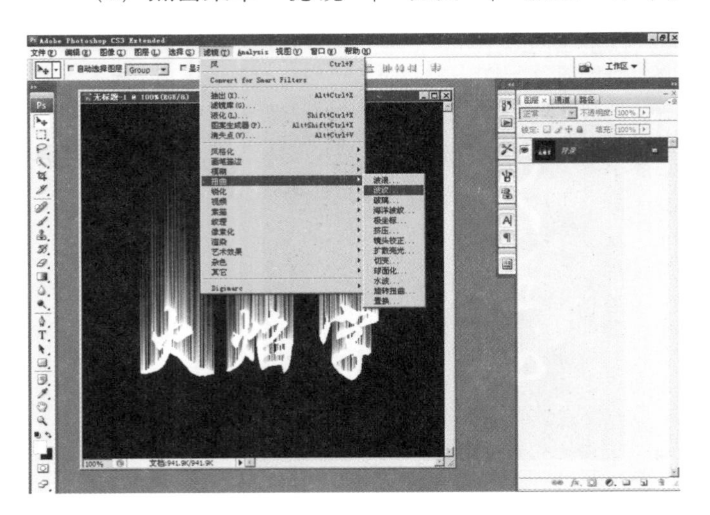

（9）调节“波纹”参数。

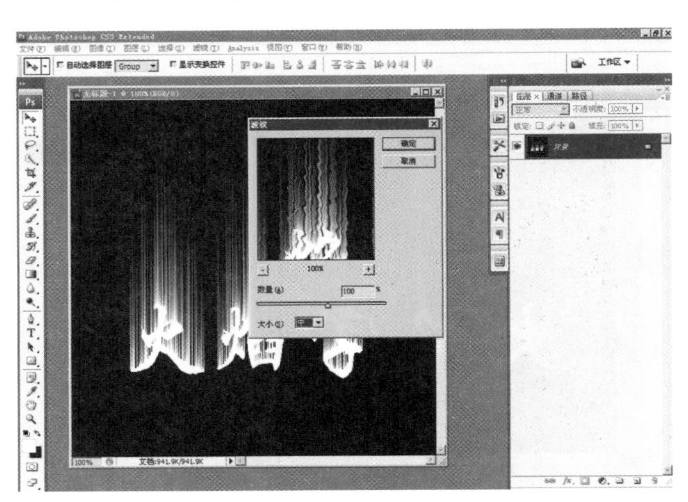

（10）点击菜单“滤镜”|“画笔描边”|　“喷溅”命令。

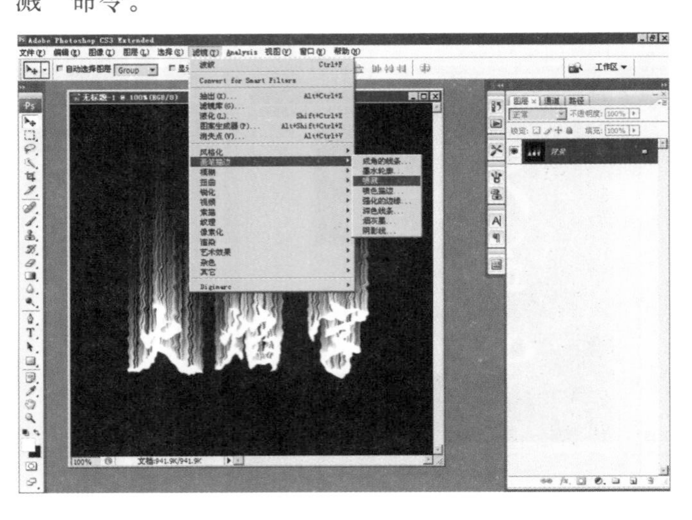

（11）“喷溅”效果如下图所示。

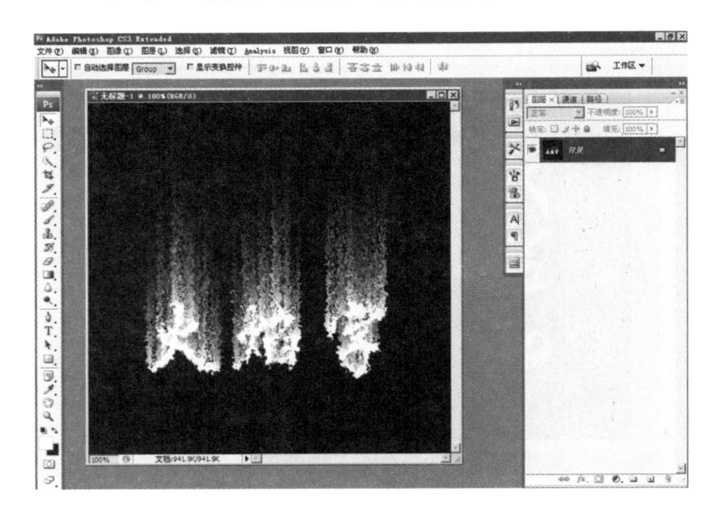

（12）点击菜单“滤镜”|“模糊”|“高斯模糊”命令。

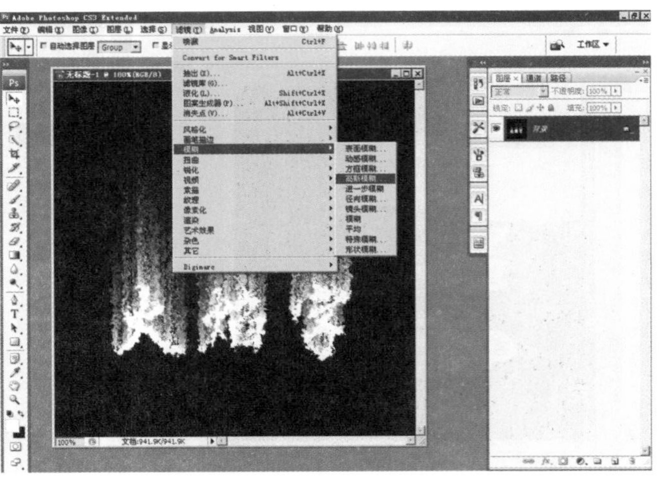

（13）调节“高斯模糊”效果。

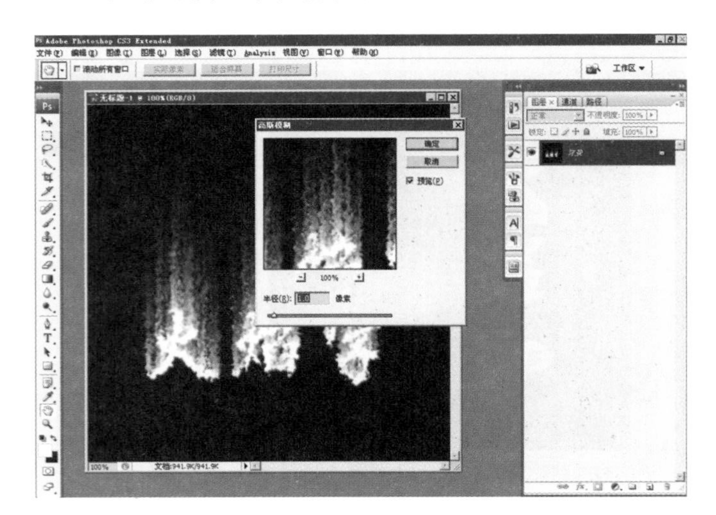

（14）点击菜单“图像”|“模式”|“灰度”模式。

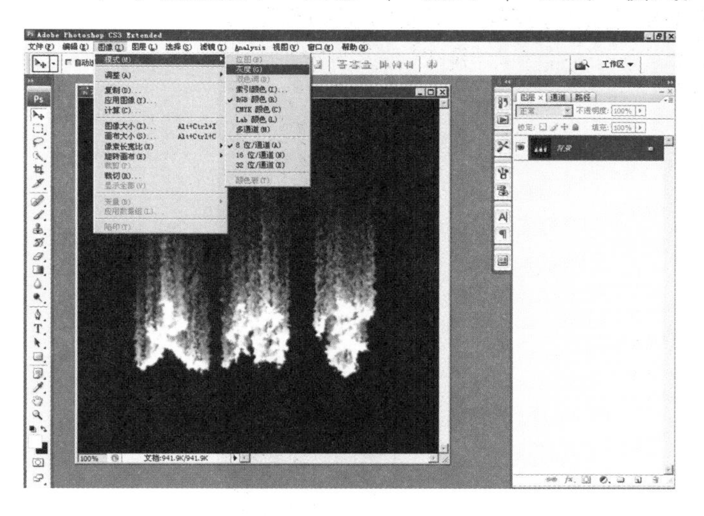

（15）点击菜单“图像”|“模式”|“索引模式”命令。

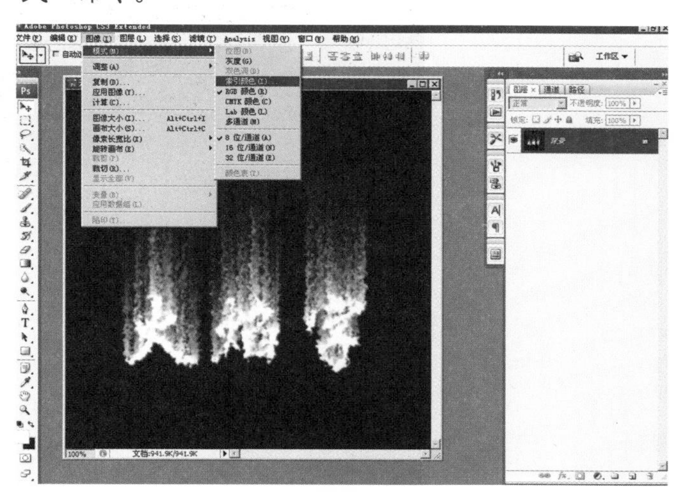

（16）点击菜单“图像”|“模式”|“颜色表”模式。

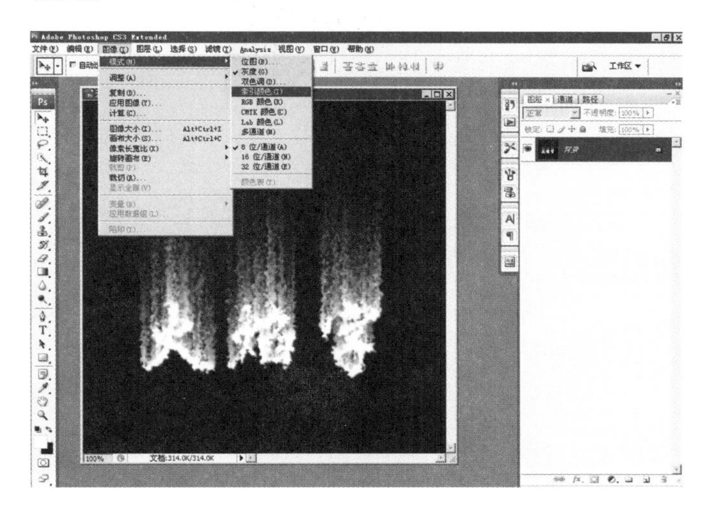

（17）点击“颜色表”|“黑体”模式。

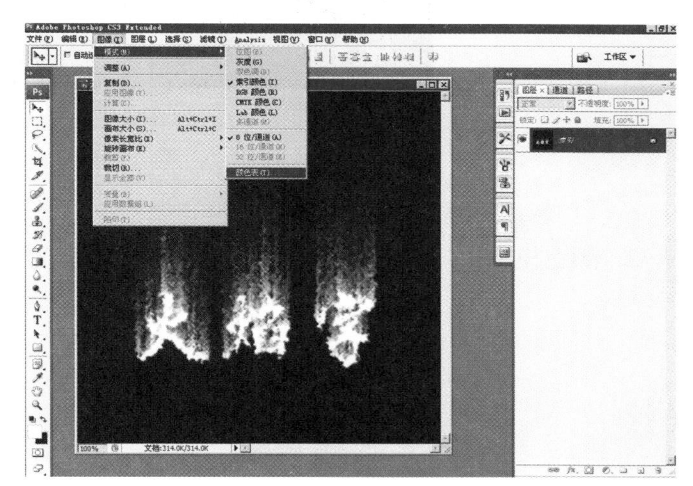

（18）点击“魔棒工具”选择白色字选区。

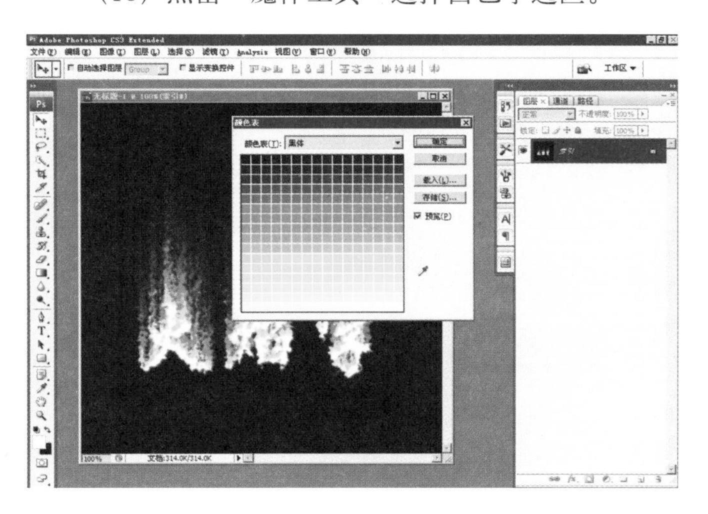

（19）填充黑色，直到完成。

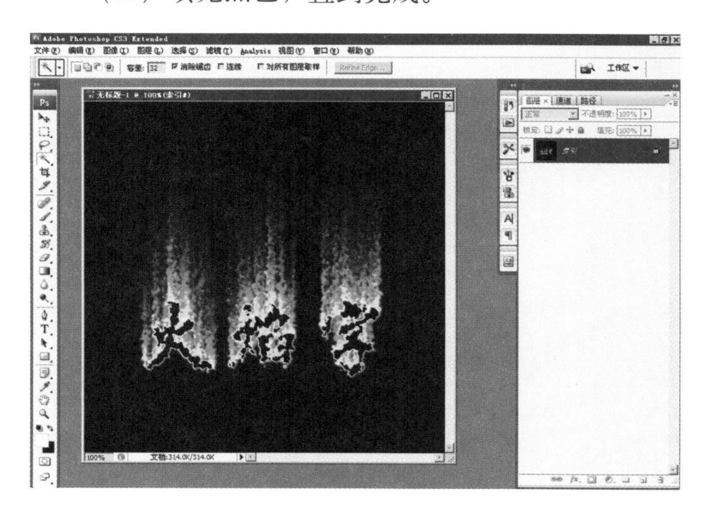

6.2 爆炸特效

（1）新建文档，宽400像素，高400像素，分辨率72，颜色模式RGB颜色8位，背景白色。

(2) 添加杂色，“菜单”|“滤镜”|“杂色”|“添加杂色”(数量15%，平均分布，单色)。

（3）调整杂点，“菜单”|“图像”|“调整”|“阙值”（阙值色阶220）。

(4) 制作动感模糊效果，“菜单”|“滤镜”|“模糊”|“动感模糊”(角度90，距离400像素)。

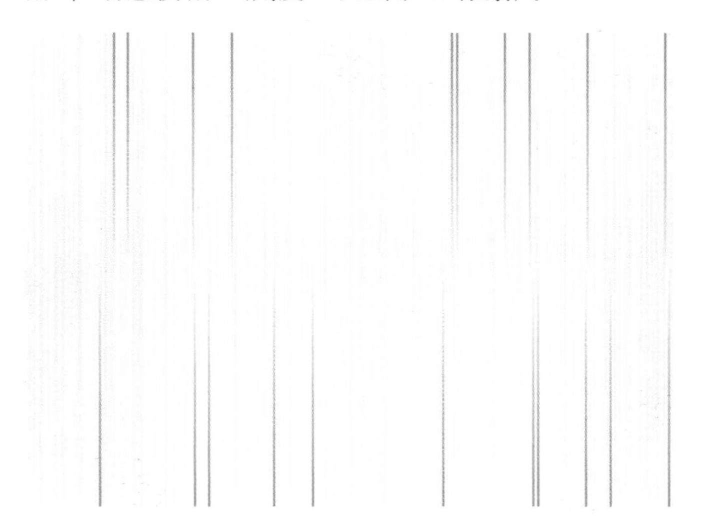

(5) 反相图像，“菜单”|“图像”|“调整”|“反相”。

(6) 新建图层，添加渐变，方向从上到下，颜色从白到黑，图层模式为滤色。

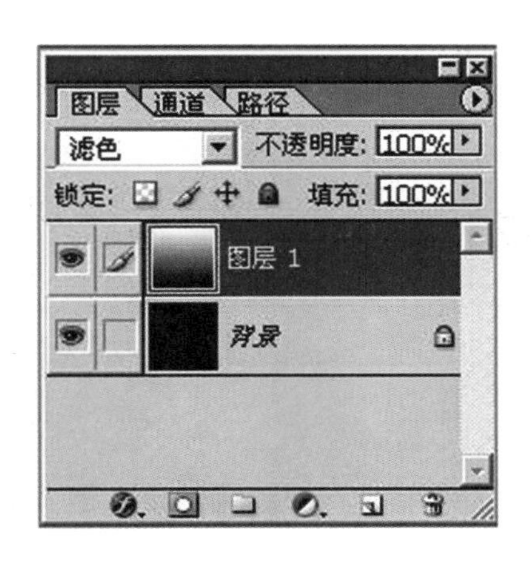

(7) 合并图层。

(8) “菜单”|“扭曲”|“极坐标”（平面坐标到极坐标）。

(9) 图像着色，“菜单”|“图像”|“调整”|“色相”|“饱和度”（色相18，饱和度68，明度+8，着色模式）。

（10）新建图层，“菜单”|“滤镜”|“渲染”|“云彩”，图层模式为颜色渐减淡。

（11）“菜单”|“滤镜”|“渲染”|“分层云彩”。

（12）最终完成。

6.3 炫酷的特效场景合成

（1）新建一个文件，大小为1290像素×700像素，背景为黑色。再新建一个图层，用grunge笔刷（素材中的第四个）随意地在背景中画几笔。

（2）在PS中打开美女的照片（素材中的第一个），用快速选择工具选出美女，如下图所示：

（3）将其复制粘贴到我们的文件中，用自由变换工具调整其大小。

（4）我们希望这个模特轮廓更鲜明一些，打开“滤镜｜锐化｜USM锐化”，设置数据如下图：

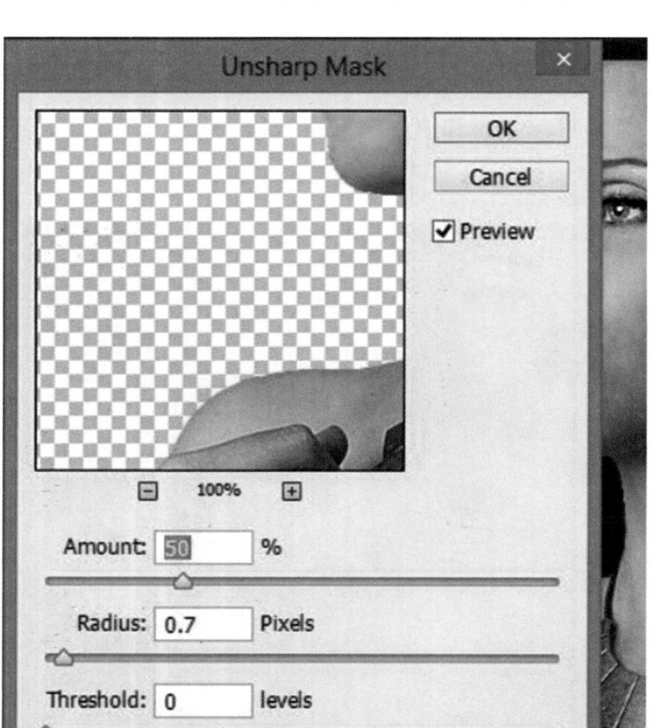

（5）对美女这一图层添加剪切蒙版，然后设置如下图：

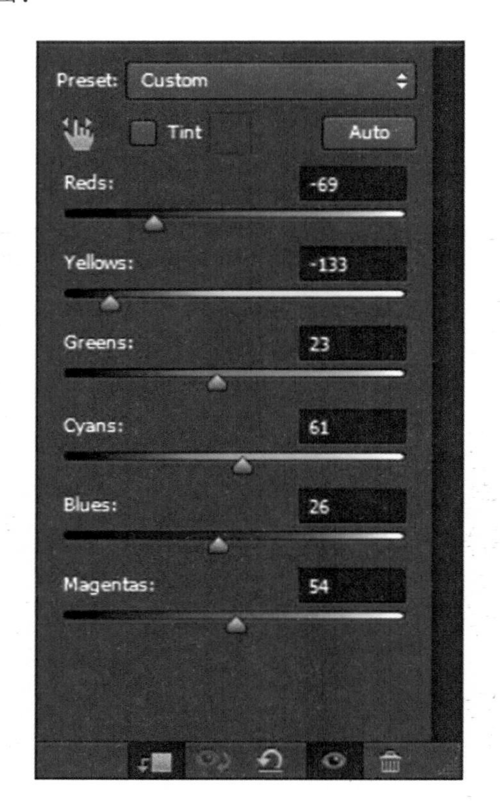

（6）这一调整图层的蒙版效果如下图：

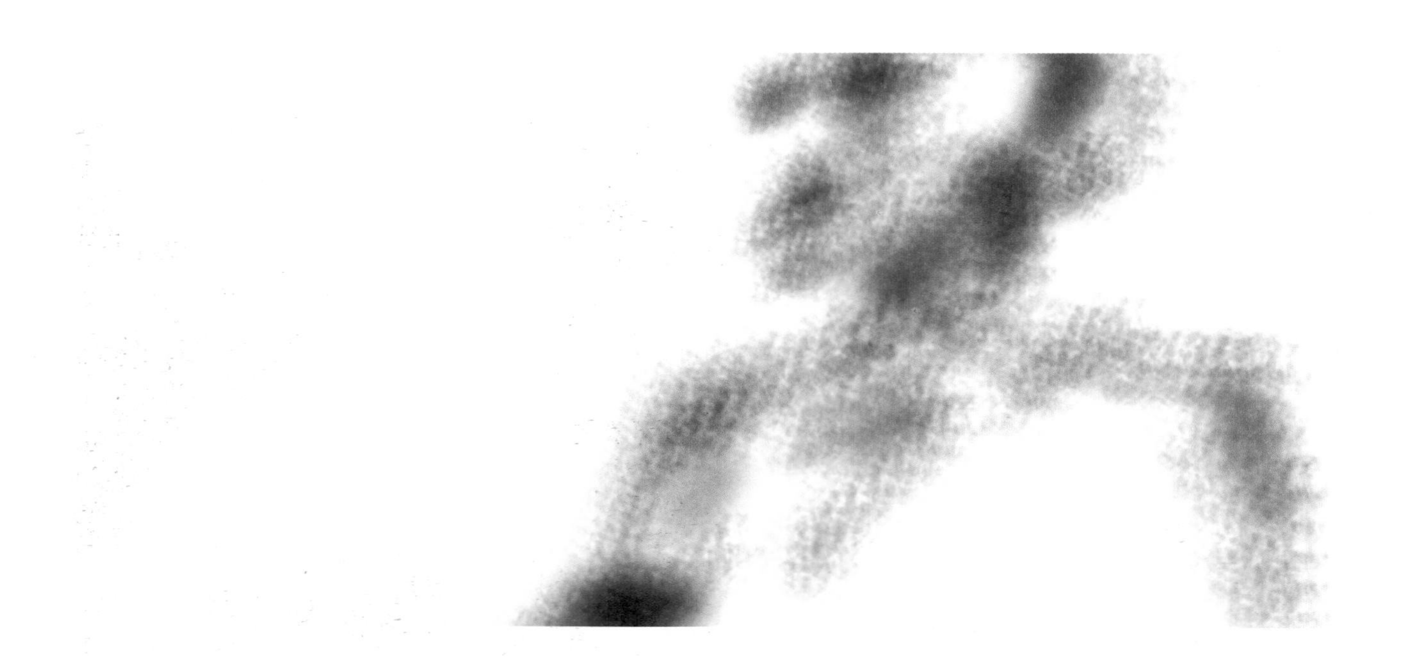

（7）调节色阶、曲线调节。

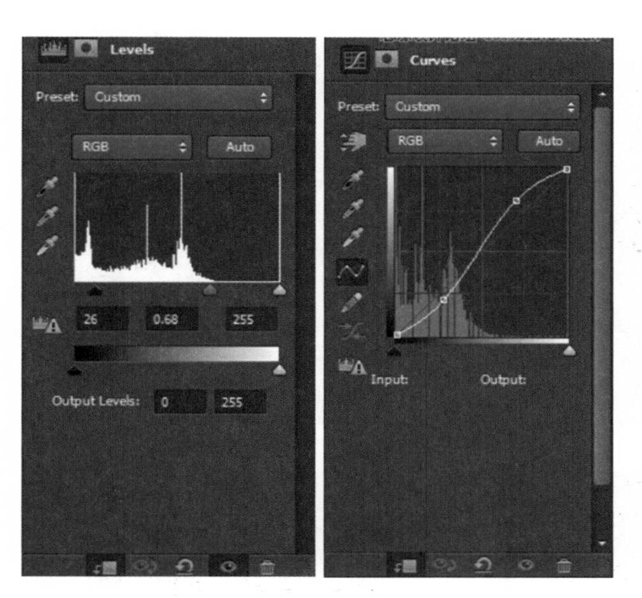

(8) 最终效果如下所示，这一步中的一系列调整对这个脏兮兮的效果起到了决定性的作用。

（9）我们特意找来了英国的国旗（素材中的第二个）。

（10）这个国旗复制粘贴到我们的文件中，放在美女这个图层下面，然后用grunge笔刷擦一下。

（11）黑白、色阶、曲线调节效果。

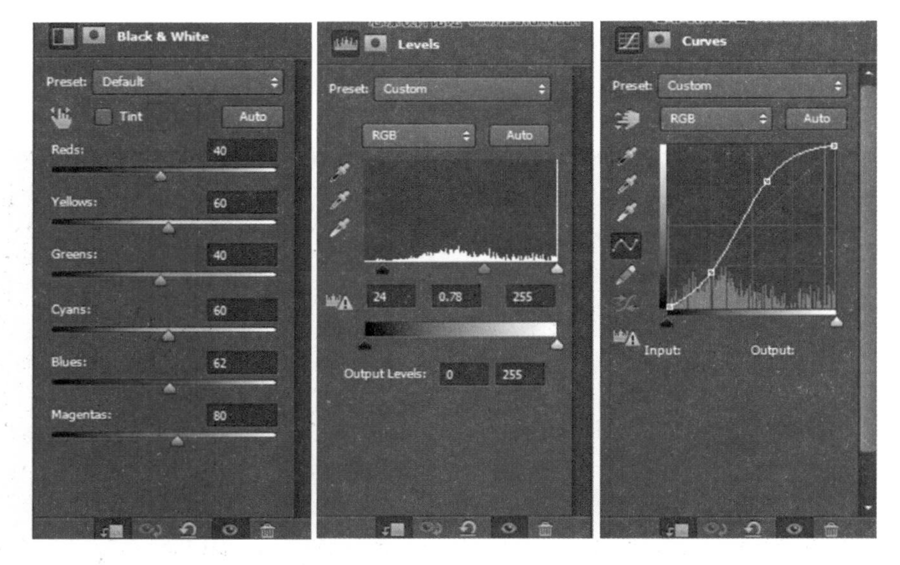

（12）一个国旗感觉太少太单调，我们决定多弄几个。复制国旗粘贴两次，放置位置如下，这样国旗看起来才有迎风飘扬的感觉。

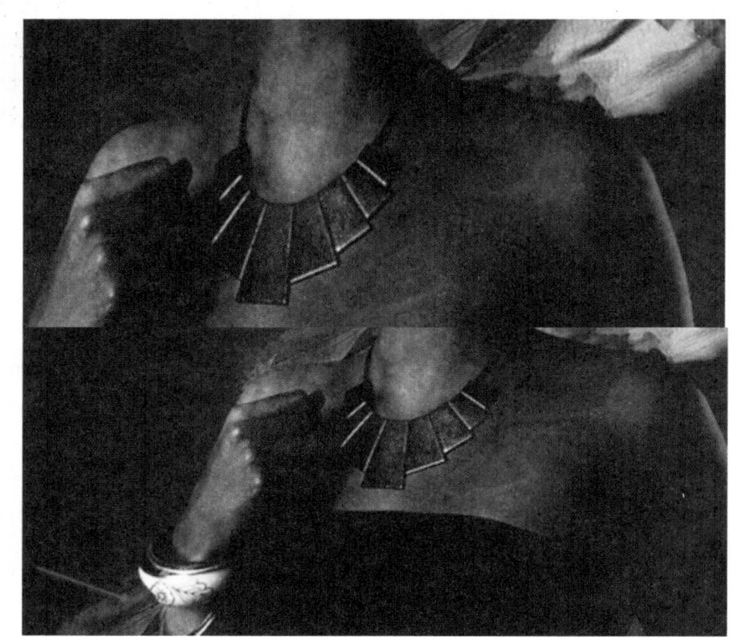

（13）生化危机中怎么能缺少摩天大楼呢，打开大楼（素材中的第三个），抠出大楼主体。如右下图：

（14）将其复制粘贴到我们的文件中，放在模特和国旗中间，调整它的大小。

(15) 为了让整体看起来更加奇幻、紧凑，你还可以将大楼再粘贴一次，并将其倒转，放置位置如右图：

（16）用grunge笔刷将大楼擦黑一些。

（17）黑白、色阶、曲线调整效果。

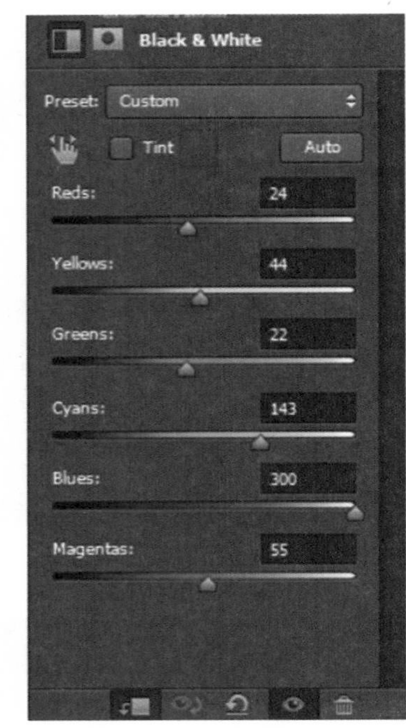

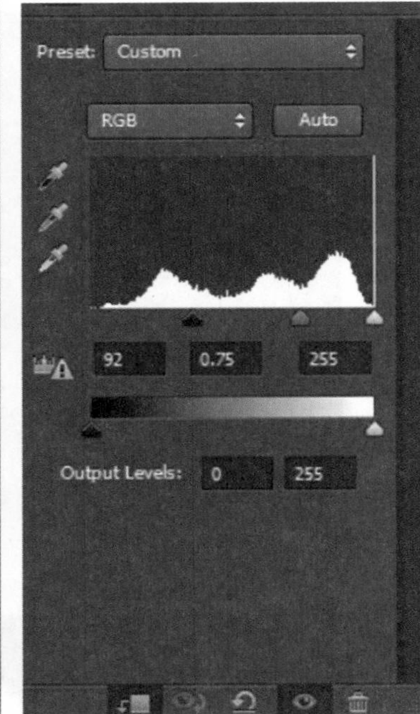

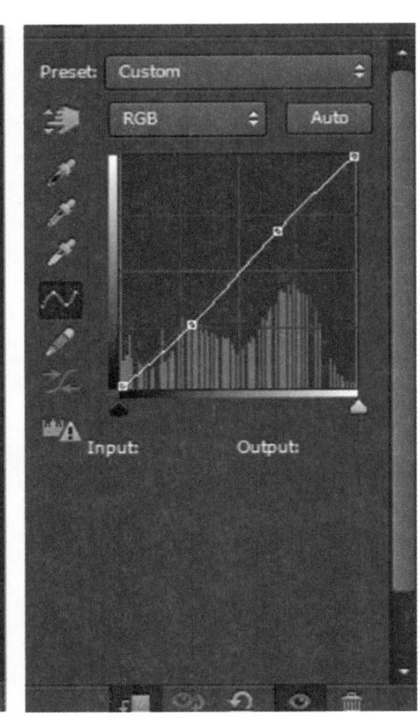

（18）现在我们要打造超现实光感效果，点击矩形选框工具，羽化值为20像素。

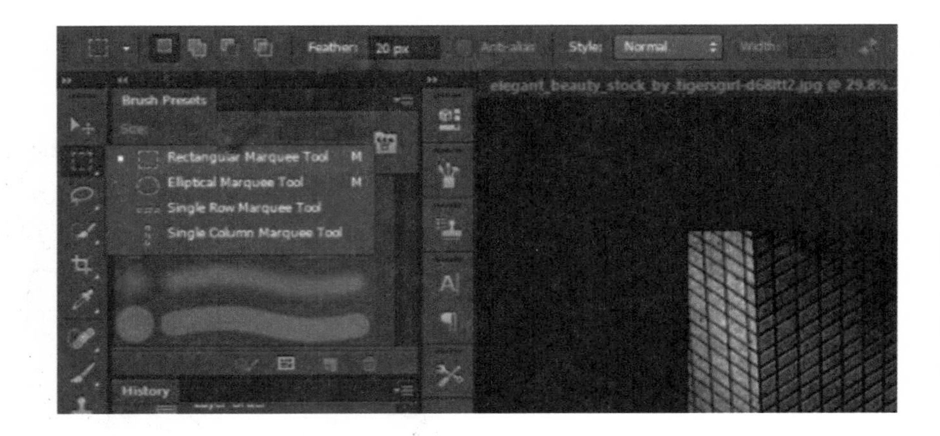

（19）随便选择一块，颜色如下图：

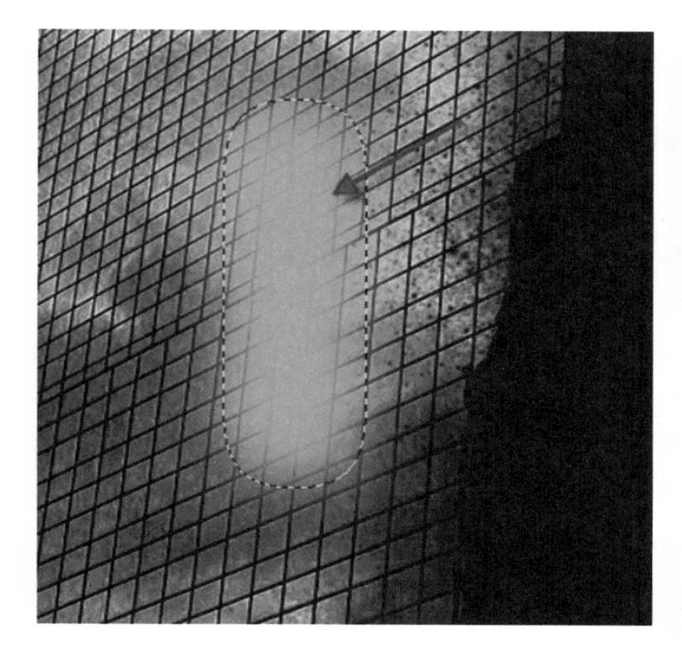

（21）用云笔刷擦选框的边缘。

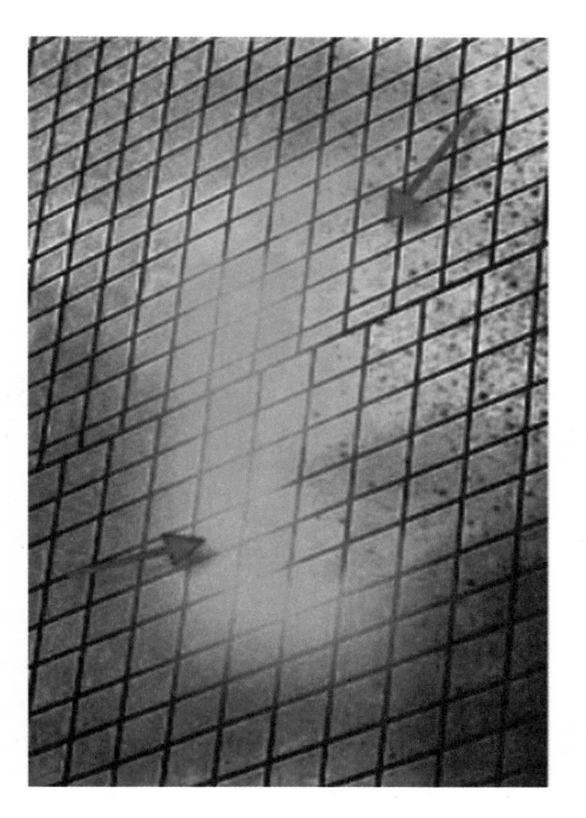

（20）将云笔刷（素材中的最后一个）置入PS，选一个你喜欢的。

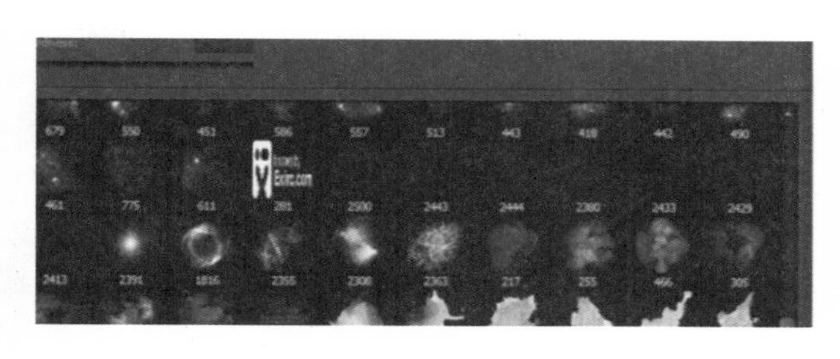

（22）复制一次这个图层，对复制的图层进行色相/饱和度调整。

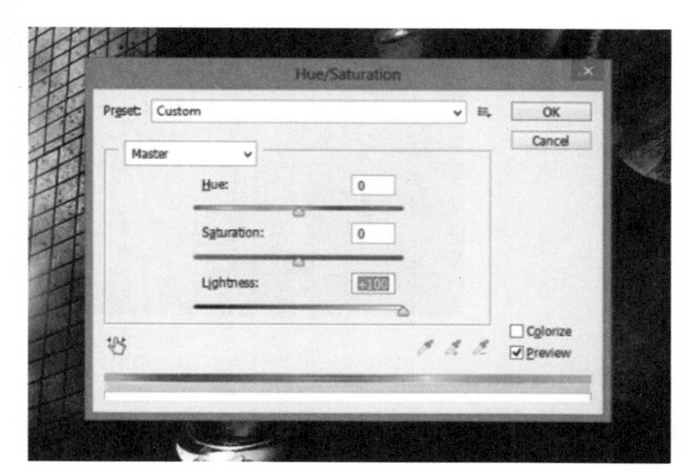

（23）用自由变换工具压缩，复制图层。

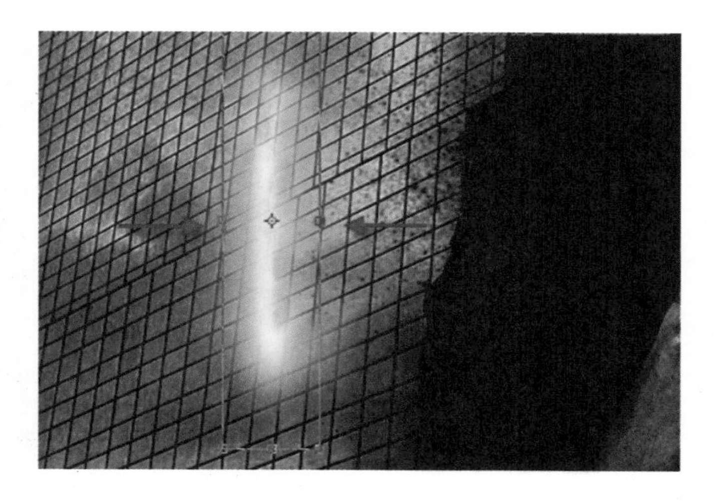

（24）多复制几次上面那个图层，调整它们的大小，然后分散它们，要让它们像子弹一样飞。

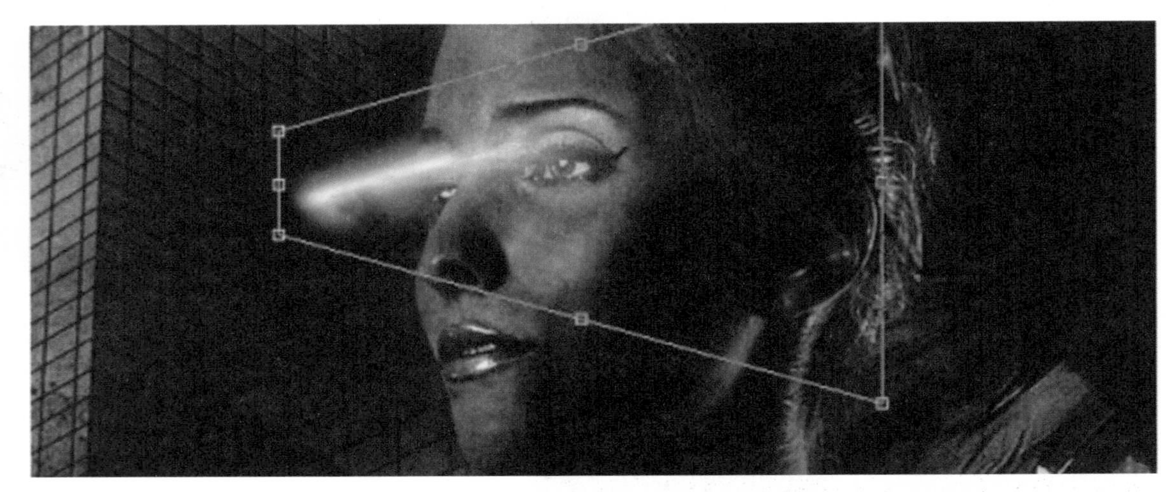

（25）用云笔刷在她的脸部画一些黑气。

（26）对黑气这个图层做一下颜色调整，打开色彩平衡，设置数据调整。

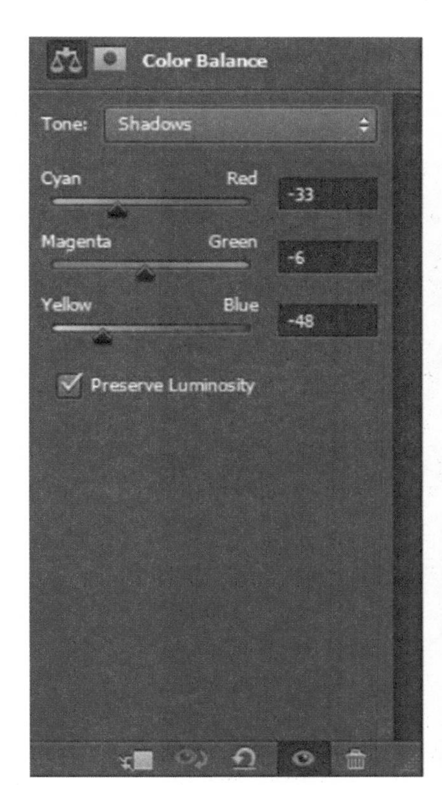

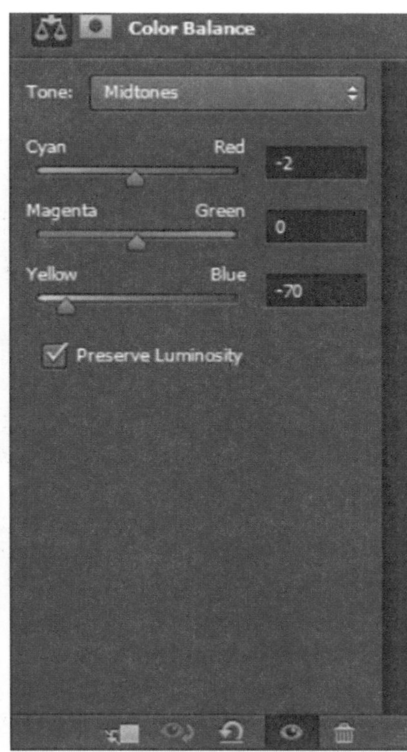

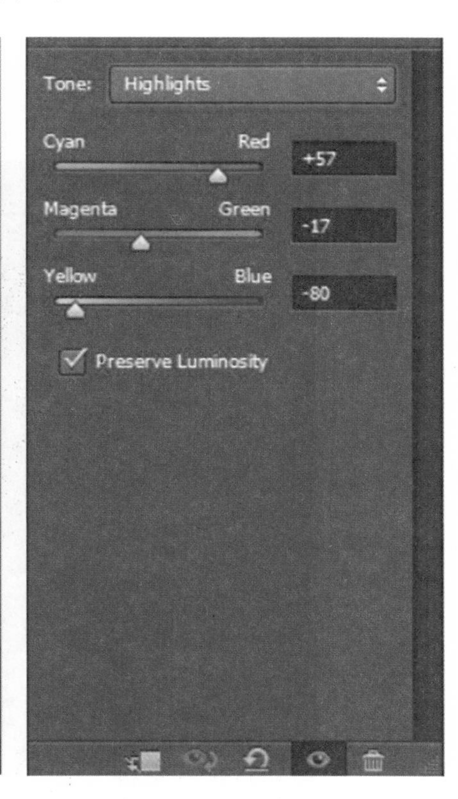

最终效果如图所示：

6.4 运动员腾飞合成

（1）创建一个595像素×842像素，黑色背景的画布。使用画笔工具，笔刷选择圆，硬度为0，大小600px，颜色#333333，新建图层命名为“灰圆心背景”，制作如下图灰色圆心的图层。效果如图所示。

（2）使用上面同样的方法，绘出下面的例子中你喜欢的颜色。本书采用三种颜色，画笔大小不一样（300px，400px，200px），分别绘制在三个图层上。

（3）选择其中一款背景图片，载入图层面板中，命名为“背景图片”，并置于所有图层的最上方，进行去色处理（Ctrl+Shift+U或图像－调整－去色），最后设置此层的混合模式为叠加。

（4）选择油漆瓶，进行抠图（此过程不进行细讲），载入到图层面板中，命名为“油漆瓶”，调整大小，放到如右图中的位置。

（5）为油漆瓶添加阴影，效果如下图。为油漆瓶图层添加图层样式——投影，调整到满意效果就好。

（6）请下载下图的素材，进行抠图，而后载入图层面板，命名为“飞溅”。

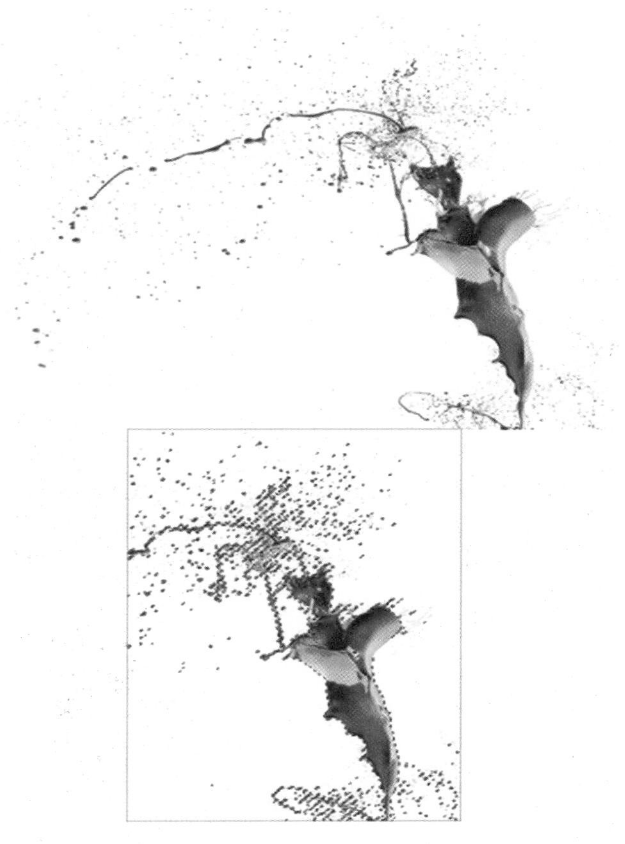

（7）选择飞溅图层应用色相/饱和度（Ctrl+U或图像－调整－色相/饱和度），改成红色油漆泼。接着对图层添加图层样式—内发光，并输入以下数值，请见下图。

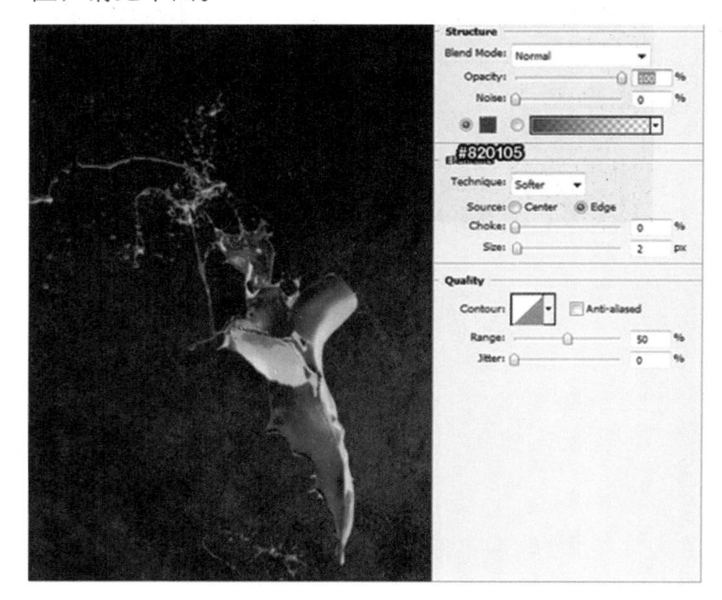

（8）使用上述方法制作更多的油漆飞溅效果，效果请见下图。

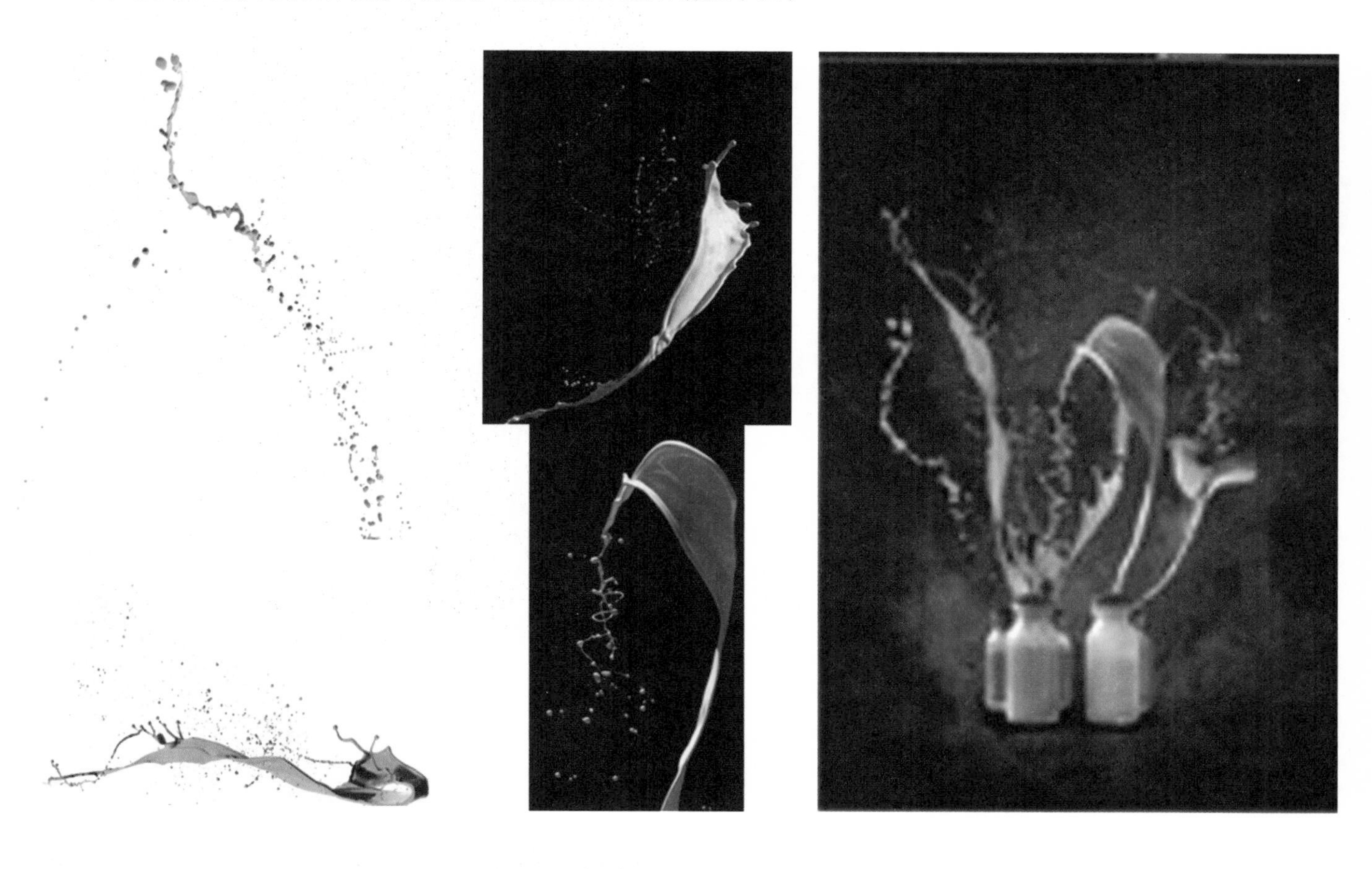

（9）选择人物，并进行抠图，载入到图层面板，命名为“人物”。

（10）选择人物图层应用色相/饱和度（Ctrl+U或图像－调整－色相/饱和度），改成蓝色。

（11）点击“滤镜”|“艺术效果”|“塑料包装”，数值按照下图设置。

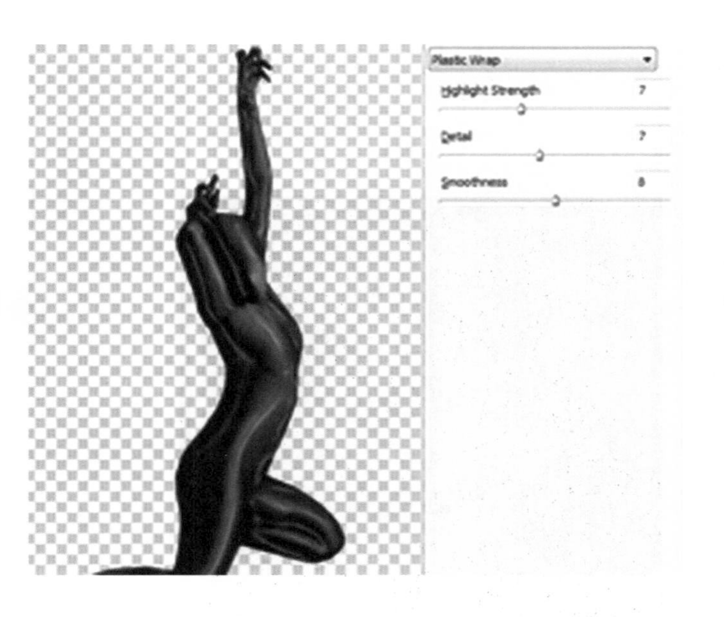

（12）调整人物图层，以适应蓝色飞溅。用橡皮擦工具，按照下图效果，淡化人物下身，达到人物和飞溅相融合。

（13）采用述方法重复制作几个舞蹈人物。人物素材可自行查找下载。

（14）重复上面的方法，画在所有的瓶盖上。

（15）在瓶口附近描绘几个白色的油墨飞溅，效果如下图。

（16）选择白烟抠图，载入图层面板中，命名“白烟”。调整图层顺序：白烟图层应该放在背景图片图层的上方，并设置不透明度为50%。

（17）创建新图层，命名为“杂烟”。使用画笔工具，软圆2px，白色，在留白区域随机画，效果如下图。

（18）杂烟图层添加图层样式—外发光，数值设置请参照下图。

（19）重复杂烟图层做法，使它们变得更少，位置在舞蹈人物周边，如下图。

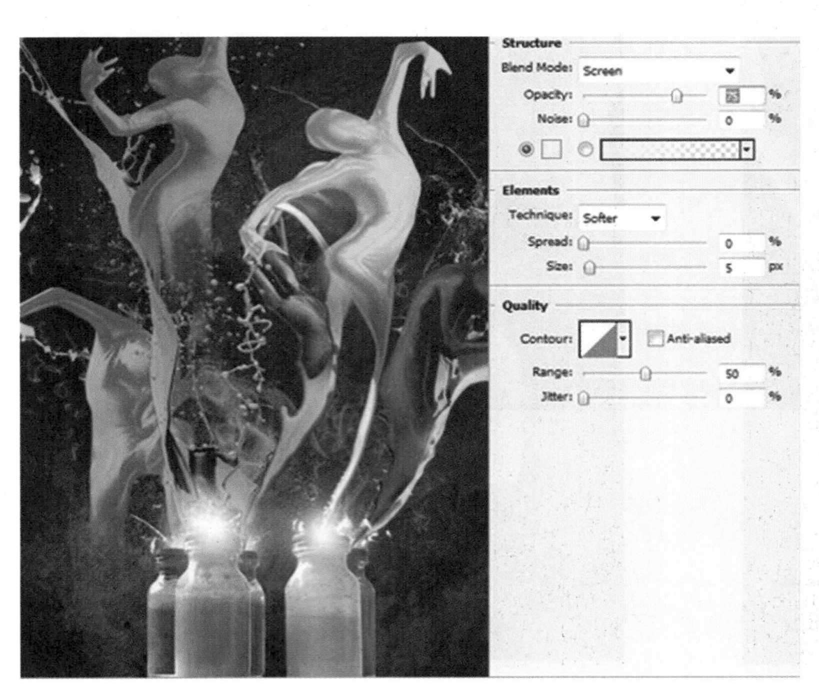

（20）所有图层运用照片滤镜（图像—调整—照片滤镜）。数值请参照下图。

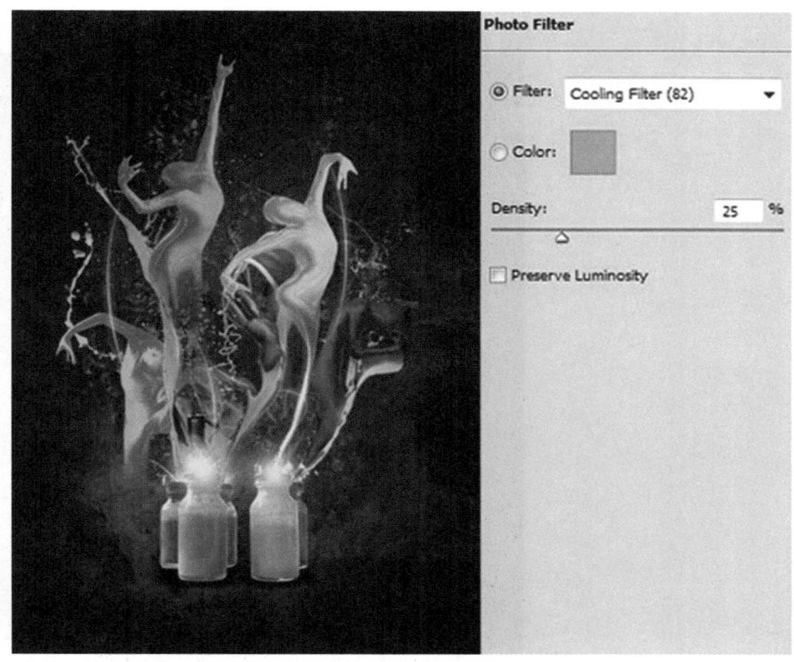

（21）应用色阶（图像—调整—色阶）。数值请参照下图。

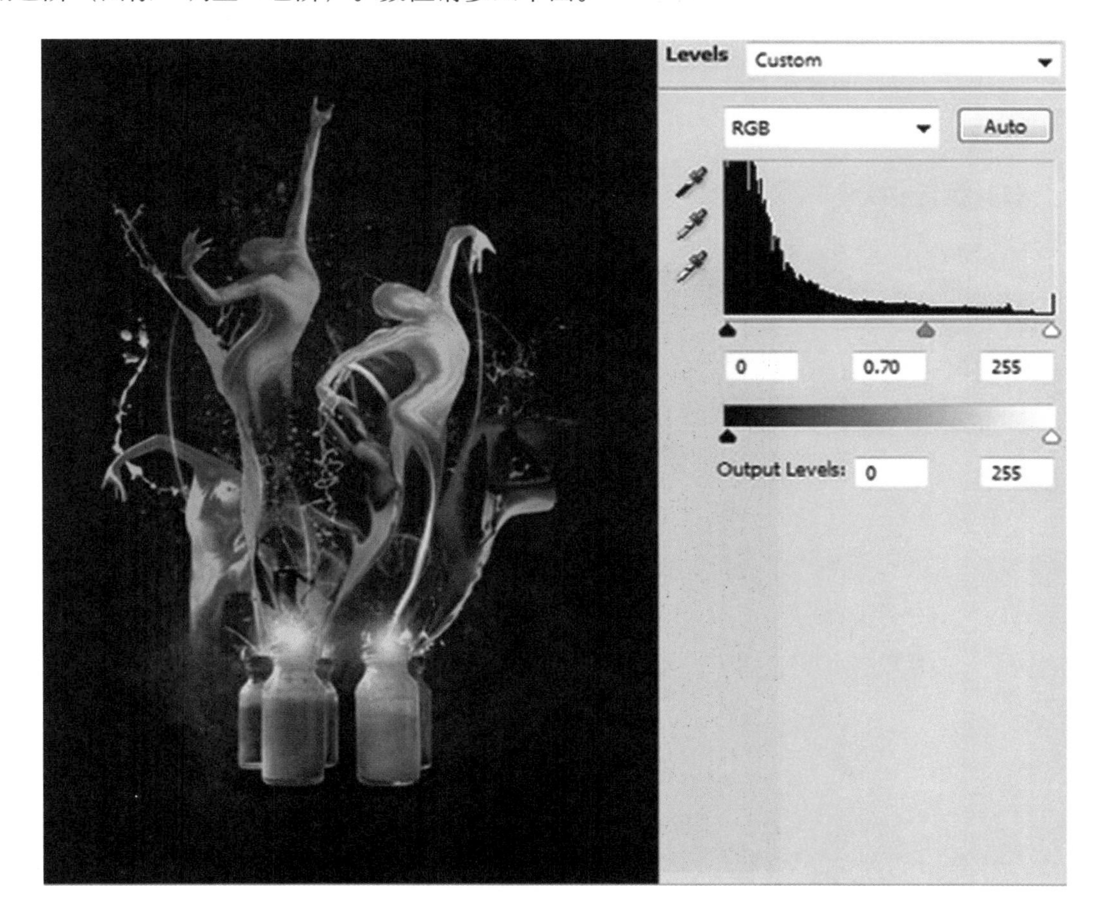

6.5 旋转炫彩表现

（1）执行“文件”|“新建”命令，建立一个背景色为黑色的文档。

(2) 执行菜单“滤镜”|“渲染”|“镜头光晕”。

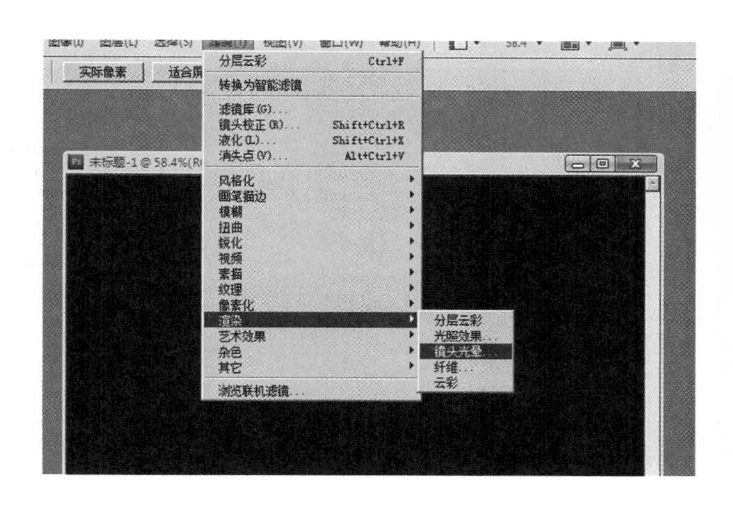

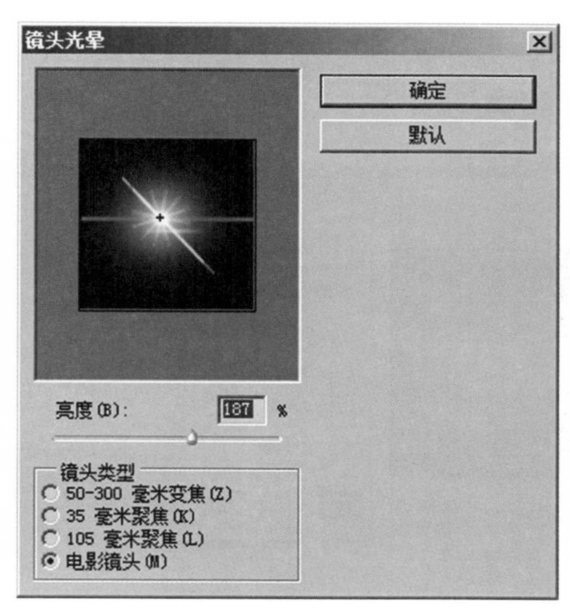

(3) 执行菜单“滤镜”|“扭曲”|“旋转扭曲”将矩形保存画笔。

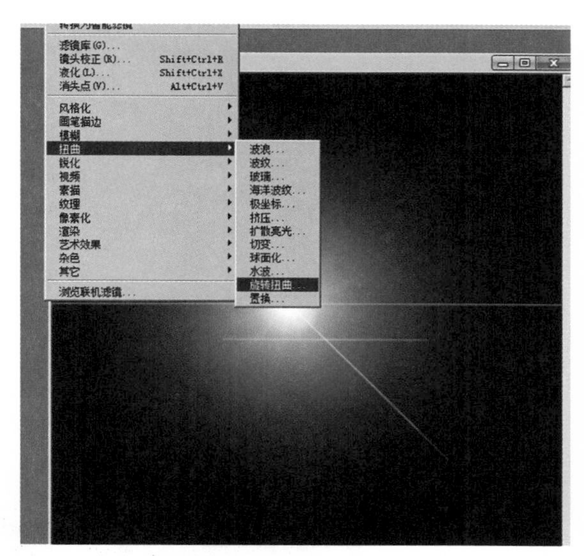

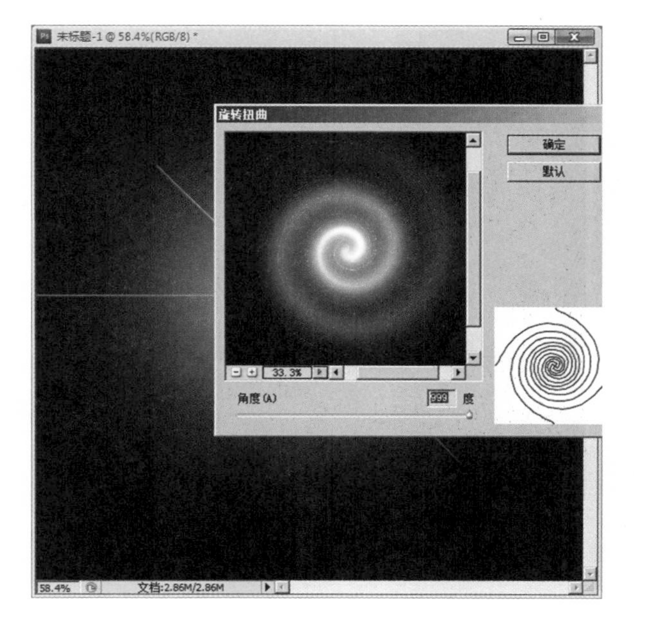

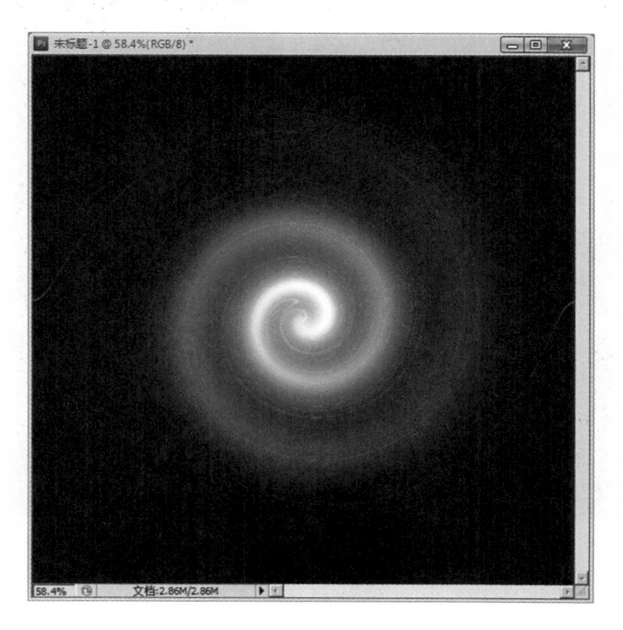

（4）执行菜单“滤镜”|“扭曲”|“海洋波纹”将矩形保存画笔。

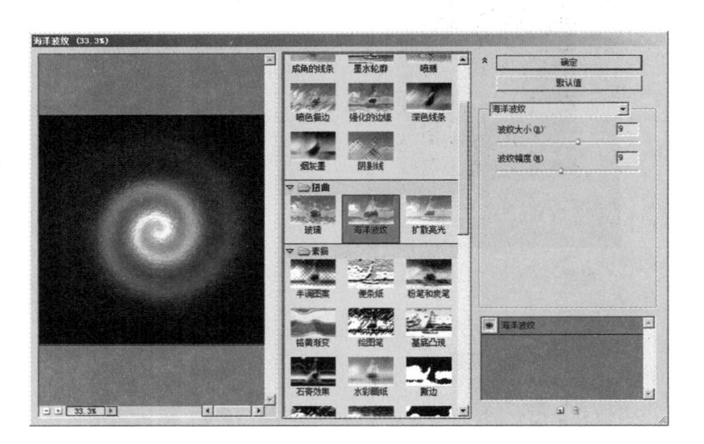

（5）复制“背景副本”图层。

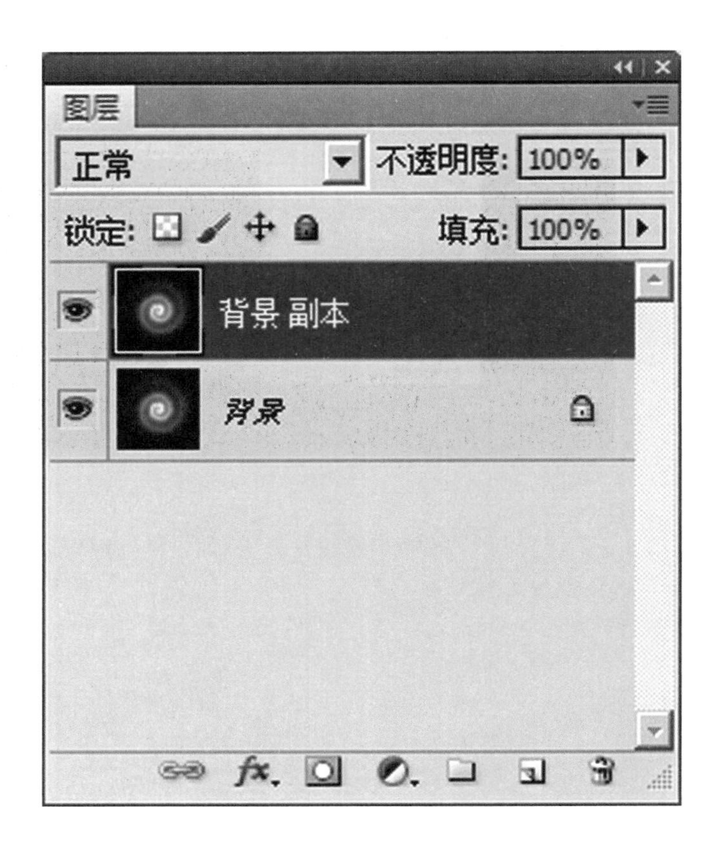

（6）执行菜单“滤镜”|“模糊”|“径向模糊”。

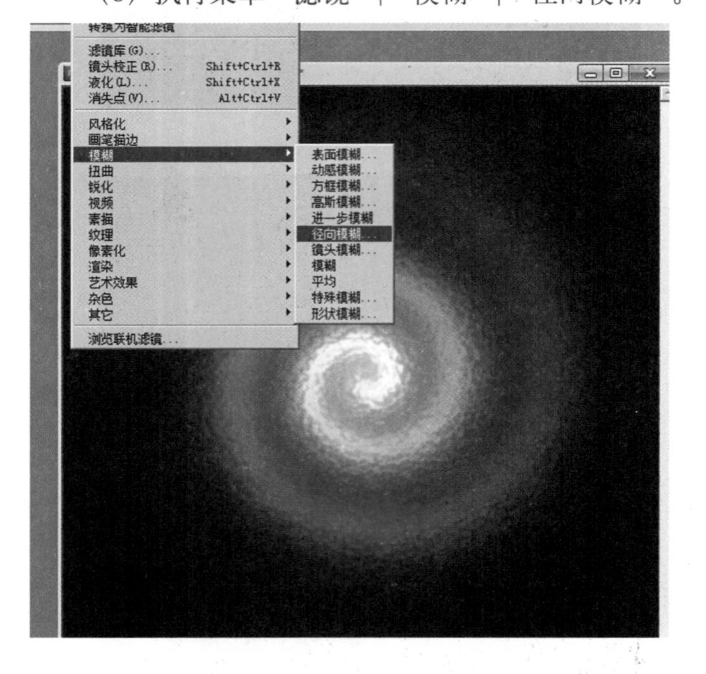

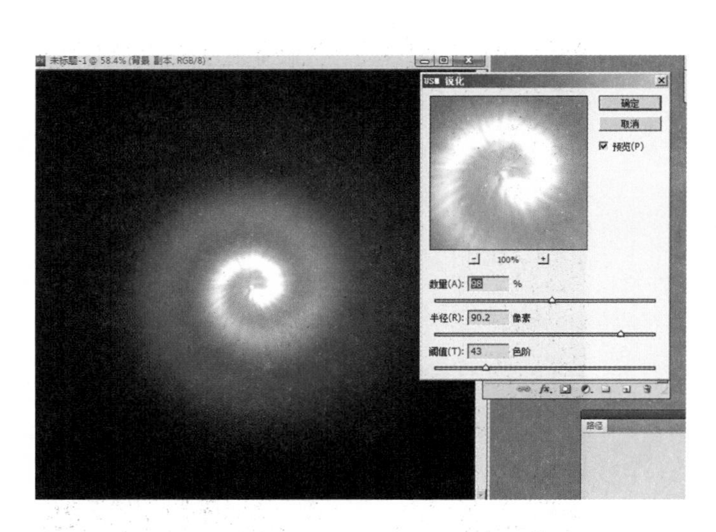

（7）新建图层1，执行七彩色渐变工具，调节色彩。

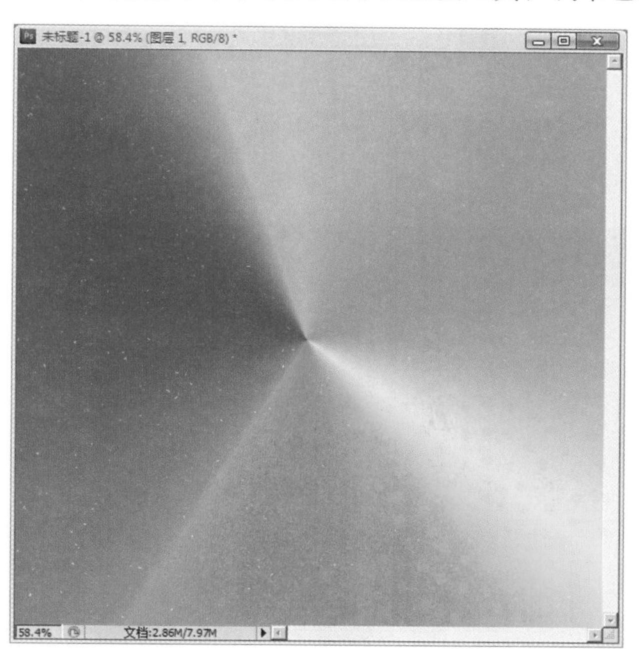

（8）调节图层混合模式为“柔光”模式。

（9）最终完成效果。

第7章 工业设计篇

7.1 白色小音响

（1）创建一个512像素×512像素，圆角半径为90px的圆角矩形，并置入木纹素材，然后在图层面板中，按住“Alt”点击木纹图层和圆角矩形图层的交界，创建剪贴蒙版。

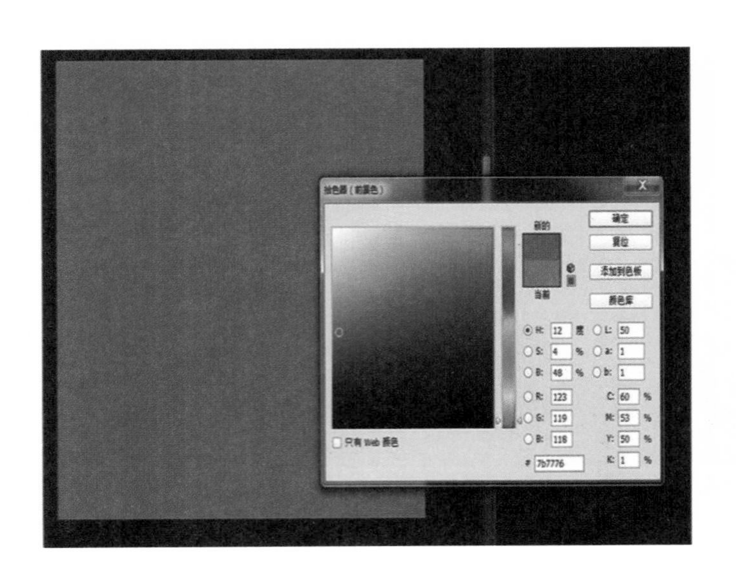

（2）给“圆角矩形1”图层添加内阴影和投影。

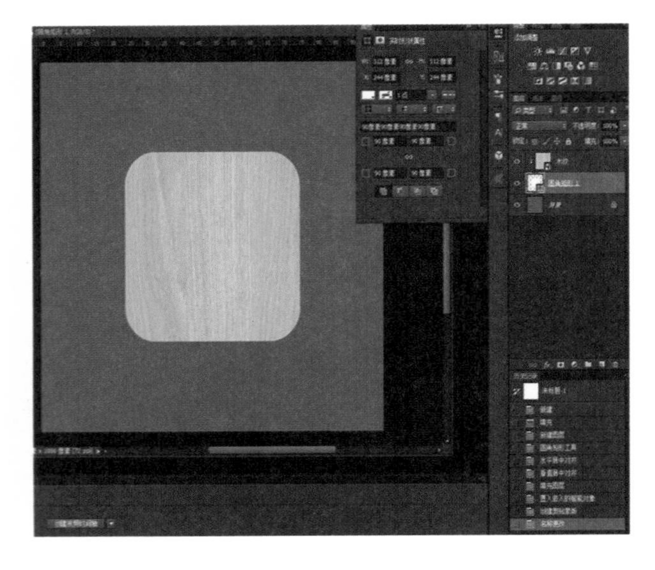

（3）在“木纹”图层上面新建一个图层，填充颜色#5f543f，混合模式改为正片叠底，透明度为70%，并创建剪贴蒙版。

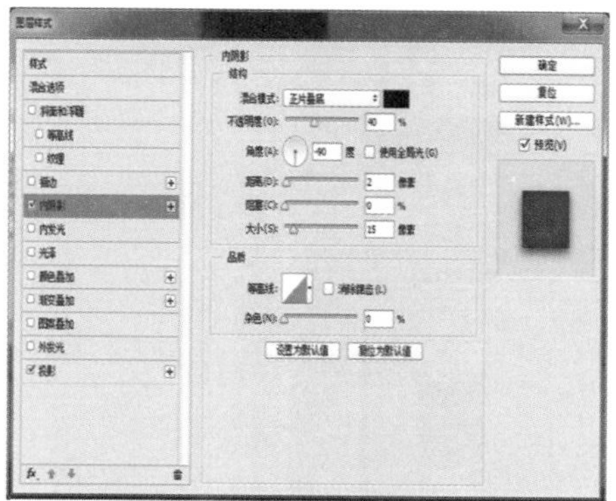

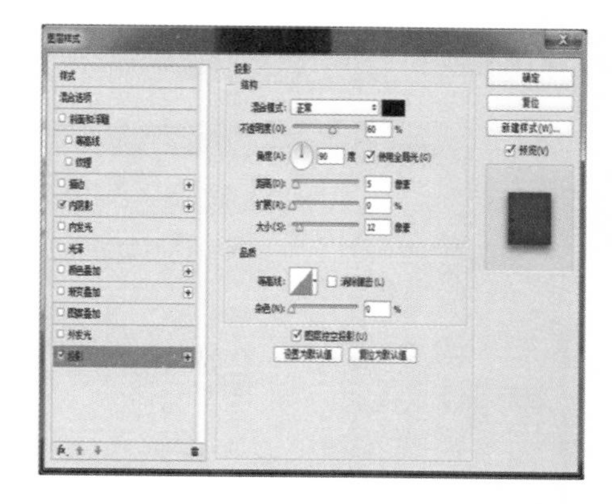

（4）给“圆角矩形2”添加内阴影和投影。

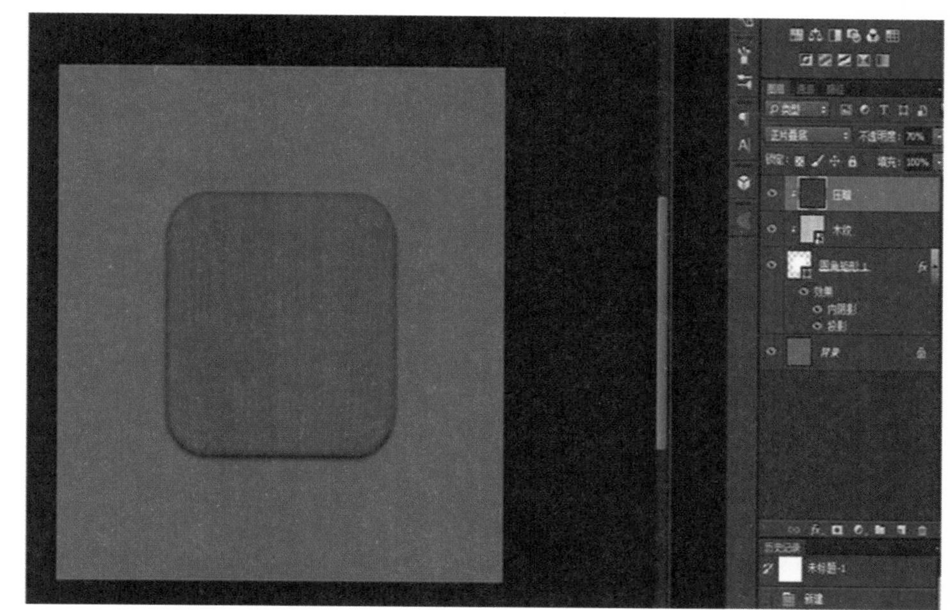

（5）给“木纹 拷贝”图层叠加一个10%的黑白渐变。

(6) 按“Ctrl+J”复制一层“圆角矩形2”，然后将图层移动到木纹图层上面，按“Ctrl+T”变换大小，记得同时按住“Shift”和“Alt”，缩放90%，然后添加图层样式。

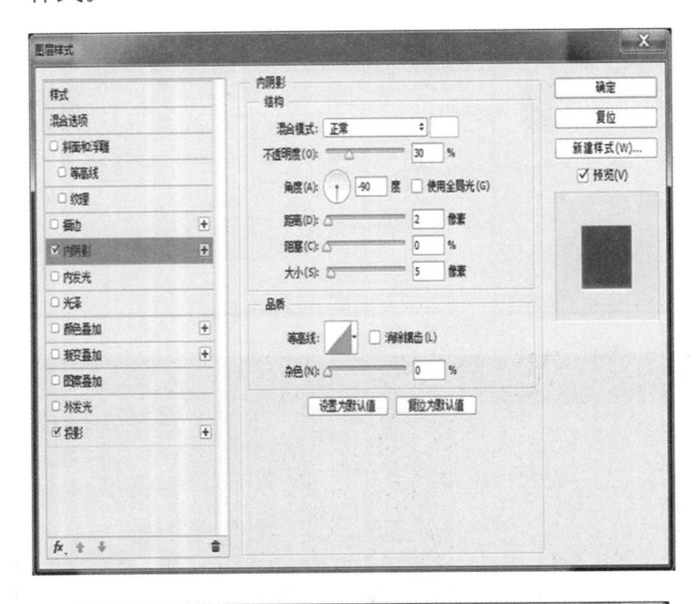

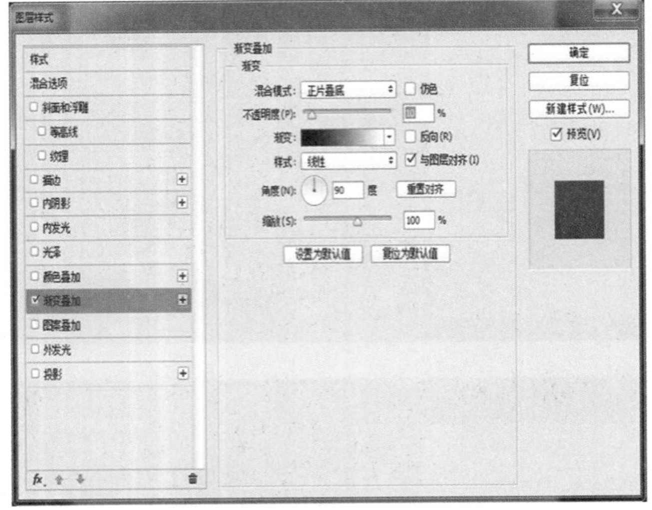

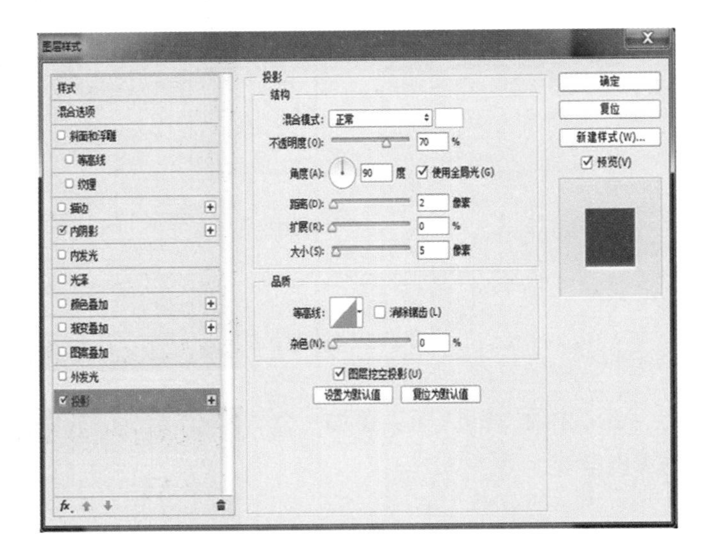

（7）接下来做音孔，新建一个256×256的圆，调整位置，添加图层样式。

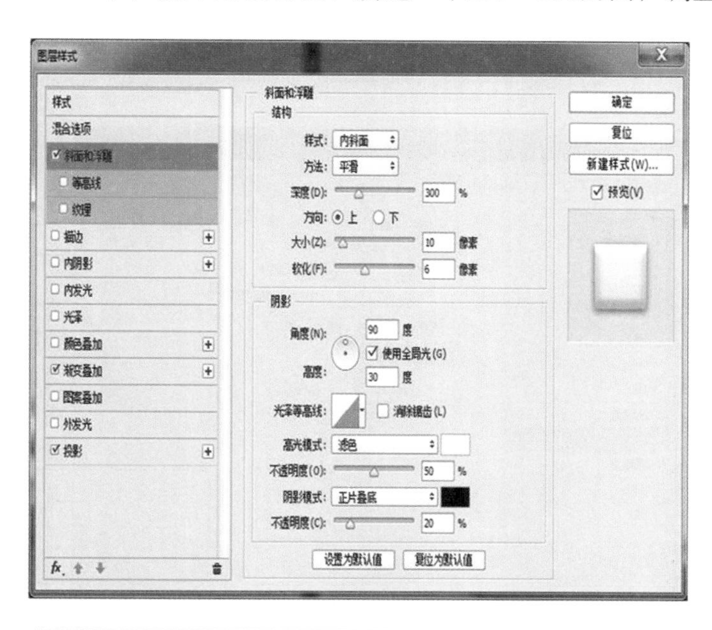

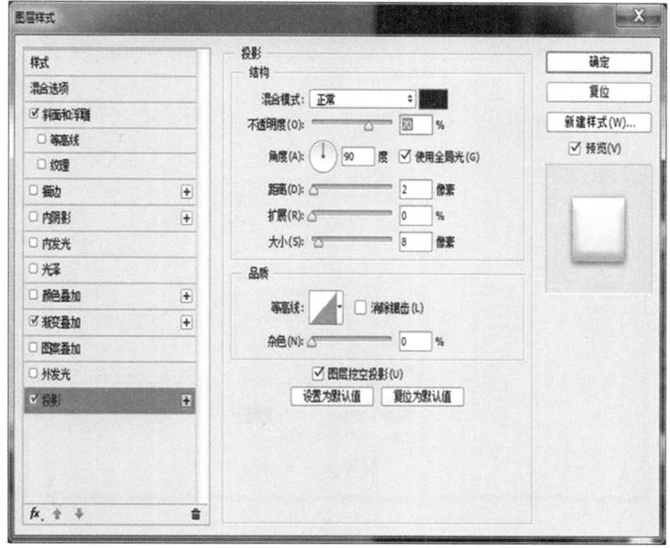

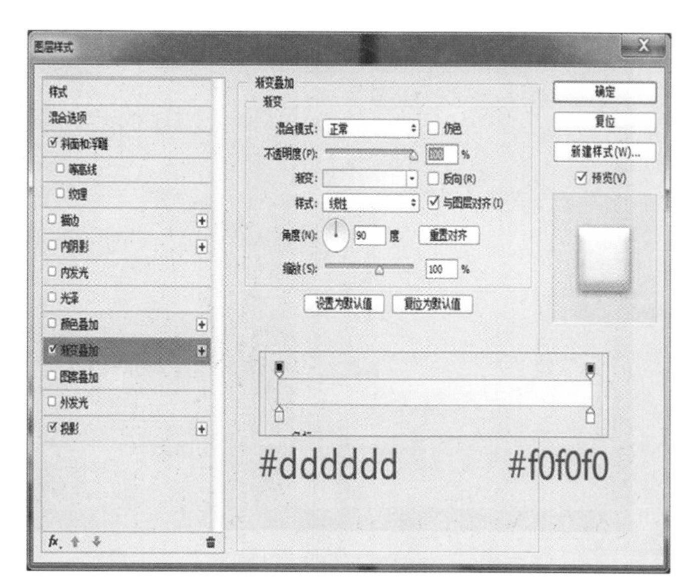

（8）中间的小圆直径一定要是奇数，不然不能准确找到圆心。

将小圆复制一层，按“Ctrl+G”建组，然后将被拷贝的圆移动到大圆外围，按“Alt+Ctrl+T”变形，按住“Alt”将旋转中心移动到刚刚找到的圆心处。

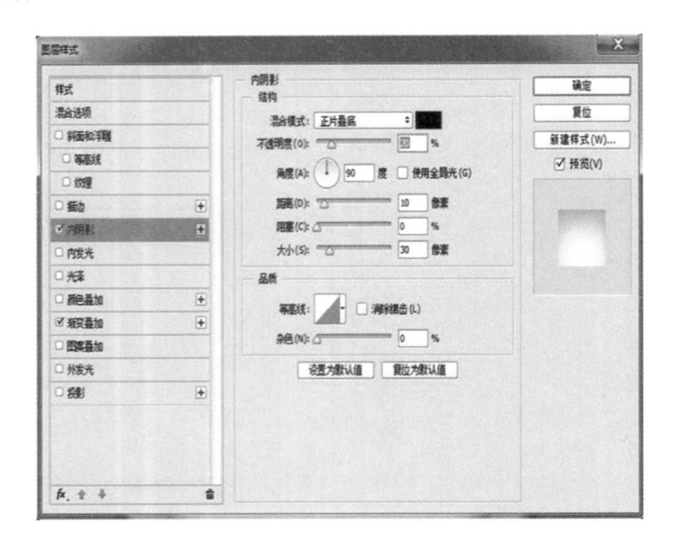

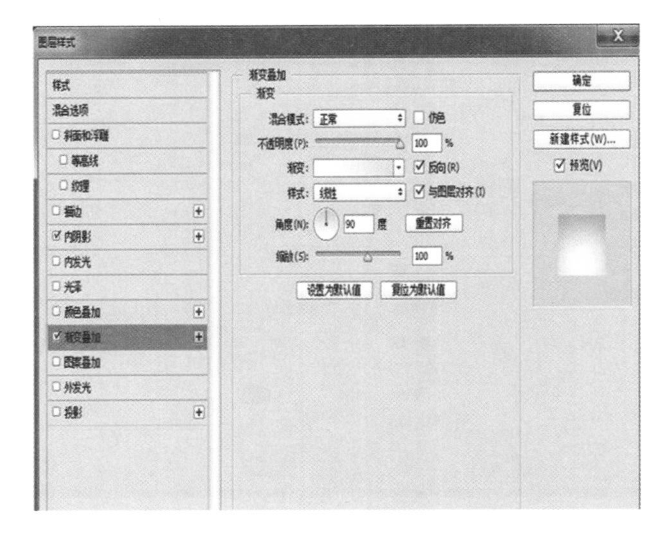

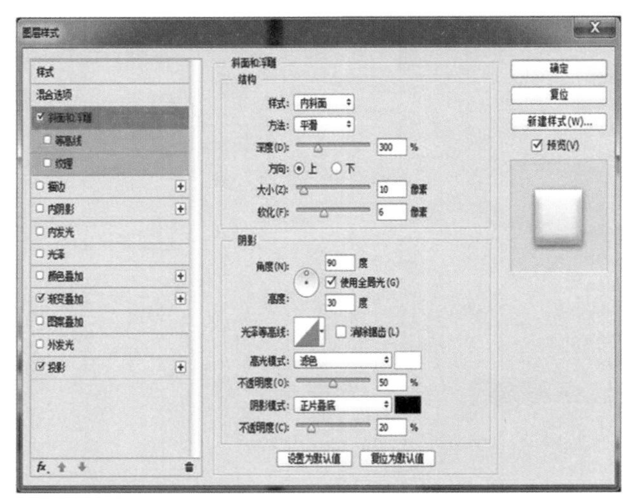

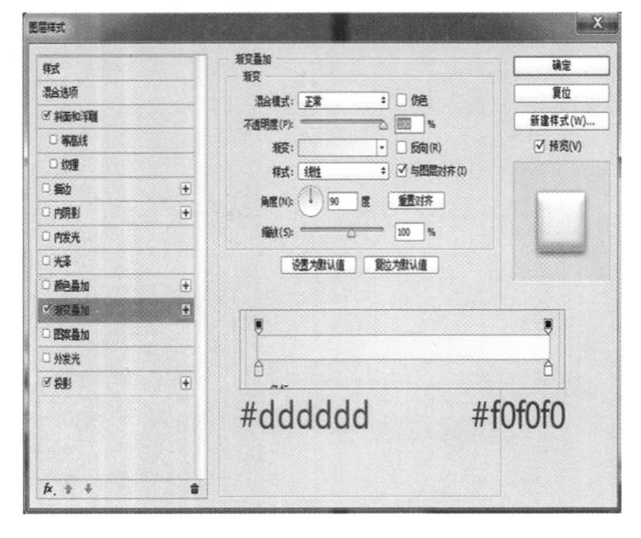

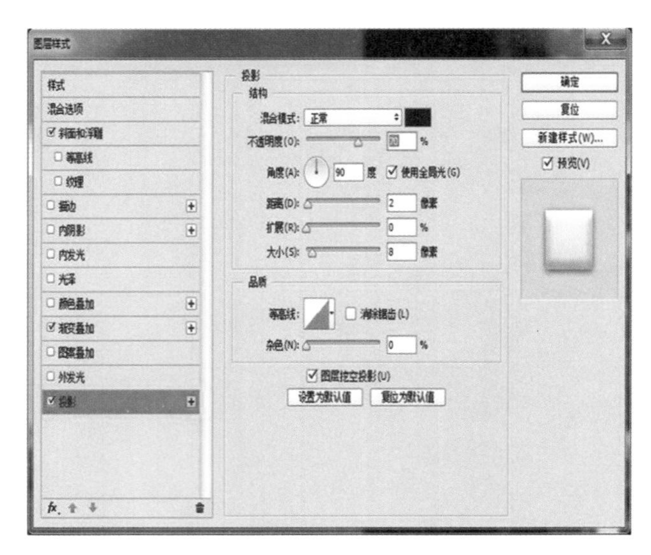

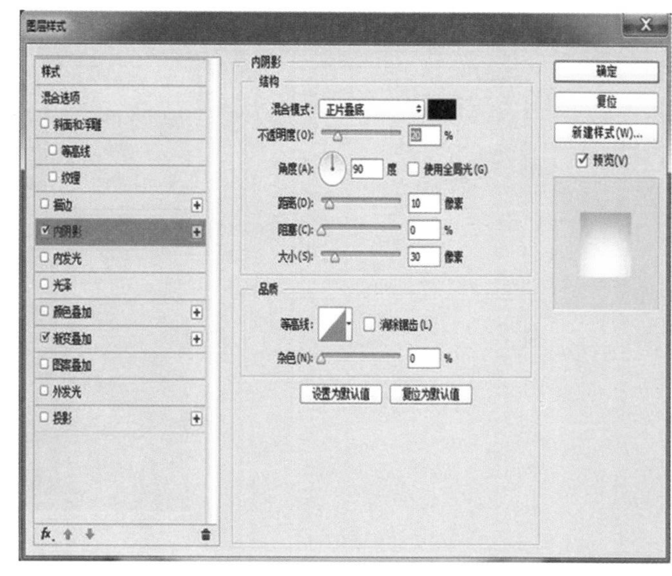
图层样式
样式
混合选项
斜面和浮雕
等高线
纹理
描边
内阴影
内发光
光泽
颜色叠加
渐变叠加
图案叠加
外发光
投影
内阴影
结构
混合模式: 正片叠底
不透明度(O): %
角度(A): 90 度 使用全局光(G)
距离(D): 10 像素
阻塞(C): 0 %
大小(S): 30 像素
品质
等高线: 消除锯齿(L)
杂色(N): 0 %
设置为默认值 复位为默认值
确定
复位
新建样式(W)...
预览(V)

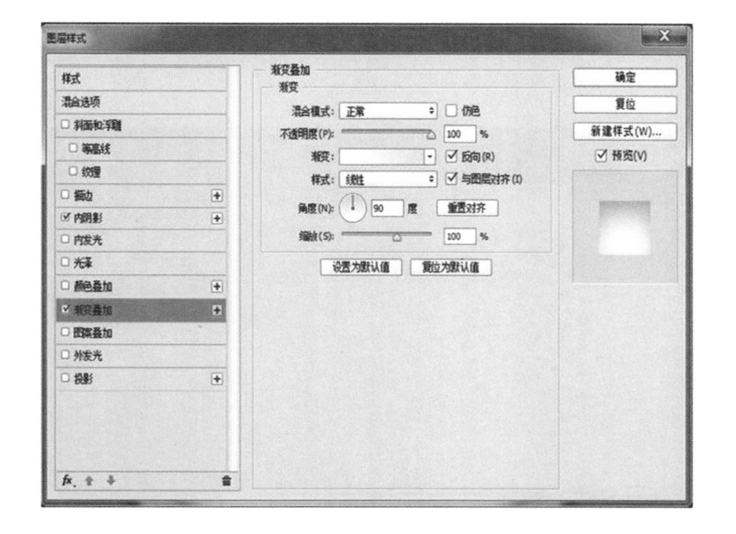
图层样式
样式
混合选项
斜面和浮雕
等高线
纹理
描边
内阴影
内发光
光泽
颜色叠加
渐变叠加
图案叠加
外发光
投影
渐变叠加
渐变
混合模式: 正常 仿色
不透明度(P): 100 %
渐变: 反向(R)
样式: 线性 与图层对齐(I)
角度(N): 90 度 重置对齐
缩放(S): 100 %
设置为默认值 复位为默认值
确定
复位
新建样式(W)...
预览(V)

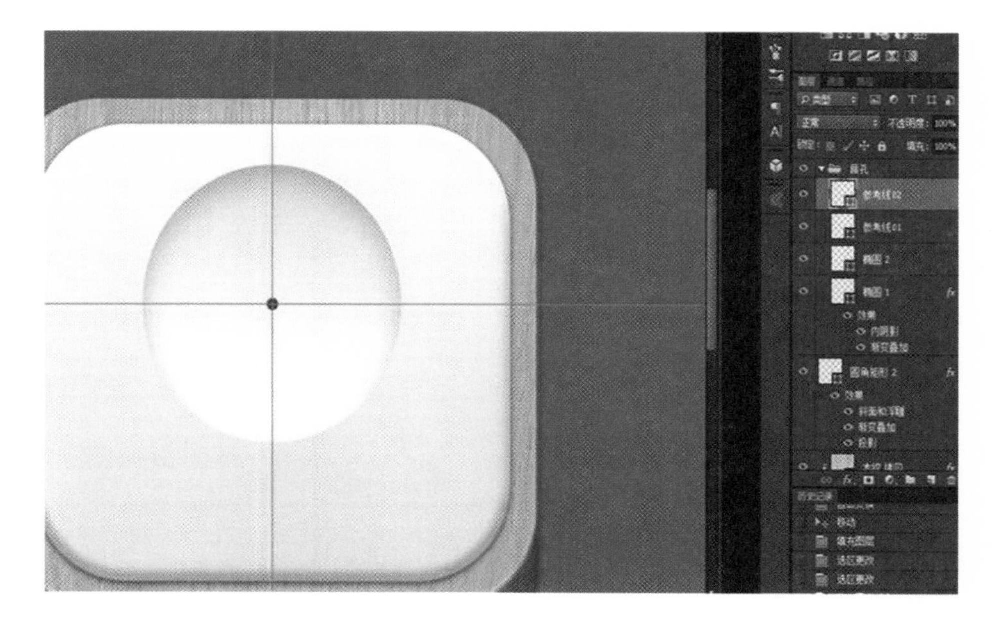

（9）然后旋转到合适位置。需要注意的是，旋转的角度一定要能被360整除。

（10）然后多按几下“Ctrl+Shift+Alt+T”，再次变换，外圈音孔。

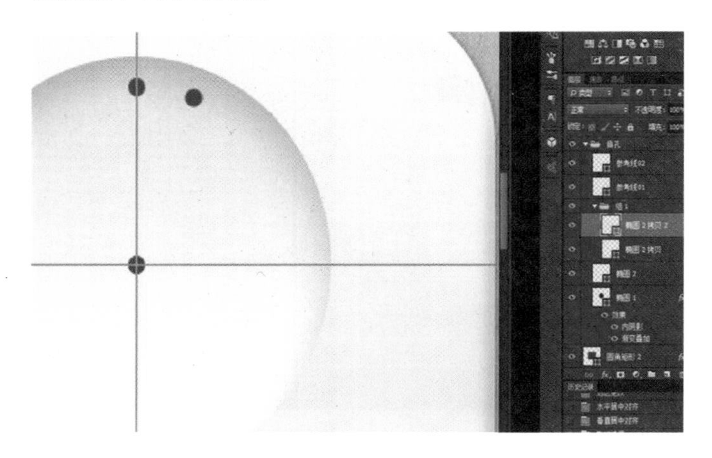

（11）自行调节旋转角度，重复步骤，将音孔做完。做到最后的时候，中间会显得比较密集，可以将圆心处的小圆直径改为9px

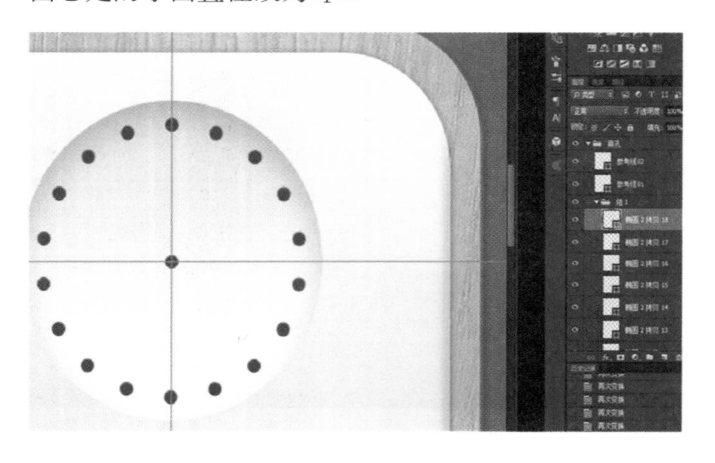

（12）音孔做好了，将参考线删掉，接着做旋钮。

新建一个椭圆，填充颜色#ebebeb，移动到合适位置，添加图层样式。

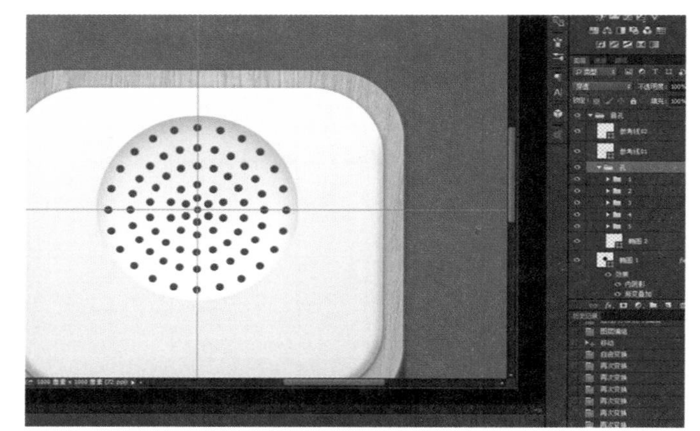

（13）复制一层“椭圆 3”，按“Ctrl+T”变形，按住“Shift+Alt”等比缩放85%，添加图层样式。

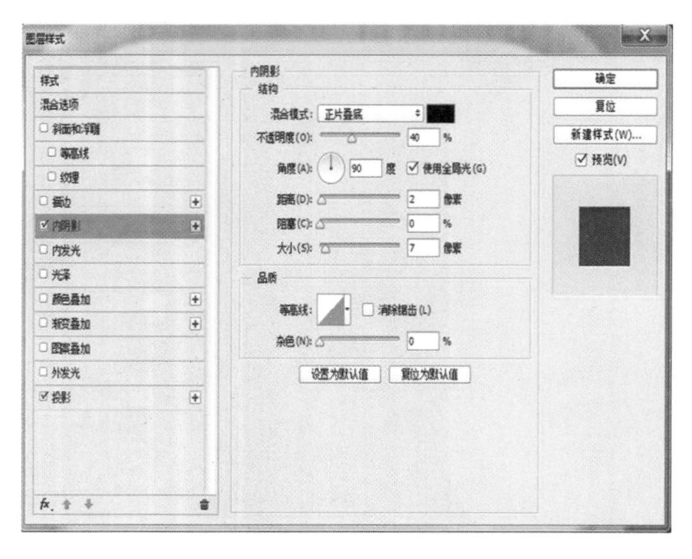

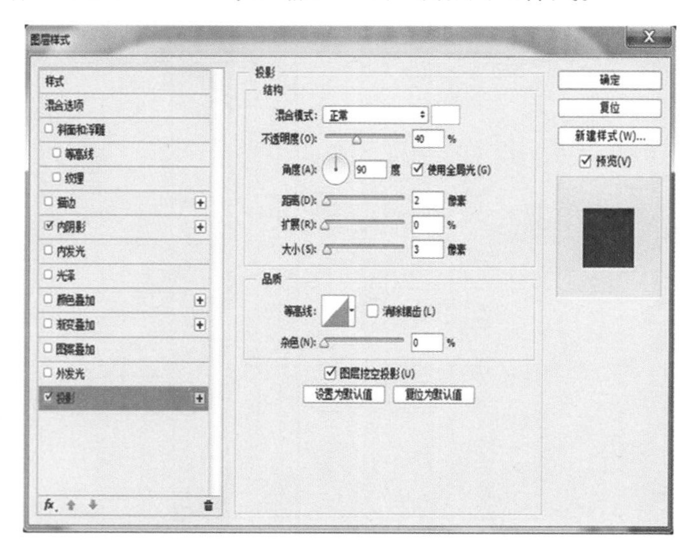

（14）然后复制一层“椭圆3 拷贝”，将填充透明度改为0，添加内阴影。

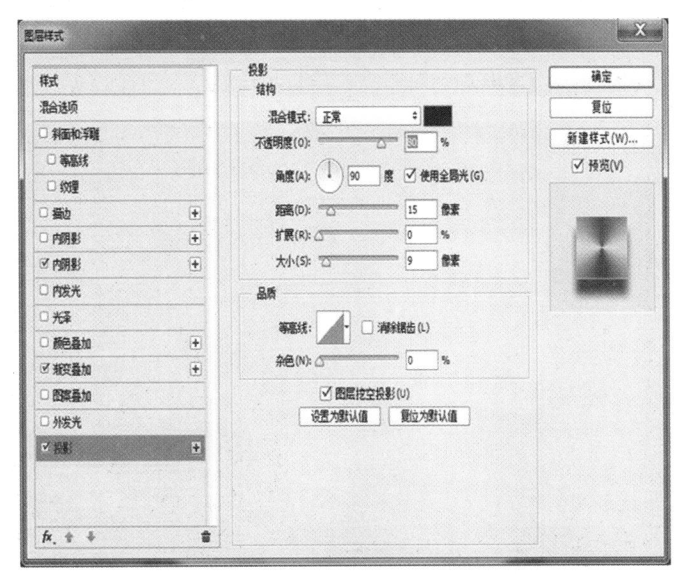

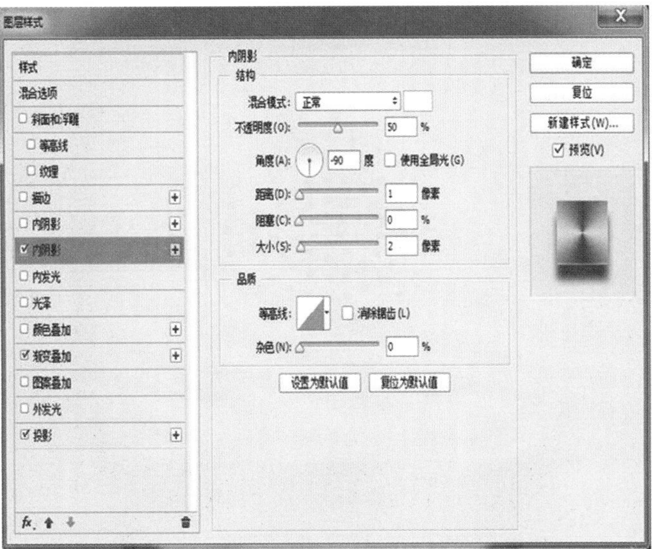

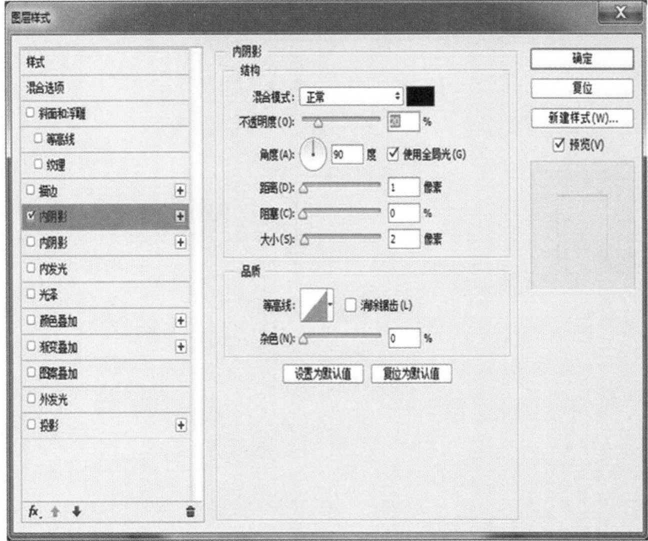

（15）右边的旋钮做好了，复制到左边。

（16）不过如果仔细看，会发现这个图标的木纹还有问题，所以最后来做一下简单的透视。

首先是选择比较亮的木纹，按“Ctrl+T”，右键选择“透视”，调整成这个样子。

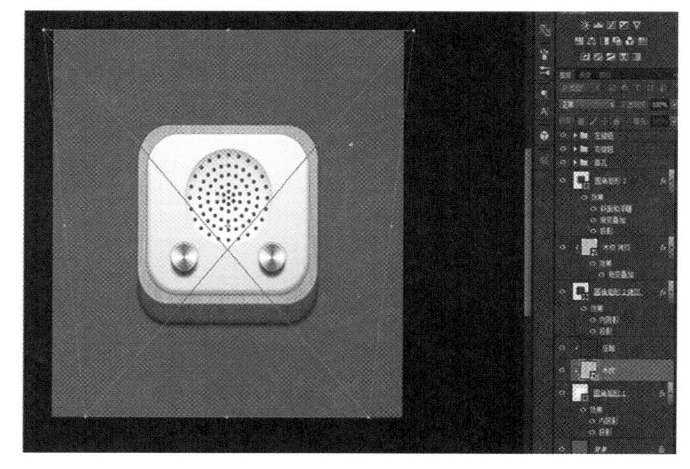

（18）最终的效果

7.2 机器人（EVA）

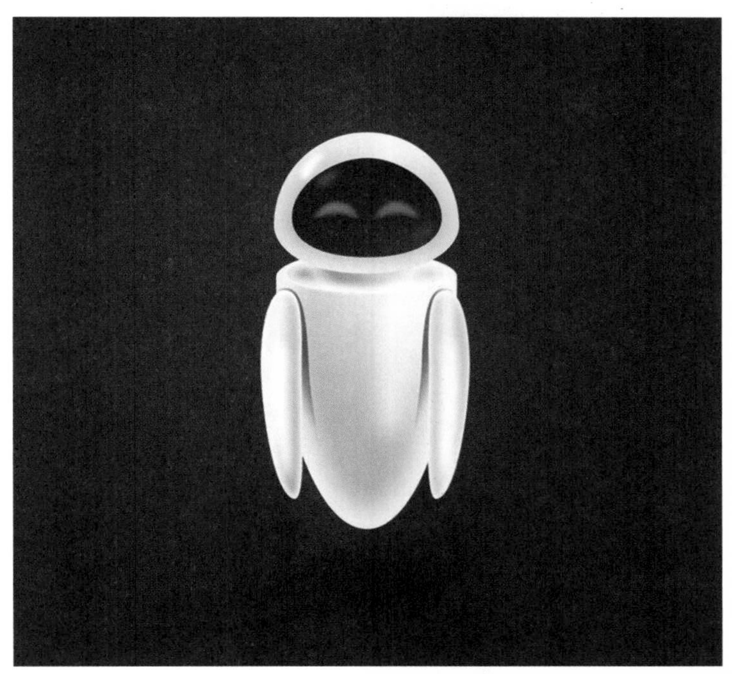

（1）EVA的基本形状是一个蛋形，也就是一个椭圆围绕其长直径旋转一周得到的立体圆形。

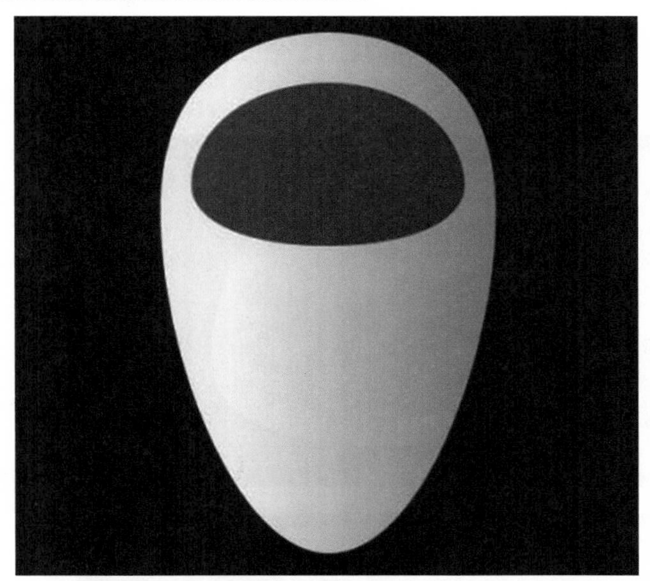

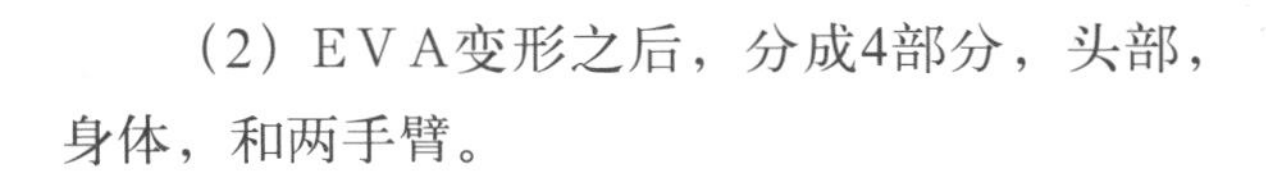

（2）EVA变形之后，分成4部分，头部，身体，和两手臂。

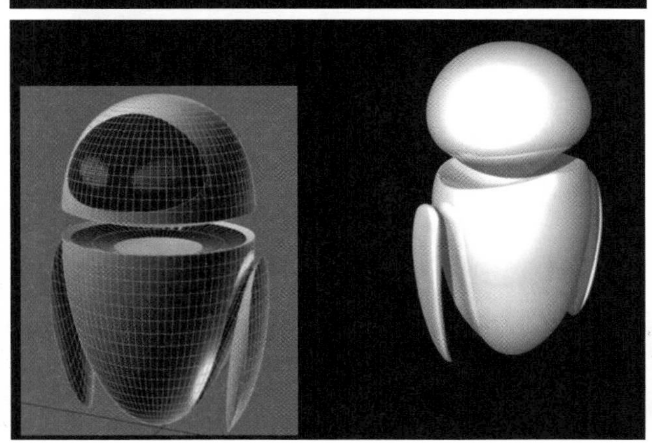

（3）拆解

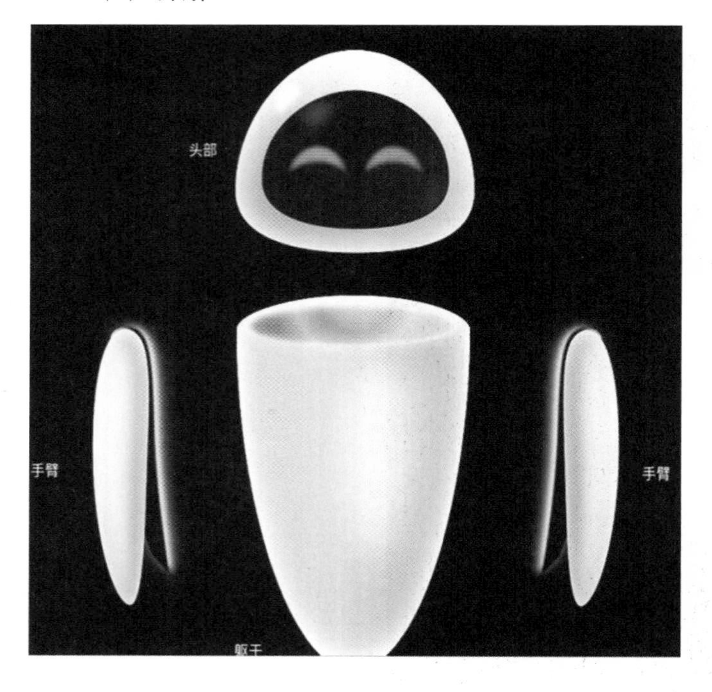

（4）头部绘制：新建1024像素×1024像素，分辨率为72的画布，如下图。

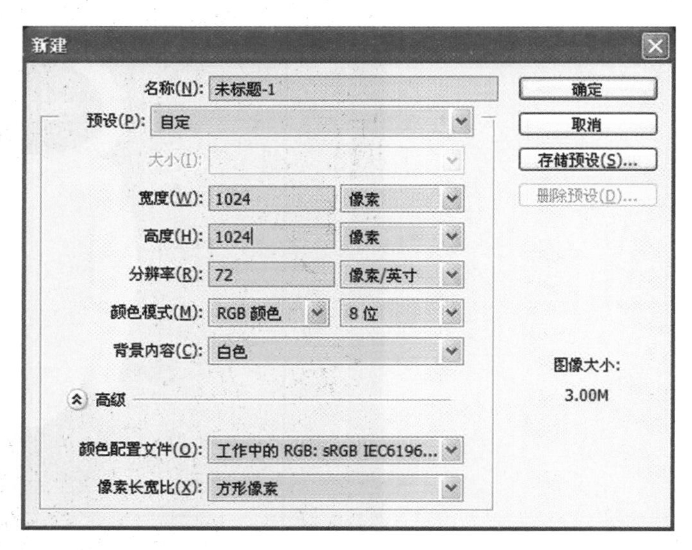

（5）通过调节椭圆形状得到头部轮廓，通过调节内发光与渐变叠加得到头部基础。

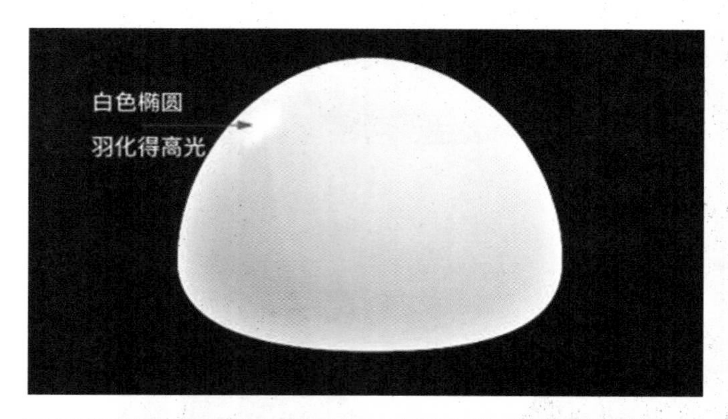

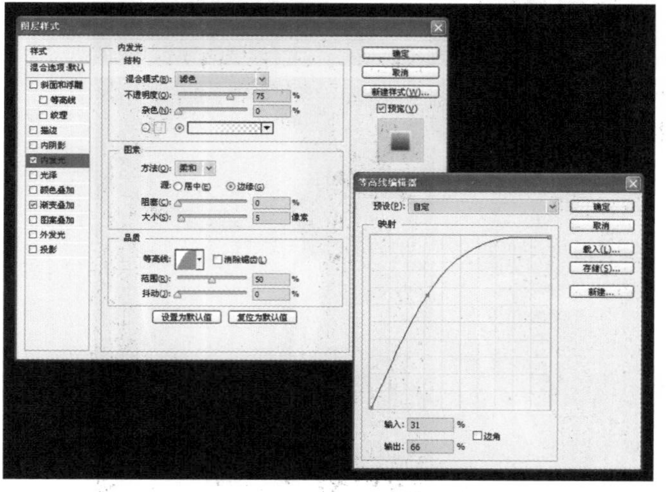

（6）通过调节锚点让椭圆变形，并羽化，得到高光。

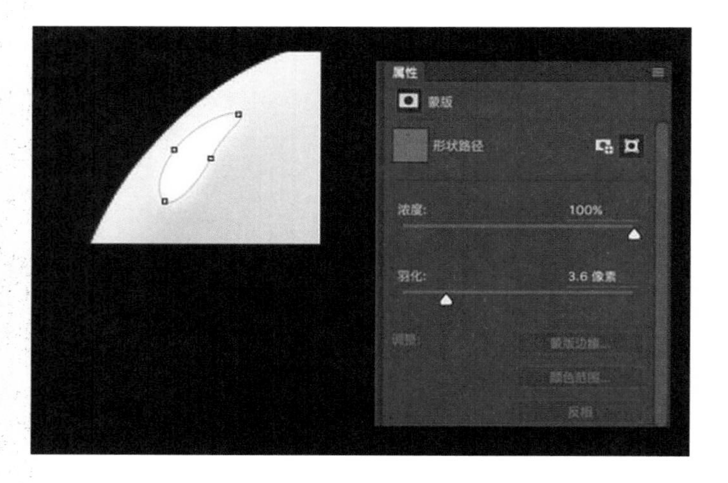

（7）同理，通过高光、反射光，以及布尔运算，调节锚点等得到脸部底色及眼睛。

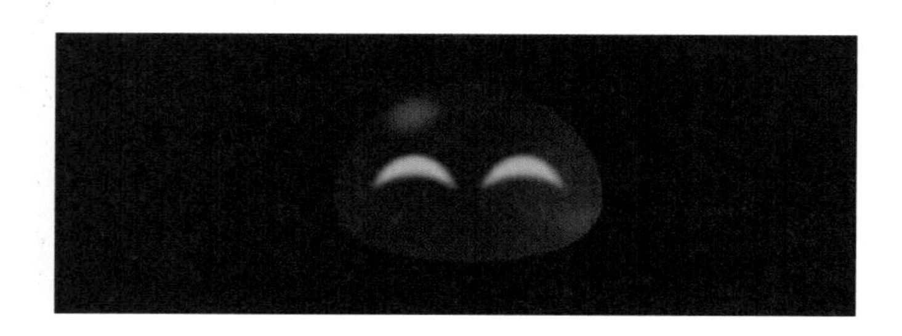

（8）面罩上的黑白条纹可用定义图案功能实现，具体过程如下：新建4px的画布。

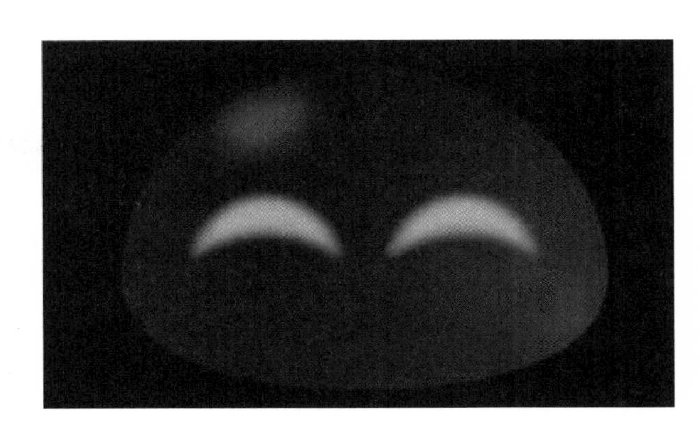

（9）用铅笔工具将上半部分填充黑色。在菜单：“编辑”|“定义图案”，将图案定义出来。

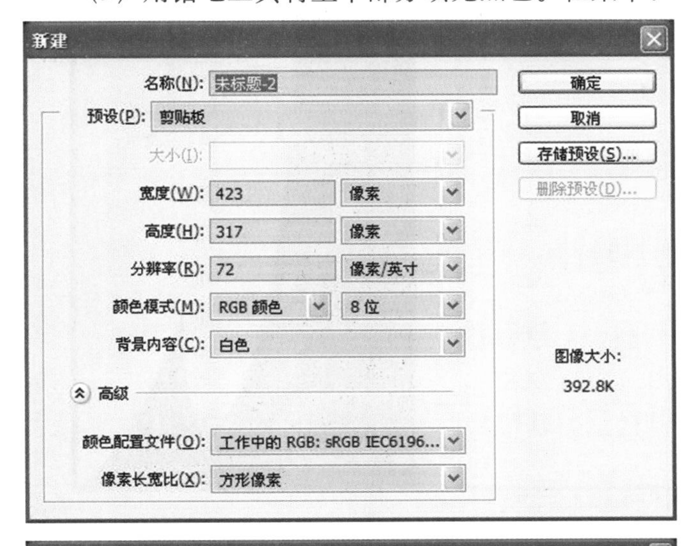

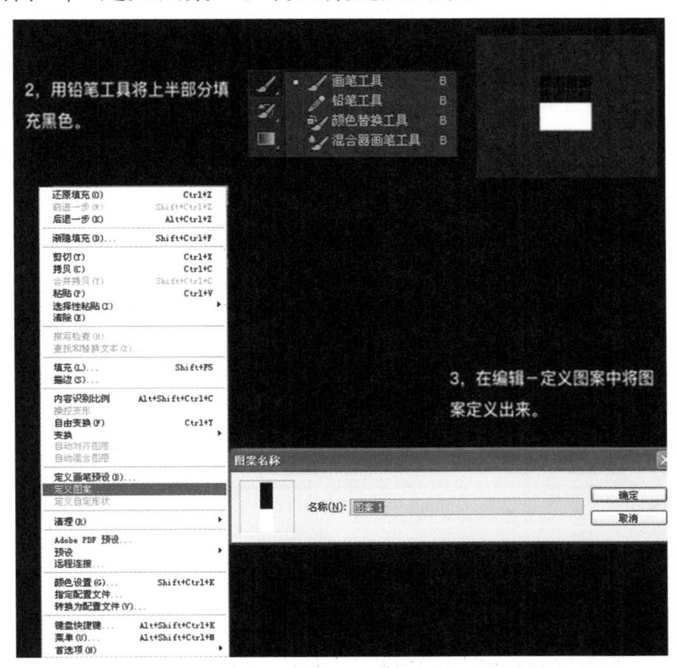

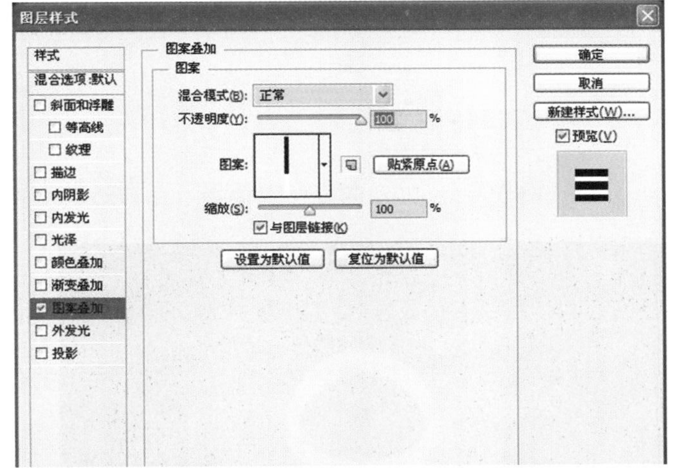

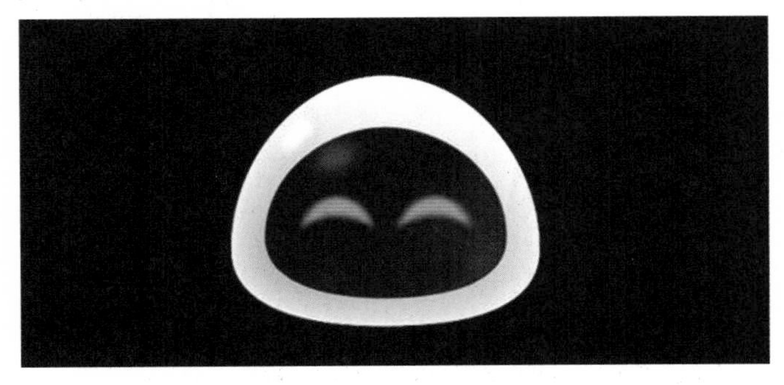

(10) 躯干绘制横截面由图层样式：内发光，两层渐变叠加及一层外发光构成。第一层渐变叠加构造一个光环，反应镜面的反光。下的躯干主体及补光都很简单（渐变叠加、内发光与羽化）可得。

(11) 手臂绘制：通过调节形状，并为形状添加渐变叠加与内发光可得手臂。难点在手臂阴影的塑造。

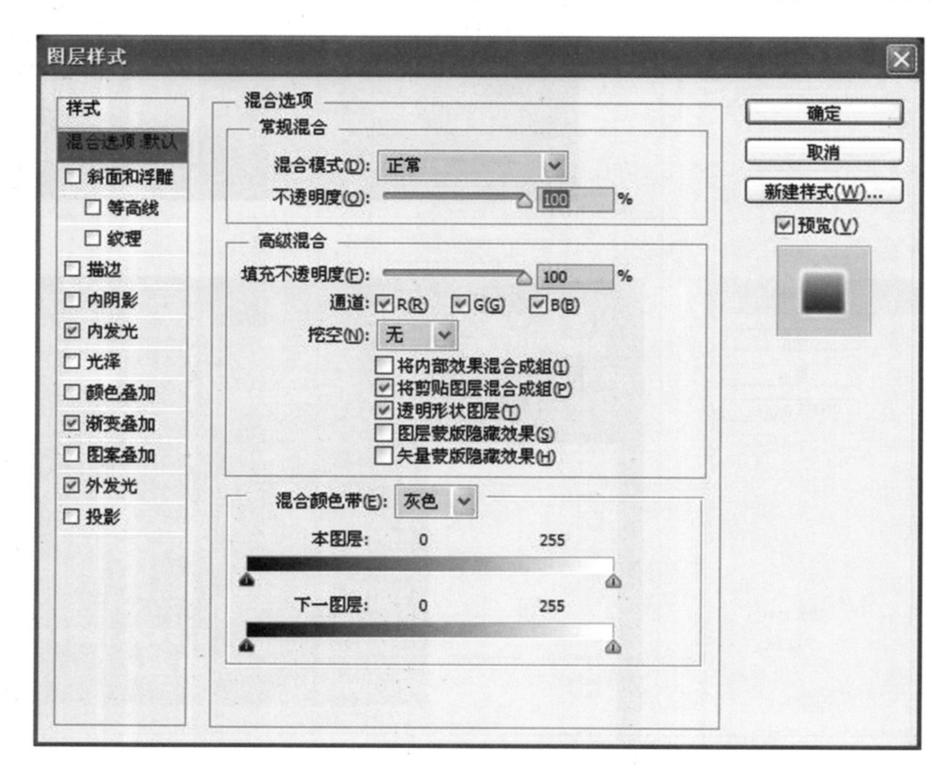

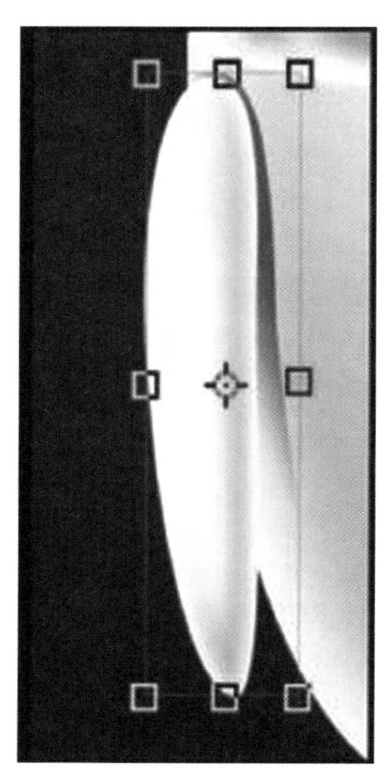

(12) 通过添加两层渐变叠加可实现阴影处的效果。

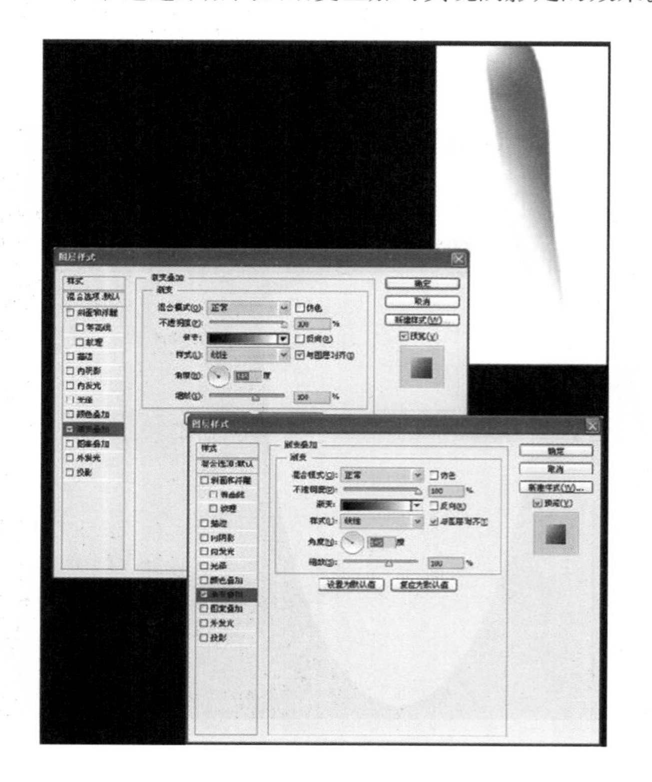

(14) 部件画好之后，将它们组合起来直到完成。

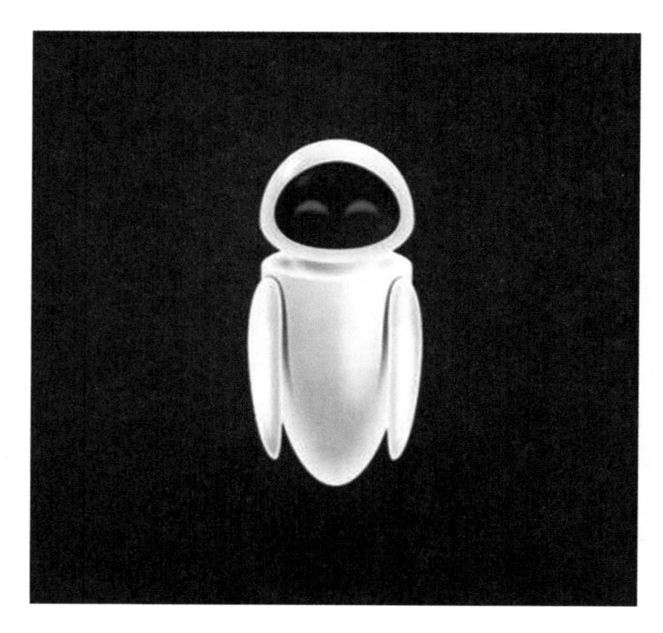

7.3 红色极速跑车

（1）首先把整个车子大形全部用形状色块勾勒出来。

（2）开始刻画汽车前部，设置图层样式，根据光线方向调节渐变。

（3）同样原理，刻画车后身和反光镜等车身细节。

（4）接下来绘制进气口和格栅。

（5）绘制车玻璃。很简单，玻璃高光部分用形状勾画，置于玻璃图层之上。然后用画笔大概画出车内结构的明暗关系，不需要像车外那样逼真，隐约能看到就行。

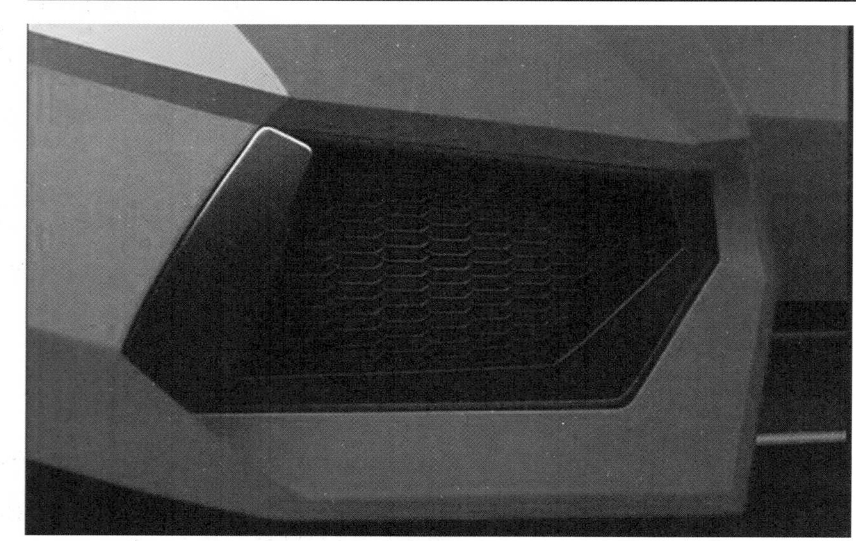

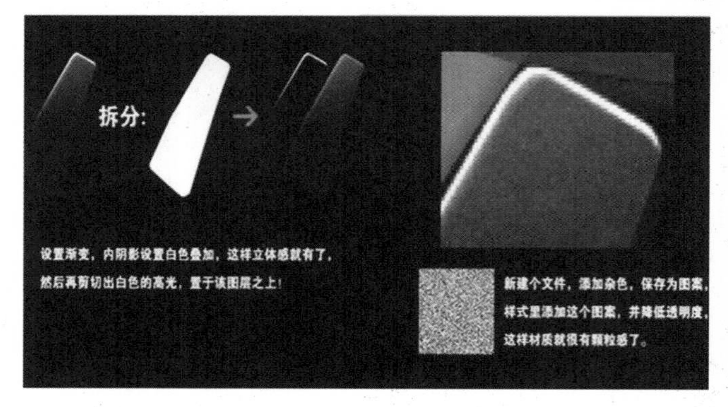

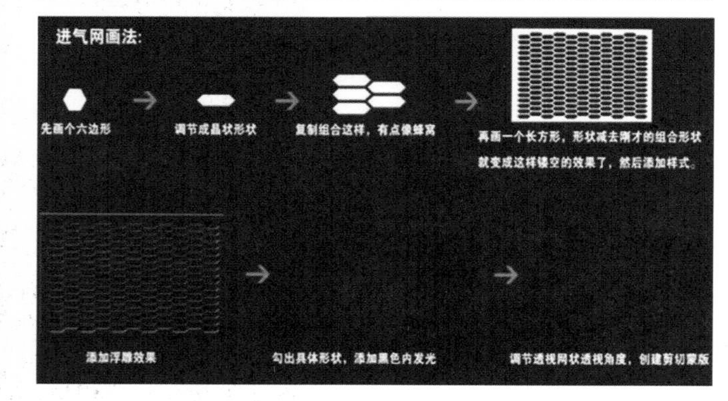

（6）接着开始绘制车轮胎，看起来复杂，其实很简单，一样样零件画好组合在一起。

（7）然后绘制车灯，车灯比较简单，按住形状添加发光样式，在滤色模式叠加一个灯光光效。

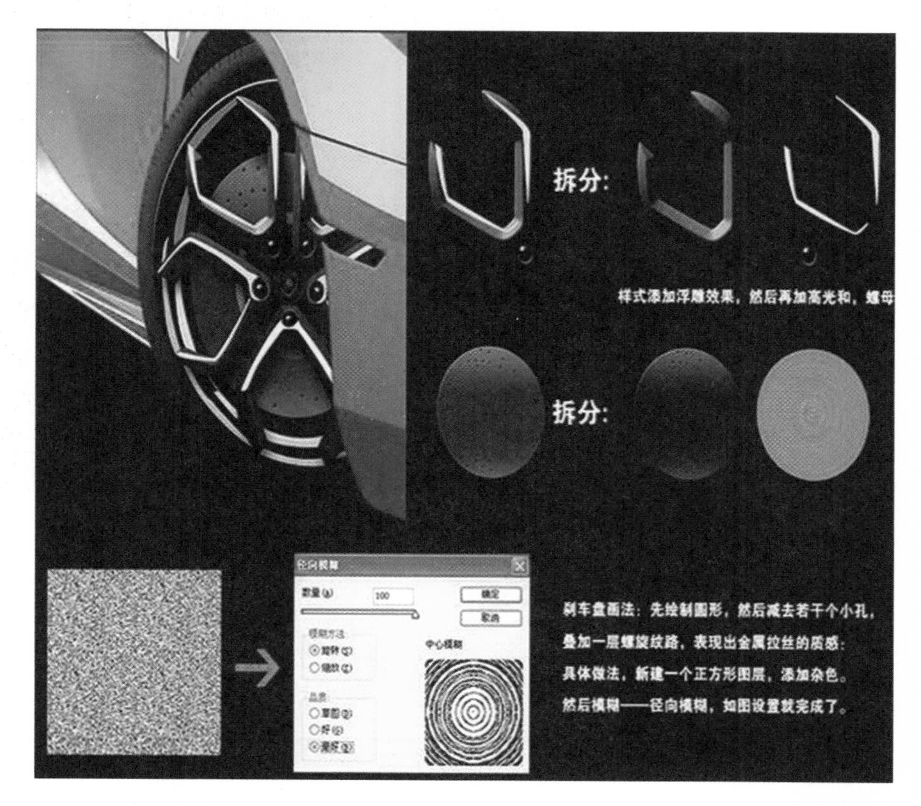

（8）最后完善汽车细节。

（9）给汽车配个展示背景，可在网上找场景素材，把车子放进去。

（10）高斯模糊后，降低透明度，再添加图层蒙版，把多余的阴影抹掉。

（11）再用路径工具勾选黑色阴影路径，羽化路径填充黑色。

（12）最后加上标志，完成最终效果。

7.4 摄像头

（1）新建400像素*300像素的文件，使用矢量工具拉出一个如下图的圆角方形，并且加上渐变效果。

（2）给图标底座增加厚度和光源，我们使用了2种图层样式。

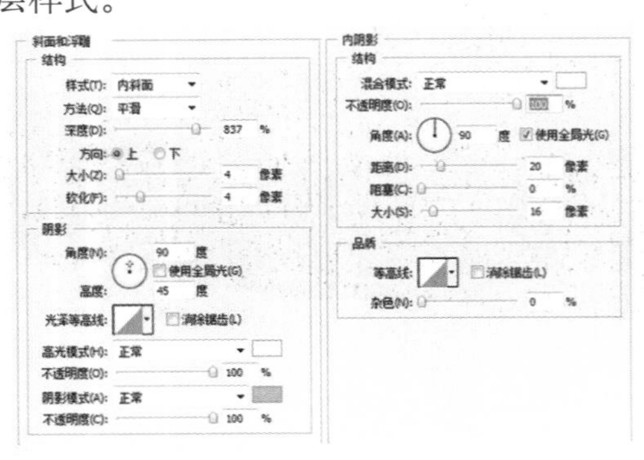

（3）使用矢量工具拉出一个如下图的圆形，加上渐变效果，与上图合起来。

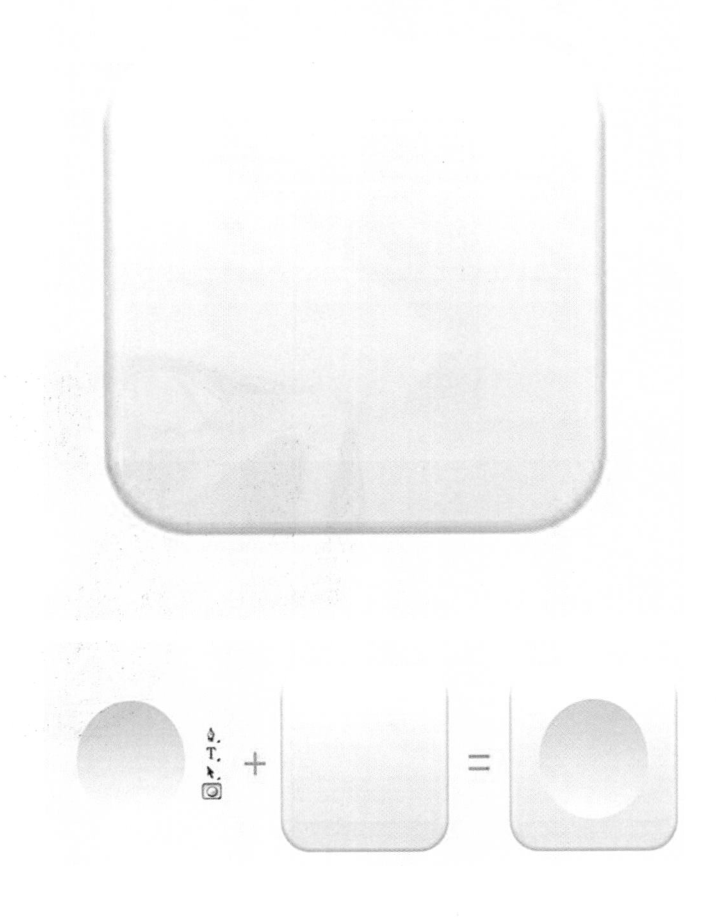

（4）绘制金属底座部分（分为7个部件：投影a、底座b、明暗交界线cd、高光e、凹面fg）。

（5）a-g按住由下往上的顺序排列得到下图，并与底座合并。

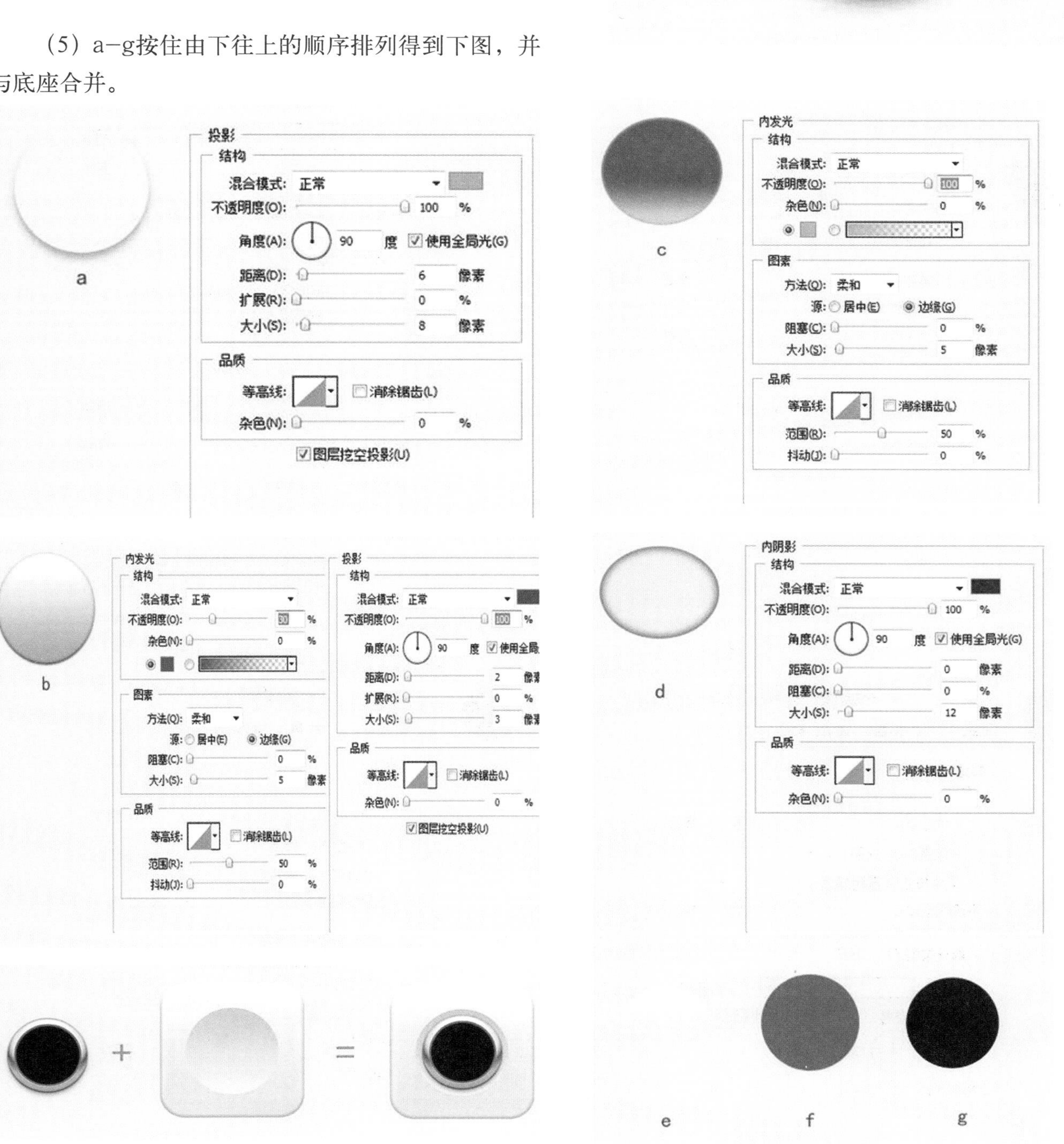

（6）最后是镜头，看似很复杂，但也是由图层堆砌的，只要细心耐心就好了。

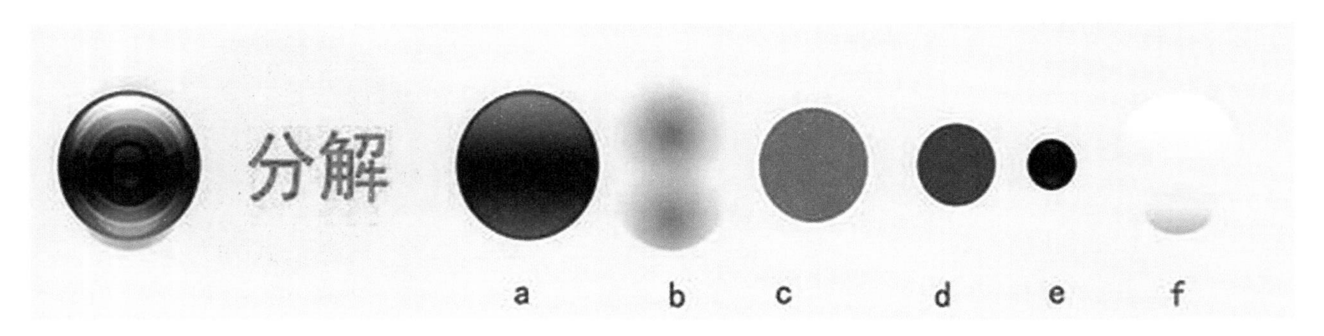

（7）a-f按照由下往上的顺序排列得到下图，并与底座合并。

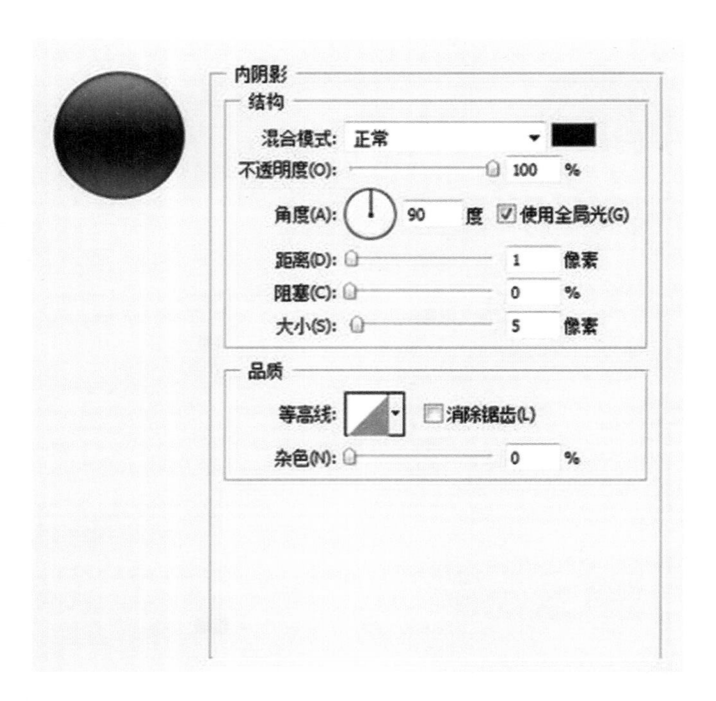

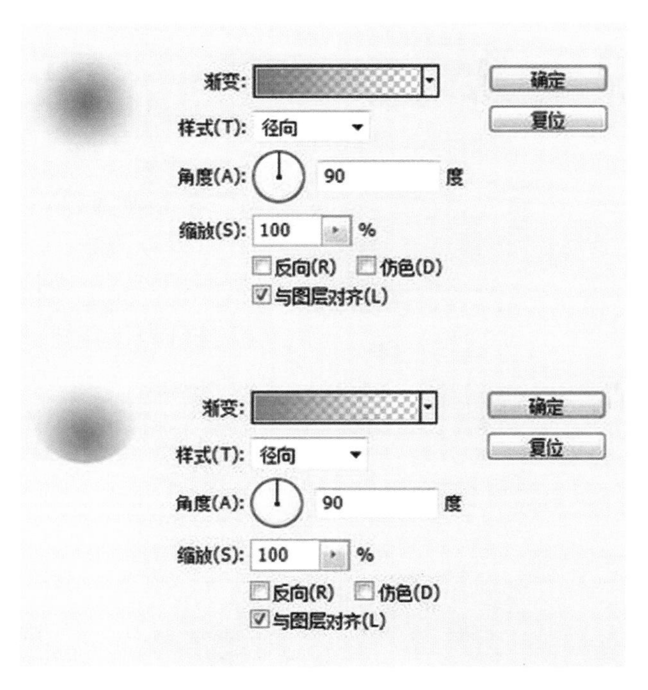

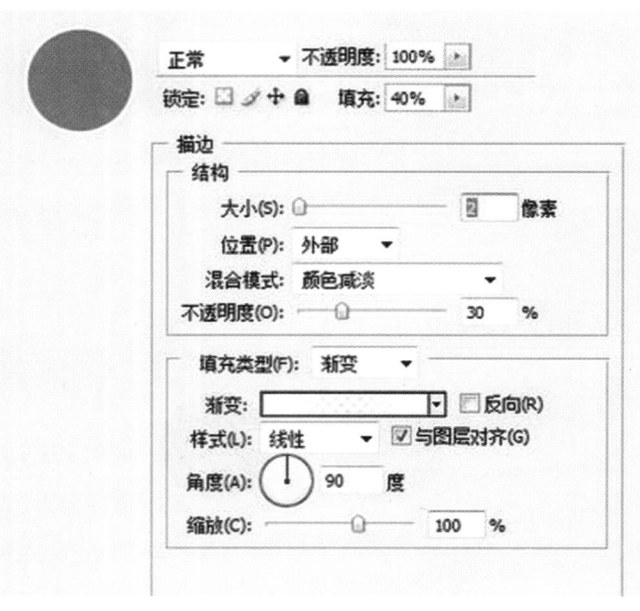

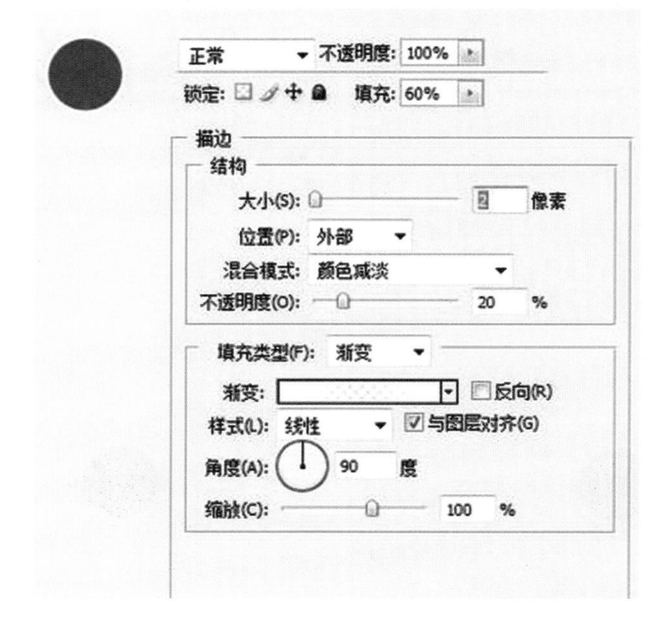

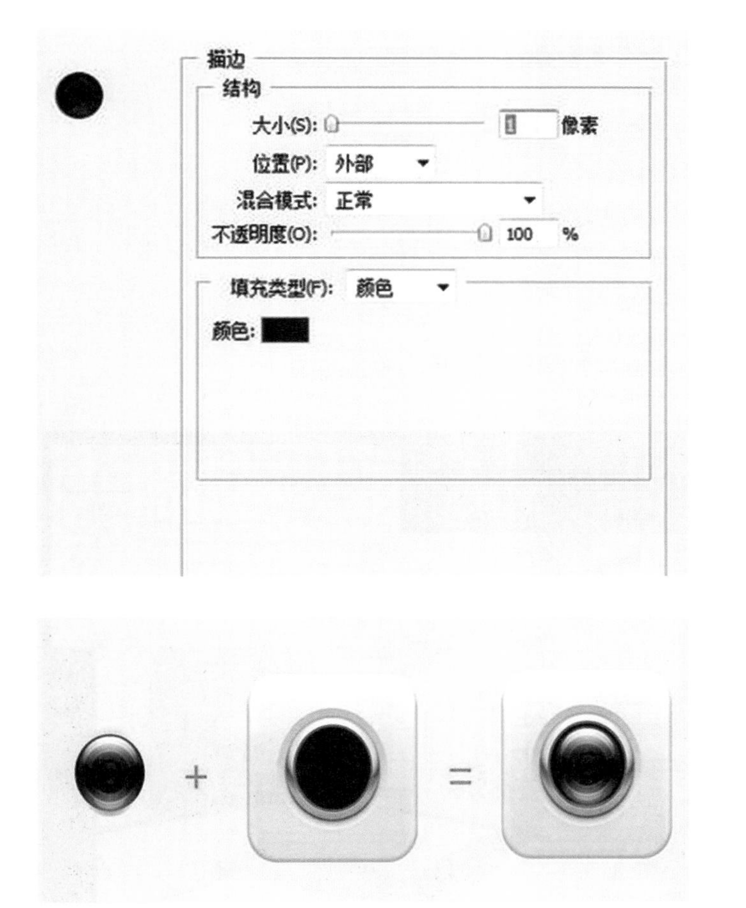
描边
结构
大小(S):
1
像素
位置(P): 外部
混合模式: 正常
不透明度(O):
100
%
填充类型(F): 颜色
颜色:
+
=

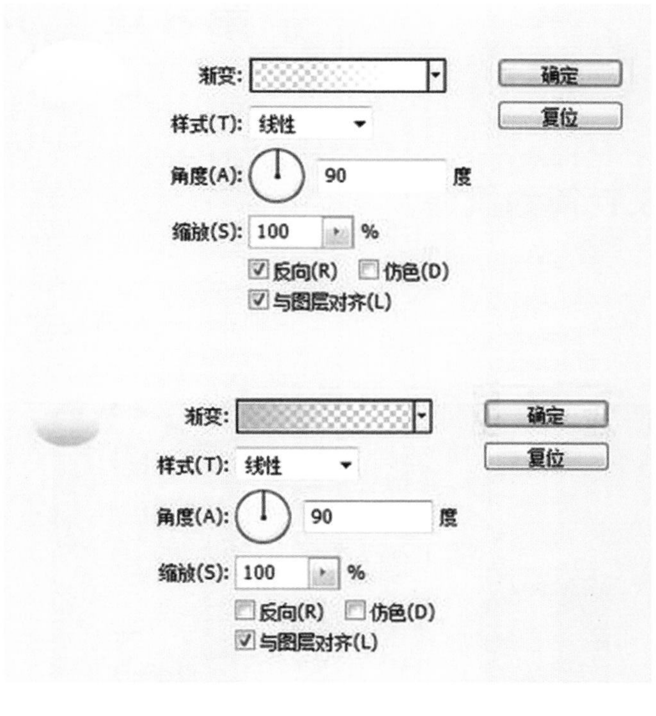
渐变:
确定
复位
样式(T): 线性
角度(A):
90
度
缩放(S):
100
%
反向(R)
仿色(D)
与图层对齐(L)
渐变:
确定
复位
样式(T): 线性
角度(A):
90
度
缩放(S):
100
%
反向(R)
仿色(D)
与图层对齐(L)

（8）最终效果

第8章 环艺设计篇

8.1 简约风格

（1）打开一张图。

（2）然后进行色彩平衡设置。

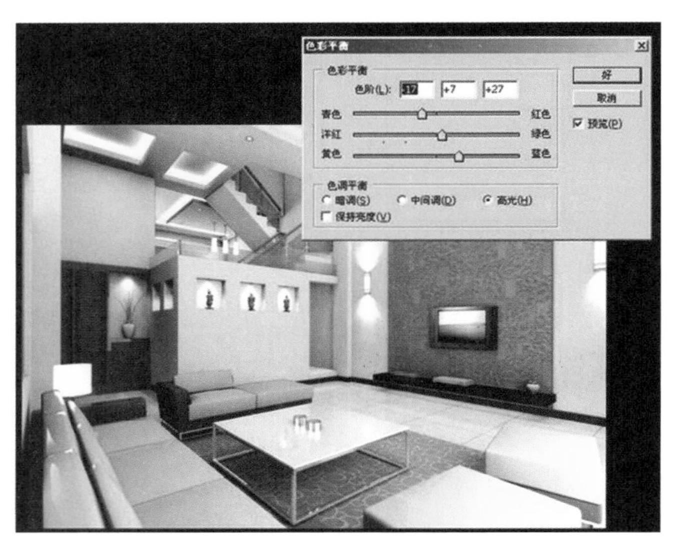

（3）进行色相饱和度设置。

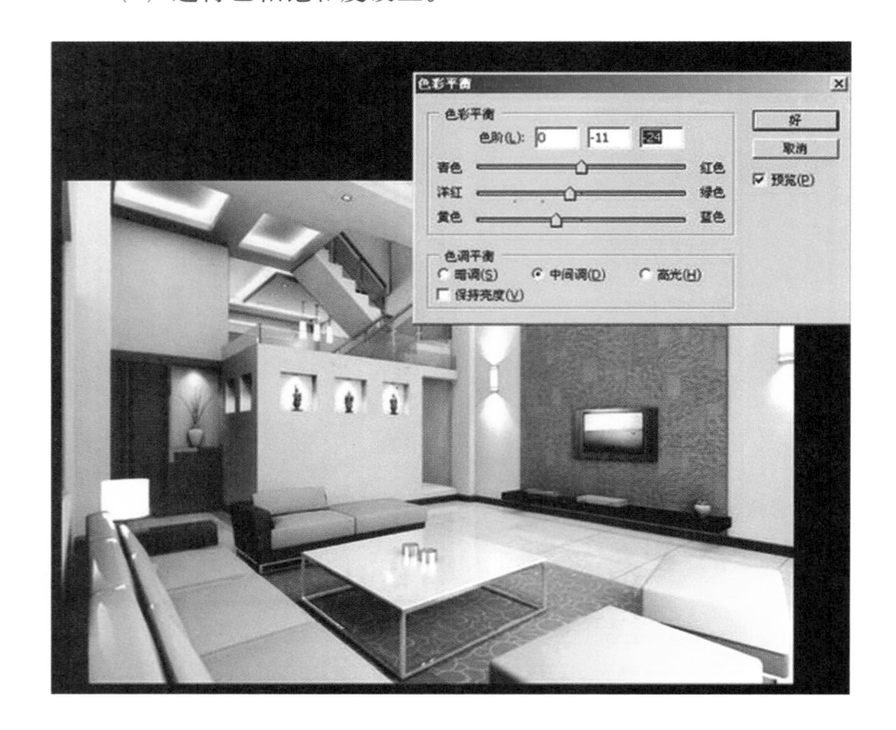

（4）进行色相设置

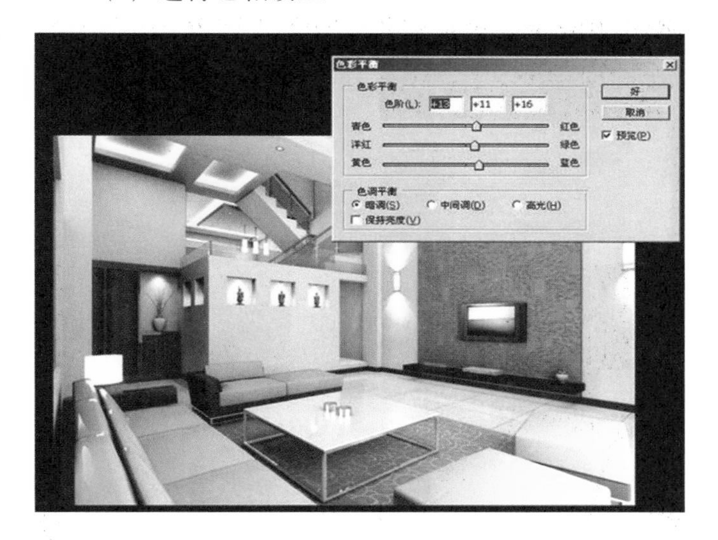

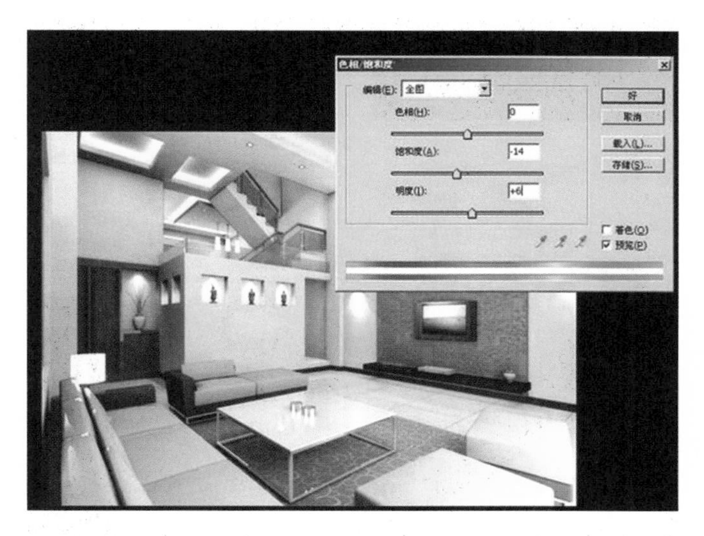

（5）进行亮度设置

（6）如图操作。

（7）再进行色彩设置。

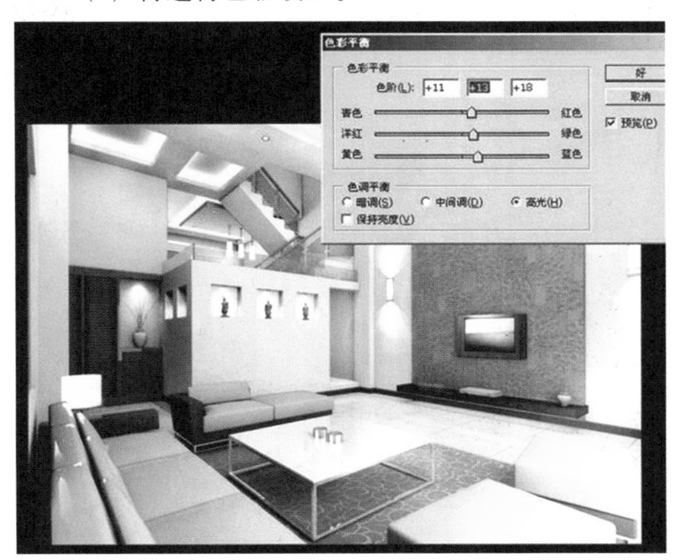

（8）仍然进行色彩设置。

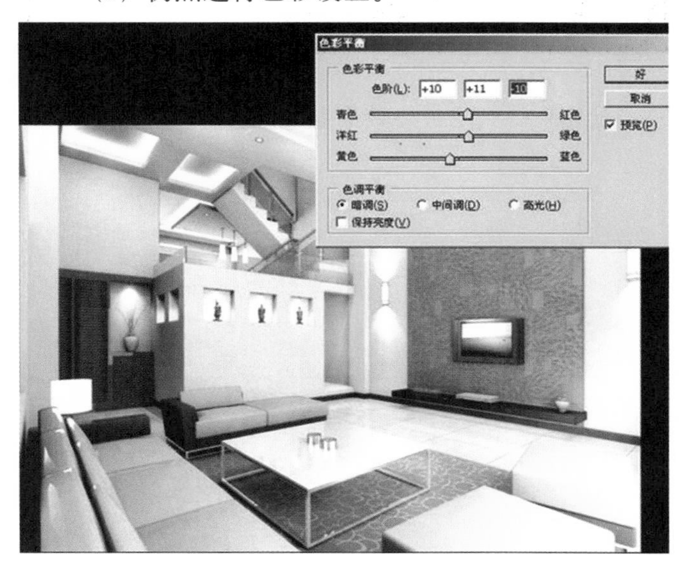

(9) 如图进行选择，然后进行色相/饱和度设置。

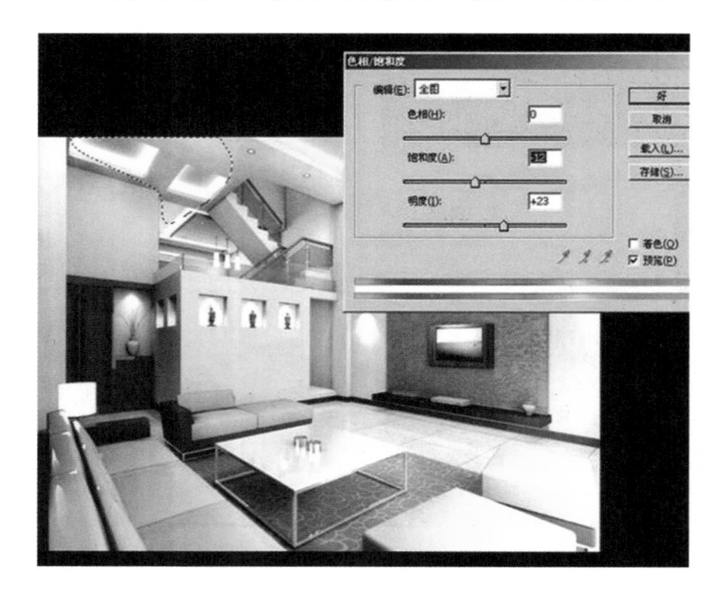

(10) 如图选择再对选区进行色彩设置。

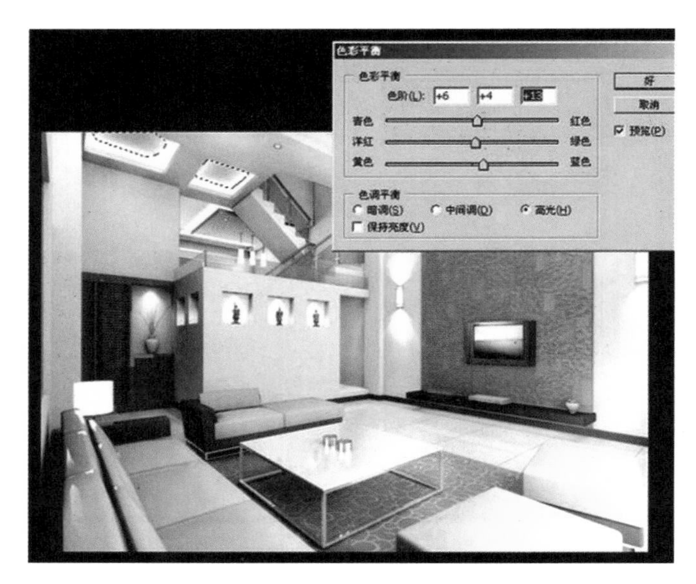

(11) 进行锐化操作，再进行。

(12) 色彩设置。

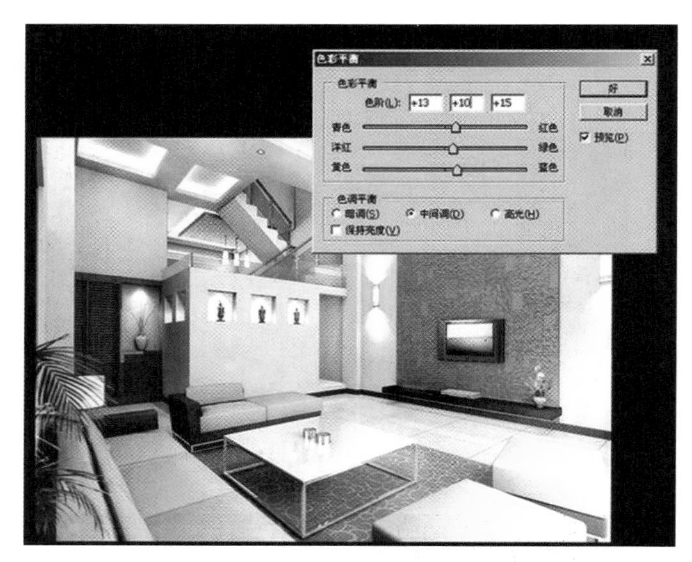

(13) 得到的最终效果如图。

8.2 地中海风格

（1）先用色阶调整整图的亮度和明暗。

（2）再用亮度和对比度调整图片的对比。

(3) 用色彩平衡调整图片的颜色和颜色对比。

(4) 执行“滤镜 | 锐化 | 锐化”命令，但是先要拷贝一个图层出来，因为如果有的部分地方不需要锐化的话可以用橡皮擦掉。

(5) 在用色彩范围进行选择要发光的部分，以下这几步都是为了让有光和无光的部分有个对比和过渡而更显得光影自然，然后拷贝选择区域。

（6）再用“滤镜 ｜ 模糊 ｜ 高斯模糊”，把刚才拷贝出来的图层模糊一下，达到光和过渡的效果。

（7）然后把刚才的“图层1”的混合模式改为滤色，这样更有光感，直到最终完成。

8.3 黄昏古代建筑群

原图

最终效果

（1）打开原片后执行色阶命令。

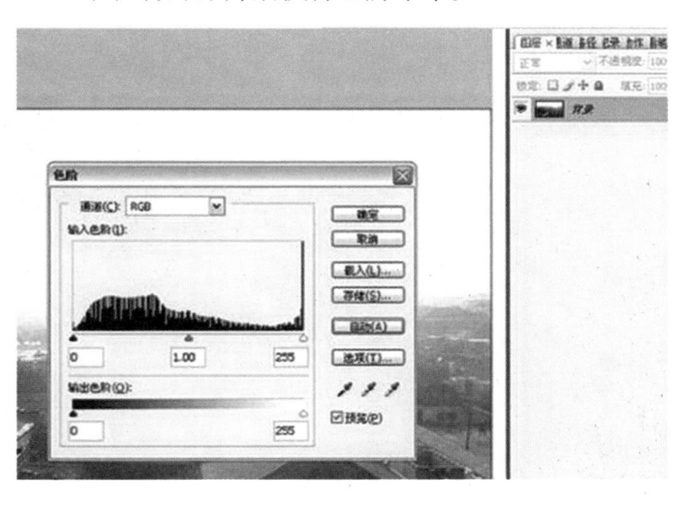

（2）打开所需素材，并将素材拖入画布中。

（3）执行变形工具（快捷键Ctrl+T），并将素材水平翻转，调整合适的位置和大小，在素材图层上添加蒙板。

（4）在背景层上新建图层，并将新建的图层模式更改为正片叠底，设置前景色的色彩。

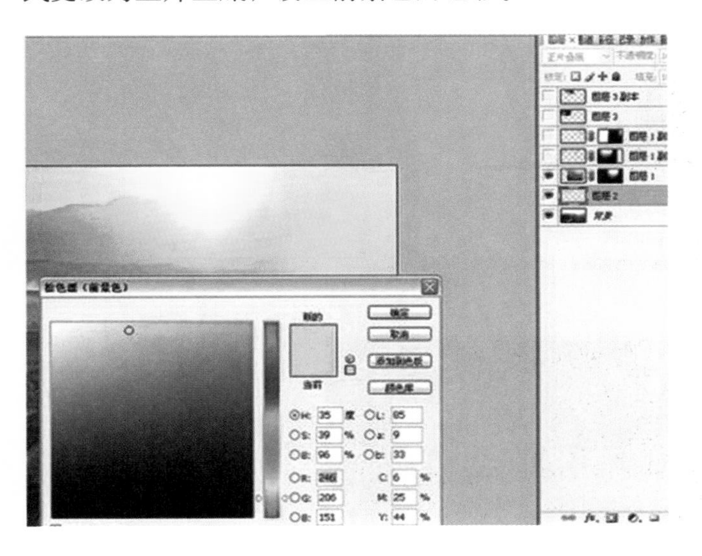

（5）复制素材图层，将其适当的移动到画面左侧，让其铺满整个天空。

(6) 继续复制素材图层，将其适当的移动到画面右侧。

(7) 打开烟雾素材，适当调整位置，并将其图层模式更改为滤色。

(8) 在烟雾素材上执行色阶命令，适当加强一下素材的对比度。

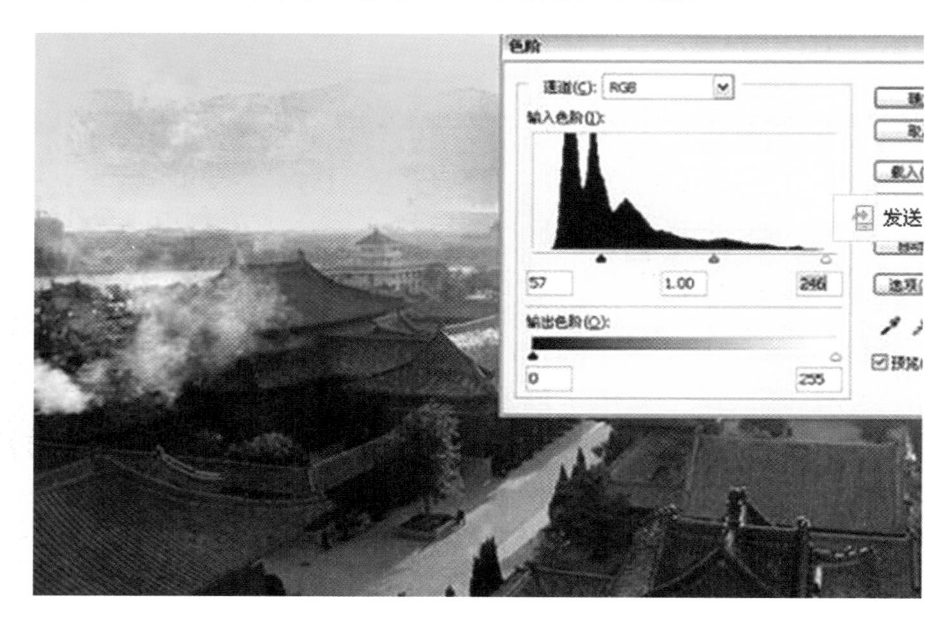

（9）在烟雾素材上执行色彩平衡命令：色调平衡—中间调，适当添加红色和黄色。

（10）将烟雾素材适当分布在图像四周，以此来营造和渲染画面的气氛。

（11）在背景层上执行“调整图层｜曲线”：选择蓝色通道，高光和暗影适当减蓝加黄，让背景和夕阳素材相协调。

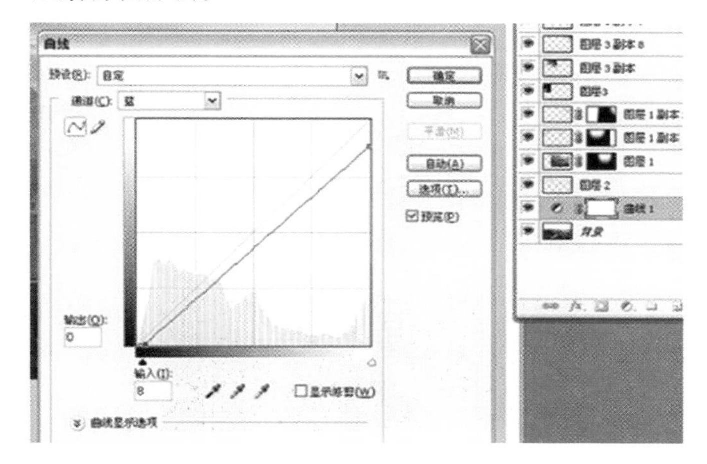

（12）在曲线上选择红色通道，高光处添加红色。

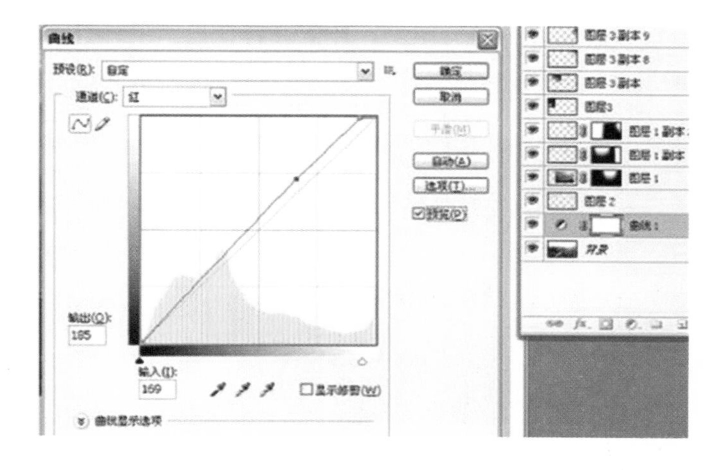

（13）盖印所有图层（快捷键Shift+Ctrl+Alt+E），在盖印后的图层上执行“调整图层｜亮度｜对比度”。

（14）继续盖印所有图层，或者合并所有图层也可。在盖印后的图层上执行“滤镜｜渲染｜镜头光晕”。

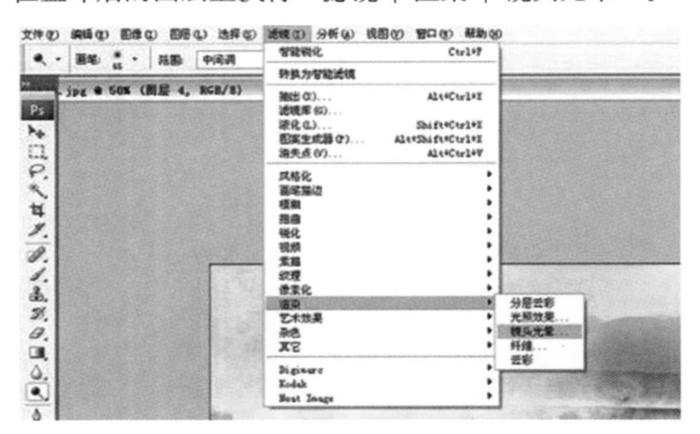

（15）镜头光晕参数设置如下：亮度46%，镜头类型50－300毫米变焦。

（16）合并所有图层，并复制背景层，将背景副本图层前面的眼睛点去，在背景层上执行色相饱和度。

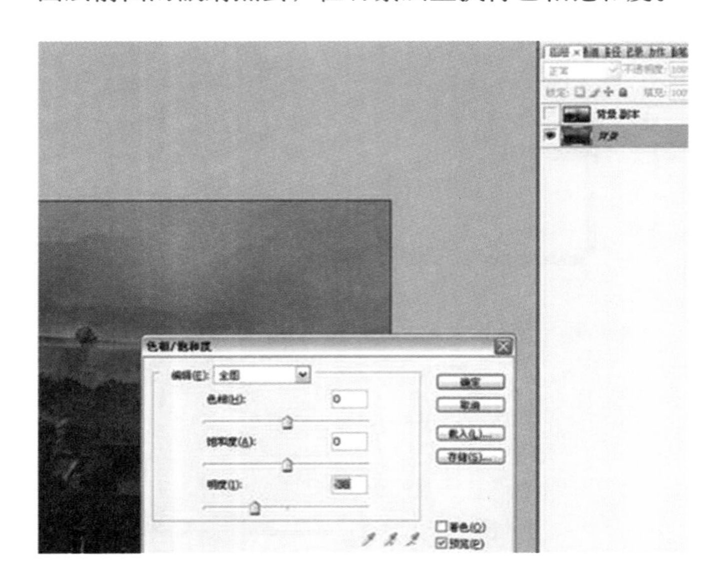

（17）点开背景副本层前面的眼睛，在此图层上添加蒙板，在蒙板上用渐变工具拉出四周的暗角。

（18）合并可见图层，执行“滤镜｜锐化｜USM锐化”。

（19）最终效果。

8.4 园林景观彩绘

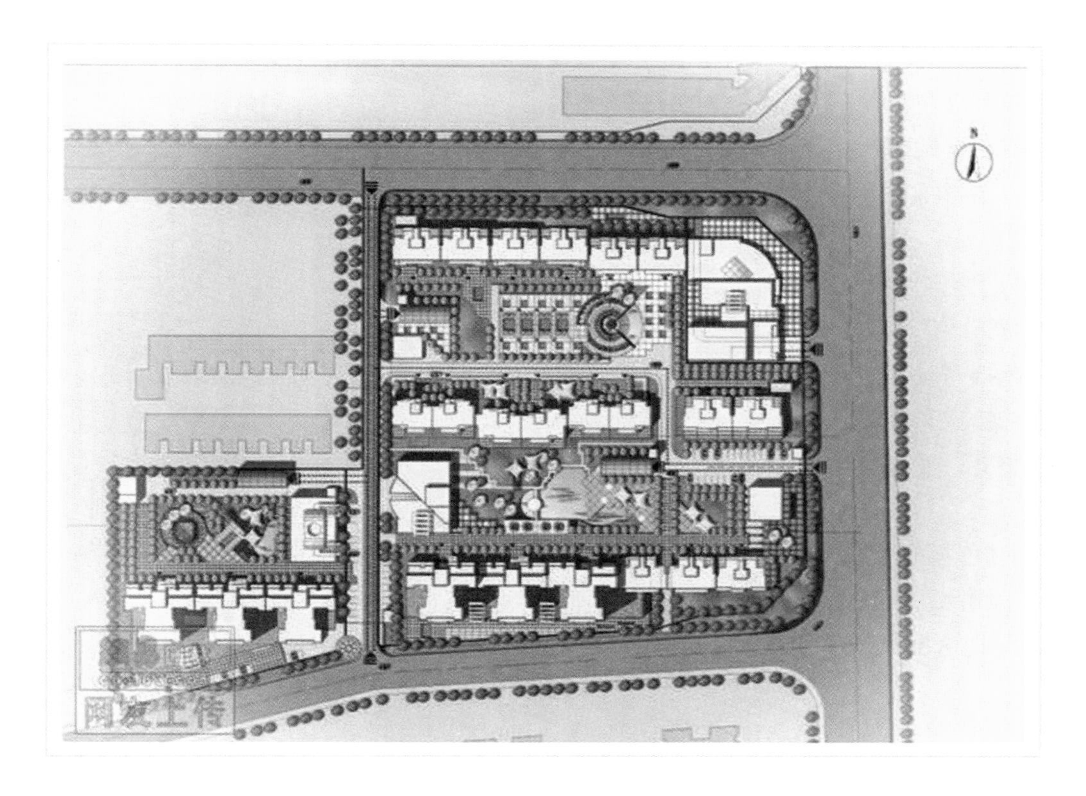

（1）在PS中打开文件，从CAD中导入的是位图文件，但是一般情况下这只是一幅彩色稿。无论是bmp还是tif文件，先转换为黑白格式，保持精度。

①先转换为gray模式。

②在gray模式中调整对比度，调到最大。

③再转换回RGB模式，转换黑白稿。

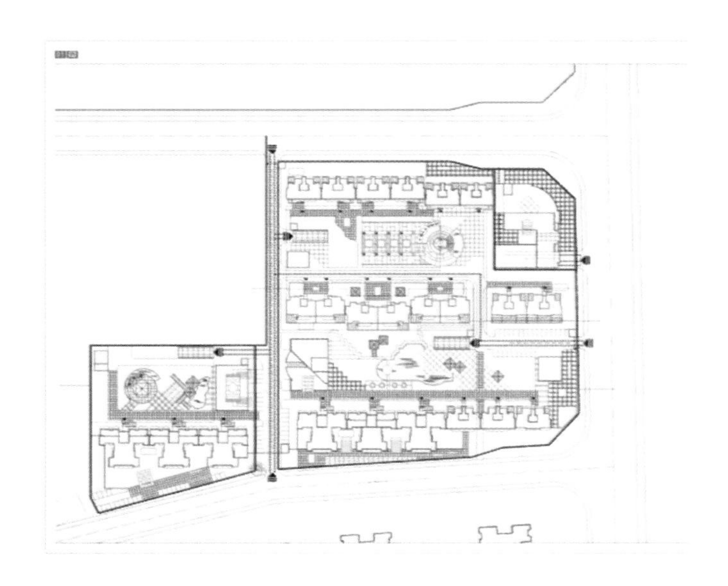

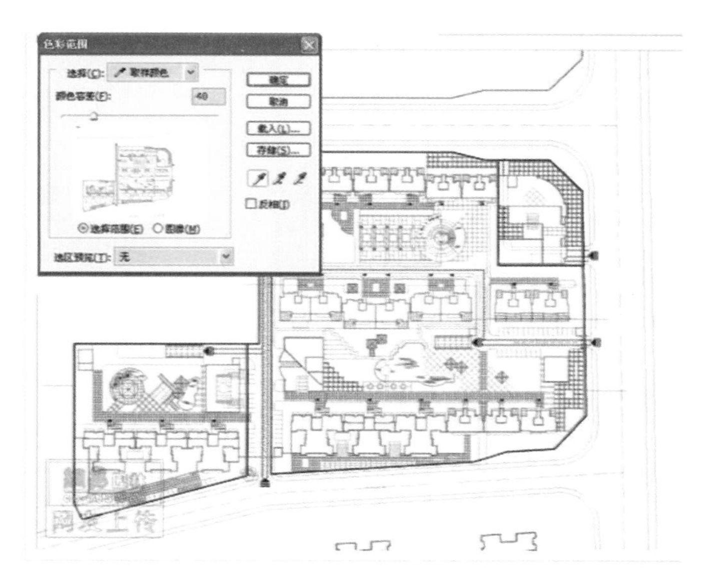

（2）分离图线。分离图线层，好处有如下：

①所有的物体可以在图线下面来做，一些没有必要做的物体可以少做或不做，节省了很多时间。

②物体之间的互相遮档可以产生一些独特的效果。

③图线可以遮挡一些物体因选取不准而产生的错位和模糊，使边缘看起来很整齐，使图看起来很美。

具体步骤是以“色彩范围”选取方式选中白色，删除。现在图线是单独的一层了。把这层命名为“图线层”。

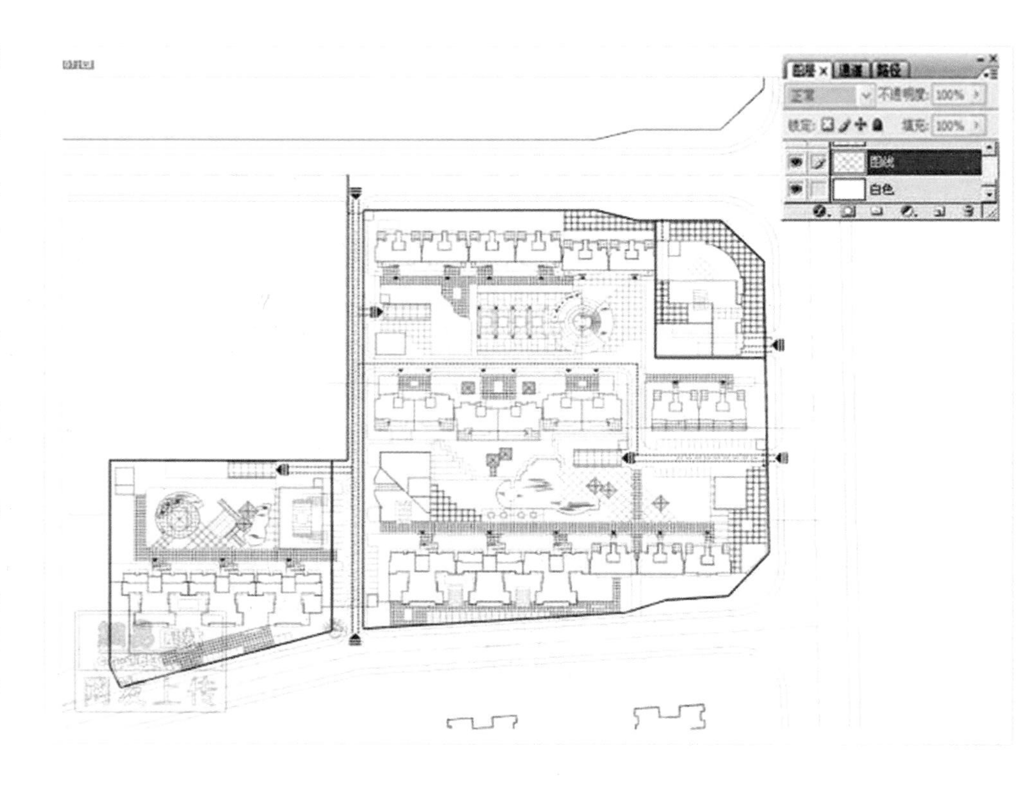

（3）分离成功。

为了观察方便，可以在图线后增加一层填充为白色，当然也可直接填充绿色变草地层，白色的好处是画超级大平面图的时候会比较容易了解自己的进度，从现在开始，每个新增加的图层都会命名。理由如下：

①养成规范的习惯。

②可以有效防止产生大量无用的废层和无物体层（即空层）。

③将来重新修改图时能够很轻松地找到每个物体。

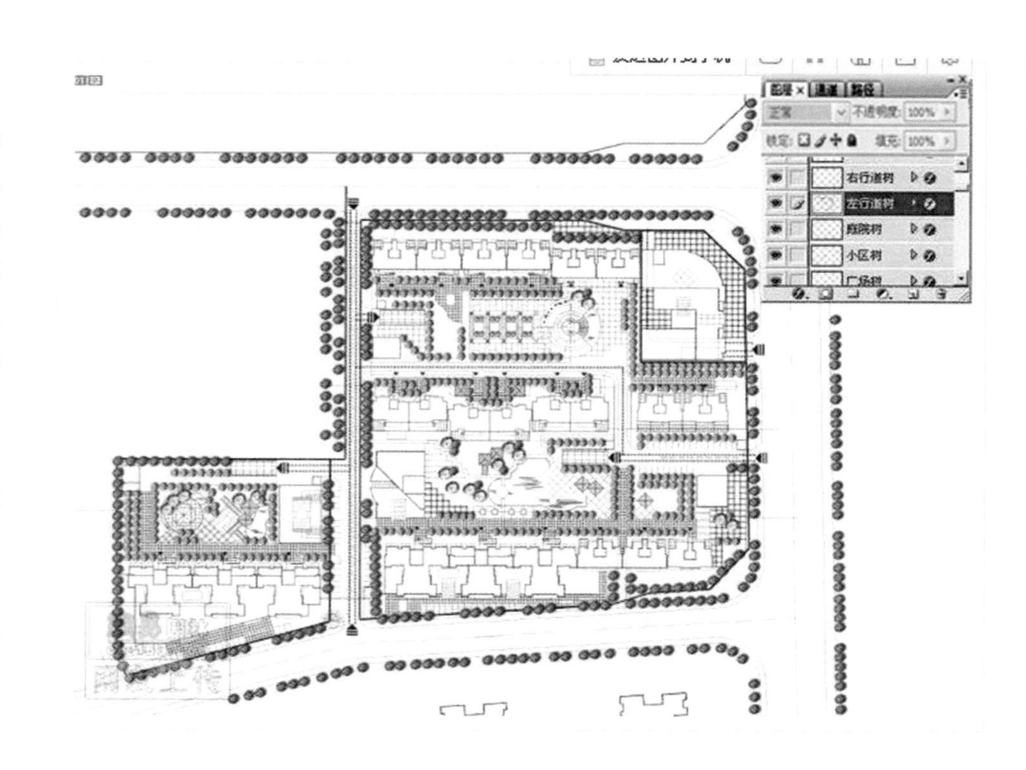

（4）种树。

现在开始栽树。需要说明的是，通常最后种树，因为树木通常是位图导入，大量的复制会占用机器的内存。这幅图例外，先种树，是因为这张图既要表现建筑又要表现绿化和景观。先种树可以定下整个图的整体颜色倾向基调。先种树，大小植物，再调它们的色彩，调什么色调完全凭个人的感觉调整。这张图基调是偏黄绿色调的暖灰。

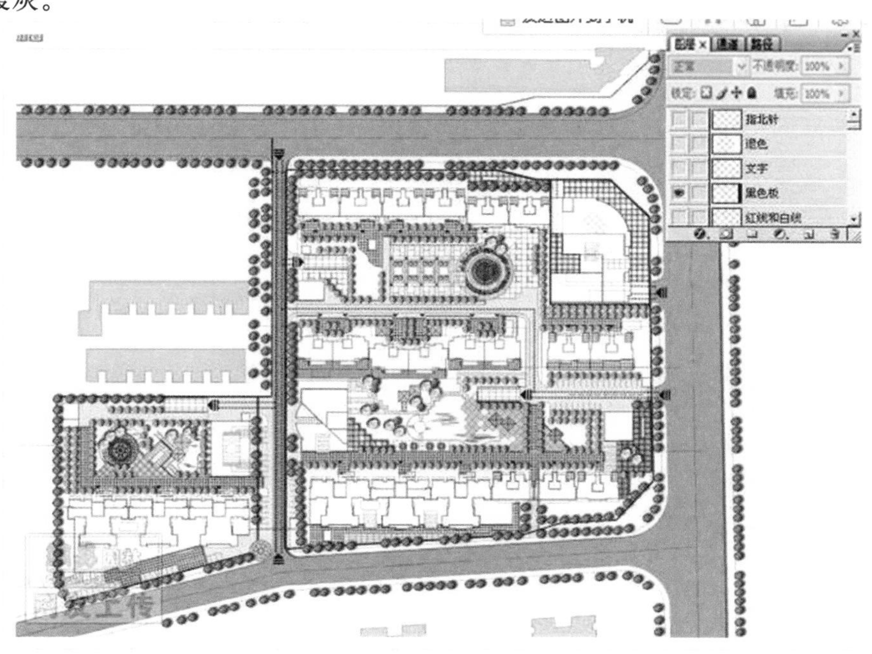

（5）接着做道路和铺装。

选取区域的时候可以用各种选择工具，不要拘泥于一种工具。填色后调颜色，要和树木色彩协调。 注意道路的颜色一定不要用纯灰色的，尽量做成冷灰或暖灰，这里做成偏黄绿色色调。

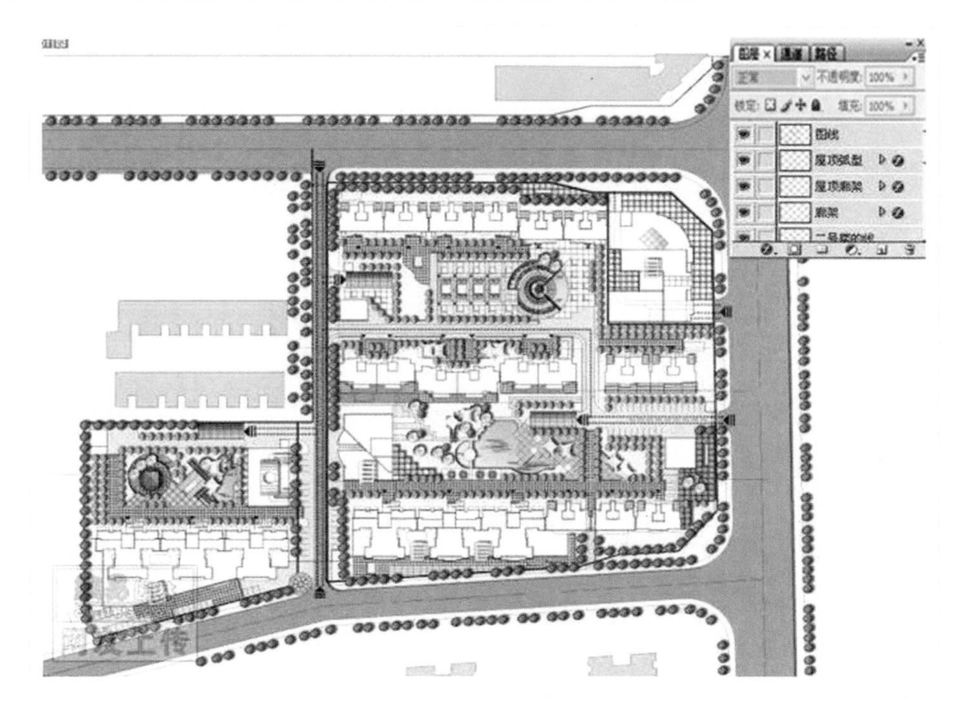

（6）做基础设施和地面小装饰，如停车场、沟、支架，彩色钢板等，然后调色，和整体色彩要协调。

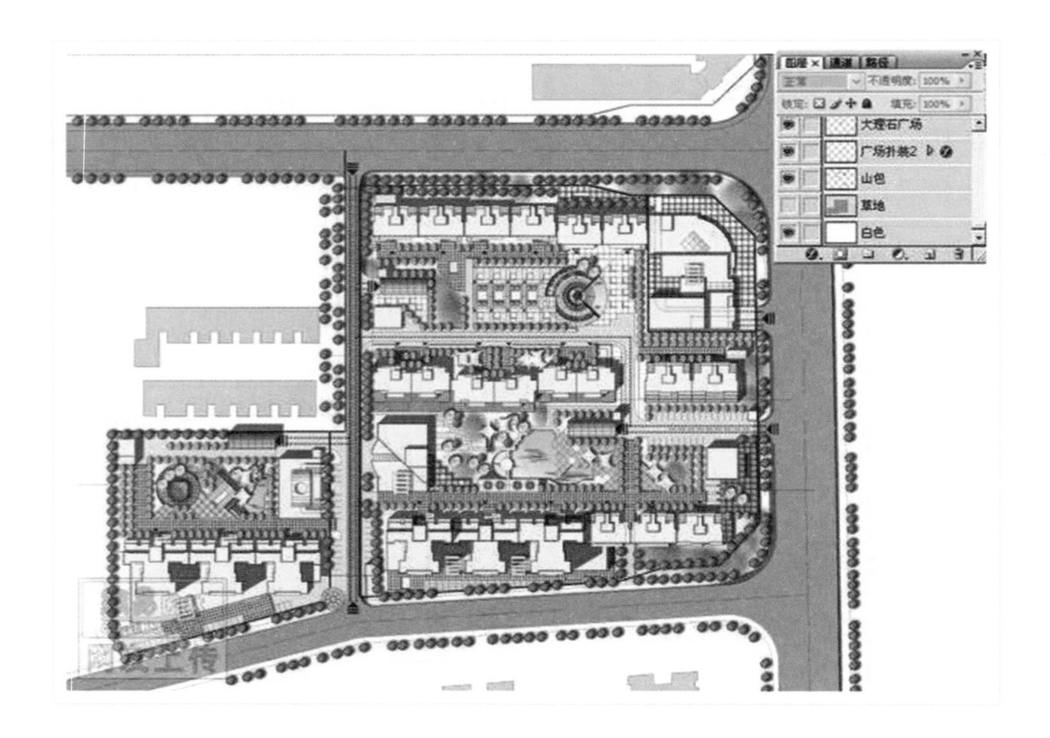

（7）做主体建筑和山包。

建筑：主体建筑的色彩很重要，调的时候一定要谨慎，不要和主体色彩有强烈的对比。

山包：通常小的地形起伏叫山包，大的地形起伏叫大山包，也就是传说中的地形。

目前无论是建筑设计与规划还是景观规划都似乎注重地形的表现，它已经越来越引人重视了。

（8）草地要有色彩区分，加杂色要有密度的疏密之分，小区内外要有区分。这里的内部颜色做得很深，是为了突出重点，右侧挨路处地形要有投影。

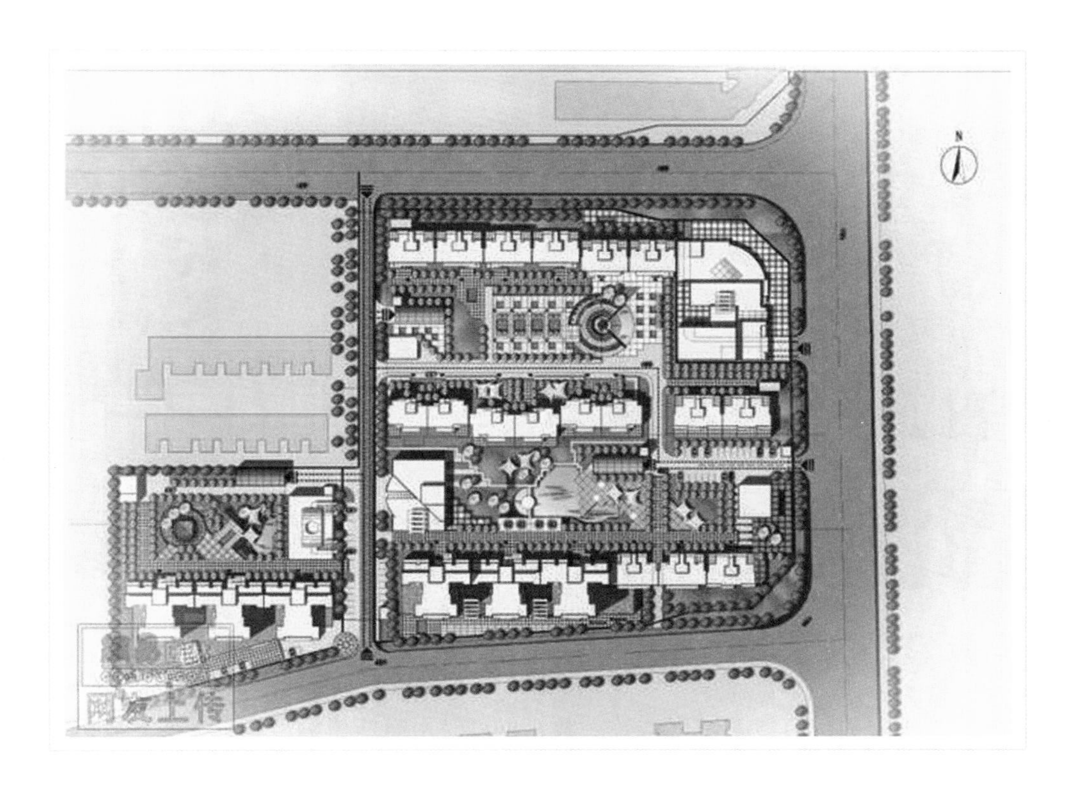

（9）大功告成。这样基本上完成了。还可以加一层雾，效果可能会更好一点。最后在物体的最上一层加一层雾，透明度适当调整。

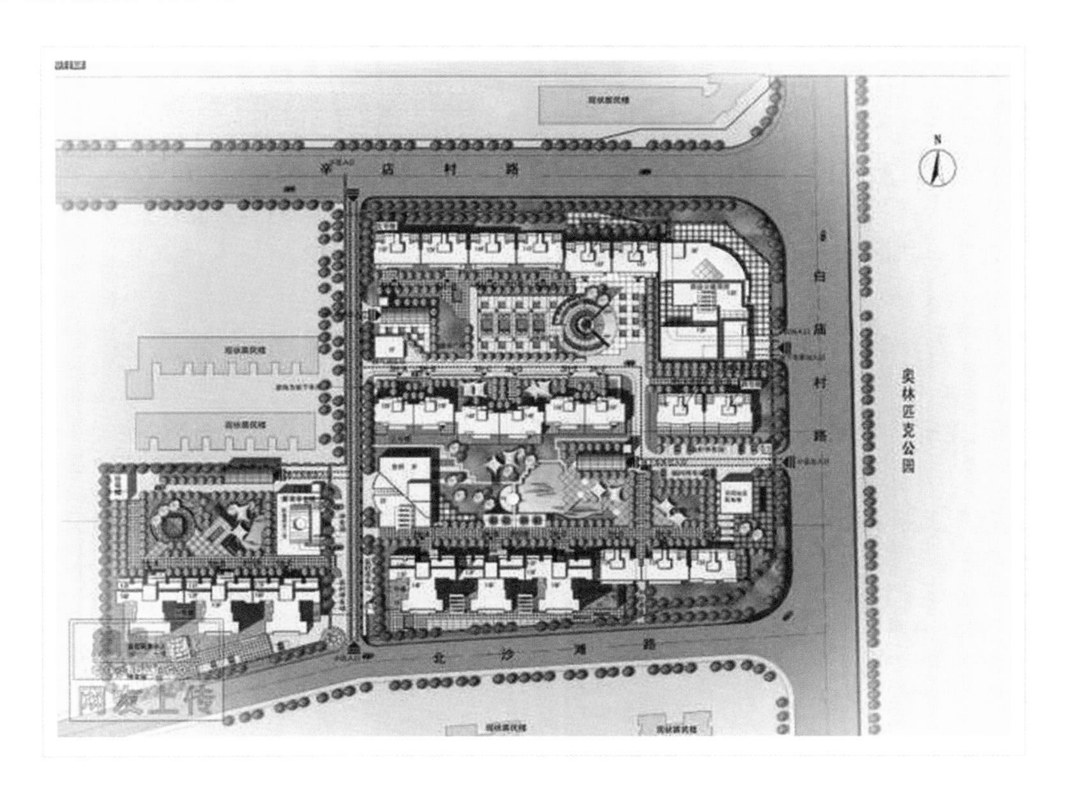

（10）加文字和红线。文字和红线可以单独导出一层，这样方便以后修改。

局部（1）

局部（2）

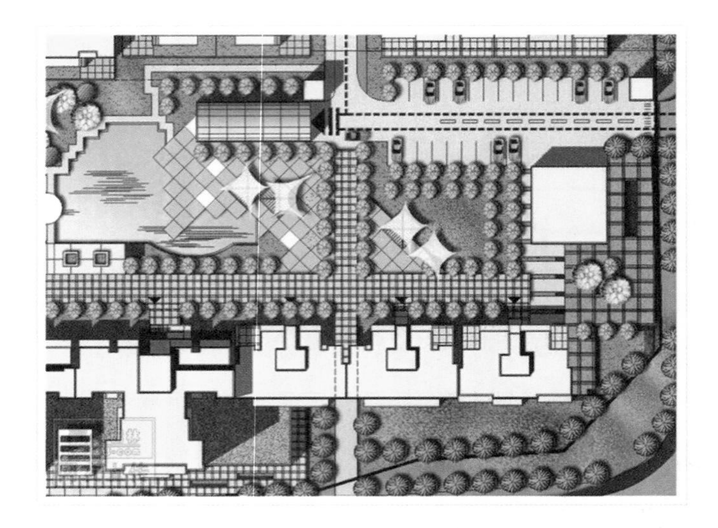

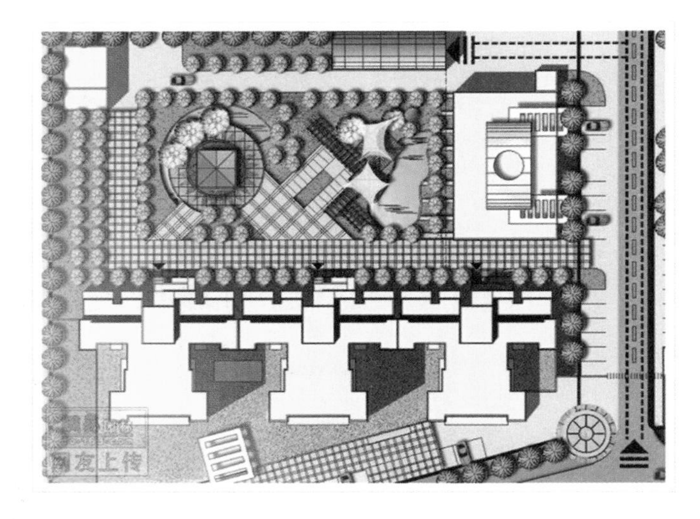

①关于水系：

水要有阴影，不过是内投影。可以用图层特效来做，也可以用高斯模糊。要有光感，可以用退晕，也可以用滤镜打光。

②草地：

草地在红线内外一定要区分开色相和明度饱和度，不然颜色会很靠。尽量不要拖来一块真实的草地图片来代替绿色块，虽然草地图片看起来很真实，但是整体不协调，还会加大内存消耗。

③投影：

投影做法是复制一层，放在下面，选中，按住“Ctrl+Alt”，然后按箭头键。低矮的可以用图层特效，但是建筑不要，显得很假。

④山包的做法：

也就是地形。选中一块区域，添绿色，噪点，打光，反选，羽化，删除。

⑤拉模的做法：

用路径勾出形状，然后变成选区，添一种颜色，用黄灰或蓝灰，加点透明度。

⑥树的做法：

先在CAD中画出轮廓，再导入PS中，添加一种或几种颜色，花草，灌木。

⑦色彩关系：

最重要的就是色彩关系，无论是总平图，还是透视图，如果色彩关系不好，其他东西都是空谈。色彩关系是最重要的。

附 Photoshop CS6 常用快捷键表

工具箱（多种工具共用一个快捷键的可同时按【Shift】加此快捷键选取）

矩形、椭圆选框工具【M】

裁剪工具【C】

移动工具【V】

套索、多边形套索、磁性套索【L】

魔棒工具【W】

喷枪工具【J】

画笔工具【B】

像皮图章、图案图章【S】

历史记录画笔工具【Y】

像皮擦工具【E】

铅笔、直线工具【N】

模糊、锐化、涂抹工具【R】

减淡、加深、海棉工具【O】

钢笔、自由钢笔、磁性钢笔【P】

添加锚点工具【+】

删除锚点工具【-】

直接选取工具【A】

文字、文字蒙板、直排文字、直排文字蒙板【T】

度量工具【U】

直线渐变、径向渐变、对称渐变、角度渐变、菱形渐变【G】

油漆桶工具【K】

吸管、颜色取样器【I】

抓手工具【H】

缩放工具【Z】

默认前景色和背景色【D】

切换前景色和背景色【X】

切换标准模式和快速蒙板模式【Q】

标准屏幕模式、带有菜单栏的全屏模式、全屏模式【F】

临时使用移动工具【Ctrl】

临时使用吸色工具【Alt】

临时使用抓手工具【空格】

打开工具选项面板【Enter】

快速输入工具选项（当前工具选项面板中至少有一个可调节数字）【0】至【9】

循环选择画笔【[】或【]】

选择第一个画笔【Shift】+【[】

选择最后一个画笔【Shift】+【]】

建立新渐变（在“渐变编辑器”中）【Ctrl】+【N】

文件操作

新建图形文件【Ctrl】+【N】

用默认设置创建新文件【Ctrl】+【Alt】+【N】

打开已有的图像【Ctrl】+【O】

打开为...【Ctrl】+【Alt】+【O】

关闭当前图像【Ctrl】+【W】

保存当前图像【Ctrl】+【S】

另存为...【Ctrl】+【Shift】+【S】

存储副本【Ctrl】+【Alt】+【S】

页面设置【Ctrl】+【Shift】+【P】

打印【Ctrl】+【P】

打开“预置”对话框【Ctrl】+【K】

显示最后一次显示的“预置”对话框【Alt】+【Ctrl】+【K】

设置“常规”选项（在预置对话框中）【Ctrl】+【1】

设置“存储文件”（在预置对话框中）【Ctrl】+【2】

设置“显示和光标”（在预置对话框中）

【Ctrl】+【3】

设置“透明区域与色域”（在预置对话框中）【Ctrl】+【4】

设置“单位与标尺”（在预置对话框中）【Ctrl】+【5】

设置“参考线与网格”（在预置对话框中）【Ctrl】+【6】

设置“增效工具与暂存盘”（在预置对话框中）【Ctrl】+【7】

设置“内存与图像高速缓存”（在预置对话框中）【Ctrl】+【8】

编辑操作

还原/重做前一步操作【Ctrl】+【Z】

还原两步以上操作【Ctrl】+【Alt】+【Z】

重做两步以上操作【Ctrl】+【Shift】+【Z】

剪切选取的图像或路径【Ctrl】+【X】或【F2】

拷贝选取的图像或路径【Ctrl】+【C】

合并拷贝【Ctrl】+【Shift】+【C】

将剪贴板的内容粘到当前图形中【Ctrl】+【V】或【F4】

将剪贴板的内容粘到选框中【Ctrl】+【Shift】+【V】

自由变换【Ctrl】+【T】

应用自由变换（在自由变换模式下）【Enter】

从中心或对称点开始变换（在自由变换模式下）【Alt】

限制（在自由变换模式下）【Shift】

扭曲（在自由变换模式下）【Ctrl】

取消变形（在自由变换模式下）【Esc】

自由变换复制的像素数据【Ctrl】+【Shift】+【T】

再次变换复制的像素数据并建立一个副本【Ctrl】+【Shift】+【Alt】+【T】

删除选框中的图案或选取的路径【DEL】

用背景色填充所选区域或整个图层【Ctrl】+【BackSpace】或【Ctrl】+【Del】

用前景色填充所选区域或整个图层【Alt】+【BackSpace】或【Alt】+【Del】

弹出“填充”对话框【Shift】+【BackSpace】

从历史记录中填充【Alt】+【Ctrl】+【Backspace】

图像调整

调整色阶【Ctrl】+【L】

自动调整色阶【Ctrl】+【Shift】+【L】

打开曲线调整对话框【Ctrl】+【M】

在所选通道的曲线上添加新的点（“曲线”对话框中）在图像中【Ctrl】加点按

在复合曲线以外的所有曲线上添加新的点（“曲线”对话框中）【Ctrl】+【Shift】

加点按

移动所选点（“曲线”对话框中）【↑】/【↓】/【←】/【→】

以10点为增幅移动所选点以10点为增幅（“曲线”对话框中）【Shift】+【箭头】

选择多个控制点（“曲线”对话框中）【Shift】加点按

前移控制点（“曲线”对话框中）【Ctrl】+【Tab】

后移控制点（“曲线”对话框中）【Ctrl】+【Shift】+【Tab】

添加新的点（“曲线”对话框中）点按网格

删除点（“曲线”对话框中）【Ctrl】加点按点

取消选择所选通道上的所有点（“曲线”对话框中）【Ctrl】+【D】

使曲线网格更精细或更粗糙（“曲线”对话框中）【Alt】加点按网格

选择彩色通道（“曲线”对话框中）【Ctrl】+【~】

选择单色通道（“曲线”对话框中）【Ctrl】+【数字】

打开“色彩平衡”对话框【Ctrl】+【B】

打开“色相/饱和度”对话框【Ctrl】+【U】

全图调整（在“色相/饱和度”对话框中）【Ctrl】+【~】

只调整红色（在“色相/饱和度”对话框中）

【Ctrl】+【1】

只调整黄色（在“色相/饱和度”对话框中）【Ctrl】+【2】

只调整绿色（在“色相/饱和度”对话框中）【Ctrl】+【3】

只调整青色（在“色相/饱和度”对话框中）【Ctrl】+【4】

只调整蓝色（在“色相/饱和度”对话框中）【Ctrl】+【5】

只调整洋红（在“色相/饱和度”对话框中）【Ctrl】+【6】

去色【Ctrl】+【Shift】+【U】

反相【Ctrl】+【I】

图层操作

从对话框新建一个图层【Ctrl】+【Shift】+【N】

以默认选项建立一个新的图层【Ctrl】+【Alt】+【Shift】+【N】

通过拷贝建立一个图层【Ctrl】+【J】

通过剪切建立一个图层【Ctrl】+【Shift】+【J】

与前一图层编组【Ctrl】+【G】

取消编组【Ctrl】+【Shift】+【G】

向下合并或合并联接图层【Ctrl】+【E】

合并可见图层【Ctrl】+【Shift】+【E】

盖印或盖印联接图层【Ctrl】+【Alt】+【E】

盖印可见图层【Ctrl】+【Alt】+【Shift】+【E】

将当前层下移一层【Ctrl】+【[】

将当前层上移一层【Ctrl】+【]】

将当前层移到最下面【Ctrl】+【Shift】+【[】

将当前层移到最上面【Ctrl】+【Shift】+【]】

激活下一个图层【Alt】+【[】

激活上一个图层【Alt】+【]】

激活底部图层【Shift】+【Alt】+【[】

激活顶部图层【Shift】+【Alt】+【]】

调整当前图层的透明度（当前工具为无数字参数的,如移动工具）【0】至【9】

保留当前图层的透明区域（开关）【/】

投影效果（在“效果”对话框中）【Ctrl】+【1】

内阴影效果（在“效果”对话框中）【Ctrl】+【2】

外发光效果（在“效果”对话框中）【Ctrl】+【3】

内发光效果（在“效果”对话框中）【Ctrl】+【4】

斜面和浮雕效果（在“效果”对话框中）【Ctrl】+【5】

应用当前所选效果并使参数可调（在“效果”对话框中）【A】

图层混合模式

循环选择混合模式【Alt】+【–】或【+】

正常【Ctrl】+【Alt】+【N】

阈值（位图模式）【Ctrl】+【Alt】+【L】

溶解【Ctrl】+【Alt】+【I】

背后【Ctrl】+【Alt】+【Q】

清除【Ctrl】+【Alt】+【R】

正片叠底【Ctrl】+【Alt】+【M】

屏幕【Ctrl】+【Alt】+【S】

叠加【Ctrl】+【Alt】+【O】

柔光【Ctrl】+【Alt】+【F】

强光【Ctrl】+【Alt】+【H】

颜色减淡【Ctrl】+【Alt】+【D】

颜色加深【Ctrl】+【Alt】+【B】

变暗【Ctrl】+【Alt】+【K】

变亮【Ctrl】+【Alt】+【G】

差值【Ctrl】+【Alt】+【E】

排除【Ctrl】+【Alt】+【X】

色相【Ctrl】+【Alt】+【U】

饱和度【Ctrl】+【Alt】+【T】

颜色【Ctrl】+【Alt】+【C】

光度【Ctrl】+【Alt】+【Y】

去色 海棉工具+【Ctrl】+【Alt】+【J】

加色 海棉工具+【Ctrl】+【Alt】+【A】

暗调 减淡/加深工具+【Ctrl】+【Alt】+【W】

中间调 减淡/加深工具+【Ctrl】+【Alt】+【V】

高光 减淡/加深工具+【Ctrl】+【Alt】+【Z】

选择功能

全部选取 【Ctrl】+【A】

取消选择 【Ctrl】+【D】

重新选择 【Ctrl】+【Shift】+【D】

羽化选择 【Ctrl】+【Alt】+【D】

反向选择 【Ctrl】+【Shift】+【I】

路径变选区 数字键盘的【Enter】

载入选区 【Ctrl】+点按图层、路径、通道面板中的缩约图

滤镜

按上次的参数再做一次上次的滤镜 【Ctrl】+【F】

退去上次所做滤镜的效果 【Ctrl】+【Shift】+【F】

重复上次所做的滤镜（可调参数）【Ctrl】+【Alt】+【F】

选择工具（在“3D变化”滤镜中）【V】

立方体工具（在“3D变化”滤镜中）【M】

球体工具（在“3D变化”滤镜中）【N】

柱体工具（在“3D变化”滤镜中）【C】

轨迹球（在“3D变化”滤镜中）【R】

全景相机工具（在“3D变化”滤镜中）【E】

视图操作

显示彩色通道 【Ctrl】+【~】

显示单色通道 【Ctrl】+【数字】

显示复合通道 【~】

以CMYK方式预览（开关）【Ctrl】+【Y】

打开/关闭色域警告 【Ctrl】+【Shift】+【Y】

放大视图 【Ctrl】+【+】

缩小视图 【Ctrl】+【-】

满画布显示 【Ctrl】+【0】

实际像素显示 【Ctrl】+【Alt】+【0】

向上卷动一屏 【PageUp】

向下卷动一屏 【PageDown】

向左卷动一屏 【Ctrl】+【PageUp】

向右卷动一屏 【Ctrl】+【PageDown】

向上卷动10 个单位 【Shift】+【PageUp】

向下卷动10 个单位 【Shift】+【PageDown】

向左卷动10 个单位 【Shift】+【Ctrl】+【PageUp】

向右卷动10 个单位 【Shift】+【Ctrl】+【PageDown】

将视图移到左上角 【Home】

将视图移到右下角 【End】

显示/隐藏选择区域 【Ctrl】+【H】

显示/隐藏路径 【Ctrl】+【Shift】+【H】

显示/隐藏标尺 【Ctrl】+【R】

显示/隐藏参考线 【Ctrl】+【;】

显示/隐藏网格 【Ctrl】+【”】

贴紧参考线 【Ctrl】+【Shift】+【;】

锁定参考线 【Ctrl】+【Alt】+【;】

贴紧网格 【Ctrl】+【Shift】+【”】

显示/隐藏“画笔”面板 【F5】

显示/隐藏“颜色”面板 【F6】

显示/隐藏“图层”面板 【F7】

显示/隐藏“信息”面板 【F8】

显示/隐藏“动作”面板 【F9】

显示/隐藏所有命令面板 【TAB】

显示或隐藏工具箱以外的所有调板 【Shift】+【TAB】

文字处理（在“文字工具”对话框中）

左对齐或顶对齐 【Ctrl】+【Shift】+【L】

中对齐 【Ctrl】+【Shift】+【C】

右对齐或底对齐 【Ctrl】+【Shift】+【R】

左／右选择 1 个字符 【Shift】+【←】/【→】

下／上选择 1 行 【Shift】+【↑】/【↓】

选择所有字符 【Ctrl】+【A】

选择从插入点到鼠标点按点的字符 【Shift】加点按

左／右移动 1 个字符 【←】/【→】

下／上移动 1 行 【↑】/【↓】

左／右移动1个字 【Ctrl】+【←】/【→】

将所选文本的文字大小减小2 点像素 【Ctrl】+

【Shift】+【<】

将所选文本的文字大小增大2 点像素 【Ctrl】+【Shift】+【>】

将所选文本的文字大小减小10 点像素 【Ctrl】+【Alt】+【Shift】+【<】

将所选文本的文字大小增大10 点像素 【Ctrl】+【Alt】+【Shift】+【>】

将行距减小2点像素 【Alt】+【↓】

将行距增大2点像素 【Alt】+【↑】

将基线位移减小2点像素 【Shift】+【Alt】+【↓】

将基线位移增加2点像素 【Shift】+【Alt】+【↑】

将字距微调或字距调整减小20/1000ems 【Alt】+【←】

将字距微调或字距调整增加20/1000ems 【Alt】+【→】

将字距微调或字距调整减小100/1000ems 【Ctrl】+【Alt】+【←】

将字距微调或字距调整增加100/1000ems 【Ctrl】+【Alt】+【→】

◆ 双击面板=Open file

ctrl+双击面板=New file

shift+双击面板=Save

alt+双击面板=Open as

ctrl+shift+=Save as

ctrl+alt+o=实际像素显示

ctrl+h=隐藏选定区域

ctrl+d=取消选定区域

ctrl+w=关闭文件

ctrl+q=退出photoshop

▲ f=标准显示模式→带菜单的全屏显示模式→全屏显示模式

★ 按Tab键可以显示或隐藏工具箱和调色板，按“Shift+Tab”键可以显示或隐藏除工具箱外的其他调色板。

★ esc=取消操作

★ 可以通过按键盘上的某一字母键来快速选择某一工具，各个工具的字母快捷键如下：Mar-quee-M, Lasso-I, Airbrush-a, Eraser-E, Rubber Stamp-S, Focus-R, Path-P, Line-N, Paint Bucket-K, Hand-H, Move-V, Magic Wand-W, Paintbrush-B, Pencil-Y, Smudge-U, Toning-O, Type-T, Gradient-G, Eyedropper-I, Zoom-Z, Default Colors-D, Switch Colors-X, Standard Mode-Q, Quick Mask Mode-Q,

秘技Shift,Ctr,Alt联袂主演!

使用其他工具时，按住Ctrl键可切换到Move工具的功能（除了选择Hand工具时）；按住空格键可切换到Hand工具的功能。

使用其他工具时，按“Ctrl+空格键”可切换到Zoom In工具放大图像显示比例；按“Alt+Ctrl+空格键”可切换到Zoom Out工具缩小图像显示比例。

按“Ctrl+[+]"键可使图像文件持续放大显示比例，但窗口不随之放大；按“Ctrl+[-]”键可使图像文件持续缩小显示比例，但窗口不随之缩小。

按“Ctrl+Alt+[+]”键可使图像文件持续放大显示比例，且窗口随之放大；按“Ctrl+Alt+[-]”键可使图像文件持续缩小显示比例，且窗口随之缩小。

在Hand工具上双击鼠标可以使图像匹配窗口的大小显示。

按“Ctrl+Alt+[数字键0]”或在Zoom工具上双击鼠标可使图像文件以1：1比例显示。

按“Shift+Backspace”键可直接调用Fill（填充）对话框。

按“Alt+Backspace（delete）”键可将前景色填入选取框，按“Ctrl+Backspace（delete）”键可将背景色填入选取框内

在Layers、Channels、Paths调色板上，按Alt单击这些调色板底部的工具图标时，对于有对话框的工具可调出相应的对话框来更改设置。

移动图层和选取框时，按住Shift键可做水平、垂直或45度角的移动，按键盘上的方向键可做每次1pixel的移动，按住Shift 键再按键盘上的方向键可做每次10pixel的移动。

在使用选取工具时，按Shift键拖动鼠标可以在原选取框外增加选取范围（开集）；按Alt键拖动鼠标可以删除与原选取框重叠部分的选取范围；同时按Shift

与Alt键拖动鼠标可以选取与原选取框重叠的范围（交集）。

调用Curves对话框时，按住Alt键于格线内单击鼠标可以增加网格线，提高曲线精度。

更改某一对话框的设置后，若要恢复为默认值，只要按住Alt键，Cancel键会变成Reset键，在Reset键上单击即可。

若要将某一图层上的图像拷贝到尺寸不同的图像窗口中央位置时，可以在拖动鼠标的同时按住Shift键，图像拖动到目的窗口后会自动居中。

若要将图像用于网络传输，可将图像模式设置为Indexed Color索引色彩色模式，有文件小、传输快的优点，如果再选择GIF89a Export（GIF输出），可以设置透明的效果，并将文件保存成GIF格式。

在使用自由变形（Layer/Free TransFORM）功能时，按Ctrl键并拖动某一控制点可以进行随意变形的调整；“Shift+Ctrl”键并拖动某一控制点可以进行倾斜调整；按Alt键并拖动某一控制点可以进行对称调整；按“Shift+Ctrl+Alt”键并拖动某一控制点可以进行透视效果的调整。

在1ayers调色板上，按住Ctrl用鼠标单击某一图层时，可载入该层图像成选取框（Background层除外）。

使用路径（Path）工具时的几个技巧：使用笔形（Pen）工具制作路径时按住Shift键可以强制路径或方向线成水平、垂直或45度角，按住Ctrl键可暂时切换到路径选取工具，按住Alt键将笔形光标在黑色节点上单击可以改变方向线的方向，使曲线能够转折；按Alt键用路径选取（Direct Selection）工具单击路径会选取整个路径；要同时选取多个路径可以按住Shift后逐个单击；使用路径选工具时按住“Ctrl+Alt”键移近路径会切换到加节点与减节点笔形工具。

若要切换路径（Path）是否显示，可以按住Shift键后在路径调色板的路径栏上单击鼠标，或者在路径调色版灰色区域单击即可，若要一起执行数个宏（Action），可以先增加一个宏，然后录制每一个所要执行的宏。

Photoshop 热键完全版

工具箱（多种工具共用一个快捷键的可同时按【Shift】加此快捷键选取）

矩形、椭圆选框工具【M】

裁剪工具【C】

移动工具【V】

套索、多边形套索、磁性套索【L】

魔棒工具【W】

喷枪工具【J】

画笔工具【B】

像皮图章、图案图章【S】

历史记录画笔工具【Y】

像皮擦工具【E】

铅笔、直线工具【N】

模糊、锐化、涂抹工具【R】

减淡、加深、海棉工具【O】

钢笔、自由钢笔、磁性钢笔【P】

添加锚点工具【+】

删除锚点工具【-】

直接选取工具【A】

文字、文字蒙板、直排文字、直排文字蒙板【T】

度量工具【U】

直线渐变、径向渐变、对称渐变、角度渐变、菱形渐变【G】

油漆桶工具【K】

吸管、颜色取样器【I】

抓手工具【H】

缩放工具【Z】

默认前景色和背景色【D】

切换前景色和背景色【X】

切换标准模式和快速蒙板模式【Q】

标准屏幕模式、带有菜单栏的全屏模式、全屏模式【F】

临时使用移动工具【Ctrl】

临时使用吸色工具【Alt】

临时使用抓手工具【空格】

打开工具选项面板【Enter】

快速输入工具选项（当前工具选项面板中至少有一个可调节数字）【0】至【9】

循环选择画笔【[】或【]】

选择第一个画笔【Shift】+【[】

选择最后一个画笔【Shift】+【]】

建立新渐变（在"渐变编辑器"中）【Ctrl】+【N】

文件操作

新建图形文件【Ctrl】+【N】

用默认设置创建新文件【Ctrl】+【Alt】+【N】

打开已有的图像【Ctrl】+【O】

打开为...【Ctrl】+【Alt】+【O】

关闭当前图像【Ctrl】+【W】

保存当前图像【Ctrl】+【S】

另存为...【Ctrl】+【Shift】+【S】

存储副本【Ctrl】+【Alt】+【S】

页面设置【Ctrl】+【Shift】+【P】

打印【Ctrl】+【P】

打开"预置"对话框【Ctrl】+【K】

显示最后一次显示的"预置"对话框【Alt】+【Ctrl】+【K】

设置"常规"选项（在预置对话框中）【Ctrl】+【1】

设置"存储文件"（在预置对话框中）【Ctrl】+【2】

设置"显示和光标"（在预置对话框中）【Ctrl】+【3】

设置"透明区域与色域"（在预置对话框中）【Ctrl】+【4】

设置"单位与标尺"（在预置对话框中）【Ctrl】+【5】

设置"参考线与网格"（在预置对话框中）【Ctrl】+【6】

设置"增效工具与暂存盘"（在预置对话框中）【Ctrl】+【7】

设置"内存与图像高速缓存"（在预置对话框中）【Ctrl】+【8】

编辑操作

还原/重做前一步操作【Ctrl】+【Z】

还原两步以上操作【Ctrl】+【Alt】+【Z】

重做两步以上操作【Ctrl】+【Shift】+【Z】

剪切选取的图像或路径【Ctrl】+【X】或【F2】

拷贝选取的图像或路径【Ctrl】+【C】

合并拷贝【Ctrl】+【Shift】+【C】

将剪贴板的内容粘到当前图形中【Ctrl】+【V】或【F4】

将剪贴板的内容粘到选框中【Ctrl】+【Shift】+【V】

自由变换【Ctrl】+【T】

应用自由变换（在自由变换模式下）【Enter】

从中心或对称点开始变换（在自由变换模式下）【Alt】

限制（在自由变换模式下）【Shift】

扭曲（在自由变换模式下）【Ctrl】

取消变形（在自由变换模式下）【Esc】

自由变换复制的像素数据【Ctrl】+【Shift】+【T】

再次变换复制的像素数据并建立一个副本【Ctrl】+【Shift】+【Alt】+【T】

删除选框中的图案或选取的路径【DEL】

用背景色填充所选区域或整个图层【Ctrl】+【BackSpace】或【Ctrl】+【Del】

用前景色填充所选区域或整个图层【Alt】+【BackSpace】或【Alt】+【Del】

弹出"填充"对话框【Shift】+【BackSpace】

从历史记录中填充【Alt】+【Ctrl】+【Backspace】

图像调整

调整色阶【Ctrl】+【L】

自动调整色阶【Ctrl】+【Shift】+【L】

打开曲线调整对话框【Ctrl】+【M】

在所选通道的曲线上添加新的点（'曲线'对话框中）在图象中【Ctrl】加点按

在复合曲线以外的所有曲线上添加新的点（'曲线'对话框中）【Ctrl】+【Shift】加点按

移动所选点（‘曲线’对话框中）【↑】/【↓】/【←】/【→】

以10点为增幅移动所选点以10点为增幅（‘曲线’对话框中）【Shift】+【箭头】

选择多个控制点（‘曲线’对话框中）【Shift】加点按

前移控制点（‘曲线’对话框中）【Ctrl】+【Tab】

后移控制点（‘曲线’对话框中）【Ctrl】+【Shift】+【Tab】

添加新的点（‘曲线’对话框中）点按网格

删除点（‘曲线’对话框中）【Ctrl】加点按点

取消选择所选通道上的所有点（‘曲线’对话框中）【Ctrl】+【D】

使曲线网格更精细或更粗糙（‘曲线’对话框中）【Alt】加点按网格

选择彩色通道（‘曲线’对话框中）【Ctrl】+【~】

选择单色通道（‘曲线’对话框中）【Ctrl】+【数字】

打开“色彩平衡”对话框【Ctrl】+【B】

打开“色相/饱和度”对话框【Ctrl】+【U】

全图调整（在色相/饱和度”对话框中）【Ctrl】+【~】

只调整红色（在色相/饱和度”对话框中）【Ctrl】+【1】

只调整黄色（在色相/饱和度”对话框中）【Ctrl】+【2】

只调整绿色（在色相/饱和度”对话框中）【Ctrl】+【3】

只调整青色（在色相/饱和度”对话框中）【Ctrl】+【4】

只调整蓝色（在色相/饱和度”对话框中）【Ctrl】+【5】